Energiepolitik und Klimaschutz.
Energy Policy and Climate Protection

Reihe herausgegeben von

Lutz Mez, Berlin Centre for Caspian Region Studies, Freie Universität Berlin,
Berlin, Deutschland

Achim Brunnengräber, Environmental Policy Research Centre, Freie Universität
Berlin, Berlin, Deutschland

Diese Buchreihe beschäftigt sich mit den globalen Verteilungskämpfen um knappe Energieressourcen, mit dem Klimawandel und seinen Auswirkungen sowie mit den globalen, nationalen, regionalen und lokalen Herausforderungen der umkämpften Energiewende. Die Beiträge der Reihe zielen auf eine nachhaltige Energie- und Klimapolitik sowie die wirtschaftlichen Interessen, Machtverhältnisse und Pfadabhängigkeiten, die sich dabei als hohe Hindernisse erweisen. Weitere Themen sind die internationale und europäische Liberalisierung der Energiemärkte, die Klimapolitik der Vereinten Nationen (UN), Anpassungsmaßnahmen an den Klimawandel in den Entwicklungs-, Schwellen- und Industrieländern, Strategien zur Dekarbonisierung sowie der Ausstieg aus der Kernenergie und der Umgang mit den nuklearen Hinterlassenschaften. Die Reihe bietet ein Forum für empirisch angeleitete, quantitative und international vergleichende Arbeiten, für Untersuchungen von grenzüberschreitenden Transformations-, Mehrebenen- und Governance-Prozessen oder von nationalen „best practice"-Beispielen. Ebenso ist sie offen für theoriegeleitete, qualitative Untersuchungen, die sich mit den grundlegenden Fragen des gesellschaftlichen Wandels in der Energiepolitik, bei der Energiewende und beim Klimaschutz beschäftigen.

This book series focuses on global distribution struggles over scarce energy resources, climate change and its impacts, and the global, national, regional and local challenges associated with contested energy transitions. The contributions to the series explore the opportunities to create sustainable energy and climate policies against the backdrop of the obstacles created by strong economic interests, power relations and path dependencies. The series addresses such matters as the international and European liberalization of energy sectors; sustainability and international climate change policy; climate change adaptation measures in the developing, emerging and industrialized countries; strategies toward decarbonization; the problems of nuclear energy and the nuclear legacy. The series includes theory-led, empirically guided, quantitative and qualitative international comparative work, investigations of cross-border transformations, governance and multi-level processes, and national „best practice"-examples. The goal of the series is to better understand societal-ecological transformations for low carbon energy systems, energy transitions and climate protection.

Reihe herausgegeben von
PD Dr. Lutz Mez
Freie Universität Berlin

PD Dr. Achim Brunnengräber
Freie Universität Berlin

Nele Wulf

Die Gestaltung der Ewigkeit

Die konstitutive Bedeutung von Nichtwissen für den Entsorgungsprozess nuklearen Abfalls

 Springer VS

Nele Wulf
Institut für Zukunftsstudien und Technologiebewertung (IZT)
Berlin, Deutschland

Dissertation Albert-Ludwigs-Universität Freiburg, 2022
Die Dissertation entstand im Rahmen des vom BMBF finanzierten Projekts ENTRIA –
Entsorgungsoptionen für radioaktive Reststoffe: Interdisziplinäre Analysen und Entwicklung von Bewertungsgrundlagen.

ISSN 2626-2827   ISSN 2626-2835 (electronic)
Energiepolitik und Klimaschutz. Energy Policy and Climate Protection
ISBN 978-3-658-40025-5   ISBN 978-3-658-40026-2 (eBook)
https://doi.org/10.1007/978-3-658-40026-2

Die Deutsche Nationalbibliothek verzeichnet diese Publikation in der Deutschen Nationalbibliografie; detaillierte bibliografische Daten sind im Internet über http://dnb.d-nb.de abrufbar.

Planung/Lektorat: Stefanie Probst
Springer VS ist ein Imprint der eingetragenen Gesellschaft Springer Fachmedien Wiesbaden GmbH und ist ein Teil von Springer Nature.
Die Anschrift der Gesellschaft ist: Abraham-Lincoln-Str. 46, 65189 Wiesbaden, Germany

Für Renate & Siegfried

Danksagung

An dieser Stelle möchte ich all jenen danken, die mich bei der Anfertigung meiner Dissertation unterstützt haben. Mein besonderer Dank gilt meinen beiden
Betreuern Prof. Dr. Ulrich Bröckling und Prof. Dr. Stefan Böschen. Ihre fachliche
Kompetenz, stetige Ermutigung und kritische Anregung war eine unschätz-
bare Bereicherung nicht nur für die Dissertation selbst, sondern auch meinen
wissenschaftlichen Werdegang insgesamt.

Außerdem bedanke ich mich bei Dr. Peter Hocke-Bergler, Dr. Bettina-Johanna
Krings und Prof. Dr. Armin Grunwald für die fachliche Begleitung der Arbeit.
Die Gespräche mit ihnen waren immer ein großer Gewinn. Ebenfalls danke ich
den Kolleg*innen am ITAS, die sich in Kolloquien oder Flurgesprächen immer
wieder als Inspiration und Hilfe erwiesen haben. Besonders erwähnen möchte ich
aus dem Kontext des ITAS Elske Bechthold, Philipp Frey, Dr. Christoph Schneider, Dr. Sophie Kuppler, Dr. Melanie Mbah, PD Dr. Andreas Lösch und Yasmine
Kühl. Nicht vergessen möchte ich auch die Kolleg*innen aus dem Projekt ENT-
RIA sowie das Doktorand*innenkolloquium von Ulrich Bröckling. Hier waren
anregende Gespräche und hilfreiche Hinweise ebenfalls immer zu finden.

Auch meinen Eltern, Großeltern und meinem Bruder danke ich von gan-
zem Herzen. Sie haben mich auf dem Weg zur Dissertation ermutigt und auf
alle erdenklichen Arten unterstützt. Meinen Freund*innen, die für intellektuelle
und emotionale Hilfestellung stets zur Stelle waren, möchte ich ebenfalls meinen großen Dank aussprechen: Isabelle Puccini, Maggie Omsarashvili, Matthias
Hauer, Daniel Schumann, Ruth Manstetten, Sandra Lang, Diana Cichecki, Lukas
Potsch, Johanna Bomke, Antonia Strecke, Truc Nguyen, Manuela Barriga, Cindy
Scholz, Katja Baur, Isabel Schön, Florentine Schoog, Olaf Jünck, Paul Peters,

Yannick Allgeier, Julian Wetzel, Nicolas Zang, Anne Schade, Carolin Born, Stephan Hirschpointner, Andreas Martin, Julia Rothenburg, Mei Hao Kunzi sowie Anne-Maria Brobeck. Mein größter Dank gebührt Julian Zimmer. Er hat alle Höhen und Tiefen des Entstehungsprozesses dieser Arbeit erfahren, sodass sein Beitrag nicht ermessen werden kann.

Inhaltsverzeichnis

Abkürzungsverzeichnis

AKA-utredningen	Spent Fuel and Radioactiv Waste Commission/Använt Kärnbränsle och radioaktivt Avfall
Clab	Central Interim Storage Facility for Spent Nuclear Fuel/Centralt mellanlager för använt kärnbränsle
Fud	Forskning, Utveckling och Demonstration (= RD&D)
KBS	Entsorgungskonzept der schwedischen Atomindustrie/Kärnbränslesäkerhet
KTH	Königlich Technische Hochschule/Kungliga Tekniska högskolan
LOT	Long Term Test of Buffer Materials
MKG	The Swedish NGO Office for Nuclear Waste Review/Miljöorganisationernas kärnavfallsgranskning
Nagra	Nationale Genossenschaft für die Lagerung radioaktiver Abfälle, Schweizer Pendant zu SKB
NGO	Non-governmental organization/Nichtregierungsorganisation
RD&D	Research, Development and Demonstration Programme
SKB	Swedish Nuclear Fuel and Waste Management Company/Svensk Kärnbränslehantering Aktiebolag
SKI	The Swedish Nuclear Power Inspectorate/Statens kärnkraftsinspektion
SKN	The Swedish National Board for Spent Nuclear Fuel

SNC   The Swedish National Council for Nuclear
           Waste/Kärnavfallsrådet, the government's scientific
           advisory board
SOU   Nuclear Waste State-of-the-Art Reports/Statens offentliga
           utredningar
SSI   The Swedish Radiation Protection Institute/Statens
           strålskyddsinstitut
SSM   The Swedish Radiation Safety
           Authority/Strålsäkerhetsmyndigheten

The past is a foreign country: they do things differently there.

(Leslie Poles Hartley)

1.1 Die Gestaltung der Ewigkeit – trotz und mit Nichtwissen

Wo werden Menschen in 1.000 Jahren sein, wo in 100.000 oder in einer Million Jahre? Fragen, die sonst vorrangig den Ausgangspunkt von Science-Fiction-Literatur bilden, stellen die Gestaltungszeiträume dar, mit denen man sich konfrontiert sieht, wenn das Thema Atommüll diskutiert wird. Bis zu einer Million Jahre soll der Müll sicher von der Umwelt abgeschirmt werden. Nicht selten wird angesichts der Unvorstellbarkeit dieser Zeiträume direkt von Ewigkeit als dem zu bearbeitenden Zeitraum gesprochen. Im Entsorgungsproblem findet sich das für die Spätmoderne charakteristische Auseinandertreten von Erfahrung und Erwartung (vgl. Koselleck 1989) – „Die Erwartung greift immer weiter in die Zukunft aus, ohne von der Gegenwart und ihren Erfahrungen gedeckt zu werden." (Böschen/Weis 2007: 32) – wie in kaum einer anderen gesellschaftlichen Herausforderung repräsentiert. Wir haben keine Erfahrungswerte für dieses Unterfangen. Niemals zuvor wurde versucht, derartige Zeiträume qua heutiger Entscheidungen zu kolonisieren.

Die aktuelle Wahrnehmung der nuklearen Entsorgung als ein Problem, das es anzugehen gilt, hat sich in den meisten Ländern durchgesetzt. Die Dringlichkeit der Entsorgungsfrage war aber nicht immer prominent: „The past is a foreign country: they do things differently there." (Hartley [1953] 2011: 46) Die

N. Wulf, *Die Gestaltung der Ewigkeit*, Energiepolitik und Klimaschutz. Energy Policy and Climate Protection,
https://doi.org/10.1007/978-3-658-40026-2_1

1

Atomkraft ist ein Kind der Moderne. Es ist daher wenig überraschend, dass auch der Verbleib der Abfallprodukte dieser Technologie lange Zeit als nebensächlich galt. Man wusste noch nicht wie, war sich aber sicher, das Entsorgungsproblem würde sich auf wissenschaftlicher Grundlage in der Zukunft lösen lassen. Erst in den 60er- und 70er-Jahren sollten diese Deutung sowie die Technologie selbst und ihre Verheißungen sicherer und preiswerter Energie vermehrt infrage gestellt werden.

Bedingt wurde diese Entwicklung vor allem durch die Einsicht, dass die Nutzung risikoreicher Technologien für moderne Gesellschaften eine Selbstgefährdung darstellt, (vgl. Beck 1986) sowie durch die diskursive Durchsetzung des in den 1970ern aufkommenden Environmentalism (vgl. Viehöver 2011). Für die Atomindustrie insbesondere waren die Unfälle von Harrisburg 1979 und Tschernobyl 1986 ebenfalls wegweisend. Der bis weit in die zweite Hälfte des 20. Jahrhunderts als unproblematisch empfundene Status des Noch-Nicht-Wissens bezüglich der Entsorgungstechnologie wurde unter dem Eindruck dieser Entwicklungen als immer weniger haltbar empfunden. Lösungen sollten her – wissensbasierte Lösungen. Jedoch wurde zugleich sichtbar, dass eben diese technologischen Lösungen *selbst* erneut ungewollte Nebenfolgen würden zeitigen können. Die allmähliche Anerkennung von Nichtwissen als unausweichlichem Begleiter menschlicher Gestaltungsbemühungen sollte den wissenschaftsbasierten Fortschrittsoptimismus dämpfen. „[U]nter dem z. T. schockierenden Eindruck später Gefahren-Einsichten [wurde] die Zukunft wieder als Zukunft, also als Nichtwissen, in der Gegenwart präsent." (Böschen/Weis 2007: 22)

Die Offenheit der Zukunft ist für die nukleare Entsorgung gerade in Anbetracht der immens langen zu bearbeitenden Zeiträume evident und auch die Komplexität des Unterfangens bedingt die Verfasstheit der nuklearen Entsorgung als Problem, für das Nichtwissen besonders bedeutsam ist. Nichtsdestotrotz muss entschieden werden, da auch eine Nicht-Entscheidung nicht von Handlungskonsequenzen entbindet: „Jeder Versuch, sich die Zukunft offen zu halten, legt die Irreversibilitäten nur auf eine andere Weise fest: durch Unterlassungen oder durch nichtintendierte (das heißt: nicht rechenschaftspflichtige) Nebenfolgen des Handelns." (Luhmann 1993: 182) Dass die Entsorgungsfrage aktiv entschieden werden muss, stellt aktuell einen gesellschaftlichen Konsens dar. Das *Wie* und *Wann* der Entscheidungen hingegen sind Gegenstände von Konflikten: Standort des Endlagers, Wirtsgestein, Technologie der Einbringung und Lagerung des Mülls, ‚richtiger' Zeitpunkt der Entscheidung, Markierung des Ortes, Überwachung und Kommunikation mit zukünftigen Generationen über Standort und Gefahrenpotenzial – dies alles sind nur einige entscheidungspflichtige Themen des Problemkosmos nuklearer Entsorgung.

In diesem Zusammenhang wird Nichtwissen erneut relevant: Nichtwissen und dessen Thematisierung bringt ein nicht zu übersehendes agonales Potenzial in Auseinandersetzungen. Gestritten wird um das Nicht-Gewusste. War eine Beendigung diskursiver Kontroversen allein unter Rekurs auf (wissenschaftliche) Expertise lange Zeit denkbar, so ist dies heute immer unwahrscheinlicher. Reiner Keller attestiert in diesem Zusammenhang eine veränderte Rolle und Wahrnehmung des wissenschaftlichen Wissens in öffentlichen Diskursen insofern, als dass es zwar die omnipräsente und „unabdingbare Grundlage der notwendig wissensbasierten Konfrontation und Herausforderung etablierter Deutungsweisen in Umwelt- und Technikkonflikten" (Keller 2005: 176) sei, aber eben auch keine „primäre Ressource der Schließung von Auseinandersetzungen, sondern […] ein Konflikt- und Interpretationsfeld unter anderen" (ebd.: 175). Ein Prozess, der zum Beispiel dadurch noch stärker offensichtlich wird, dass sich nicht nur die Wissensbestände multiplizieren, sondern ebenso die Diskursakteure[1] (Initiativen, Vereine) und Diskursarenen (Enquêtekommissionen, Runde Tische, Anhörungsverfahren). Die Wissenschaft hat als Adressatin für Nichtwissenskonflikte und als Transformationsinstanz von Nichtwissen in Wissen zwar nicht ausgedient, kann die Konflikte jedoch nicht mehr dauerhaft stillstellen. Dies sowie die Eigenzeit des Atommülls und das gesteigerte Bewusstsein für das gesellschaftliche Selbstgefährdungspotenzial stellen die bestehenden gesellschaftlichen Institutionen vor Herausforderungen.

Unter diesen dynamischen Bedingungen wird erneut deutlich, dass Nichtwissen die Zukunft als offen erfahrbar macht. Eine der grundlegenden Thesen dieser Arbeit ist jedoch, dass neben diesem Beitrag zu unserem spätmodernen Weltverständnis durch die gesellschaftliche Bewusstwerdung und Thematisierung von Nichtwissen, die Zukunft durch den gesellschaftlichen *Zugriff auf Nichtwissen* auch fundamental *gestaltet* wird. Die Gestaltung der Ewigkeit findet also nicht nur unter Nichtwissensbedingungen statt, sie vollzieht sich gerade auch durch den Zugriff auf Nichtwissen. Es geht, wie Alexander Bogner schreibt, daher darum, „den Entstehungs-, Kommunikations- und Verarbeitungsprozess von Nichtwissen" (Bogner 2005: 72) zu analysieren. Was bedeutet Zugriff in diesem Fall? Als Zugriff verstehe ich das Ensemble aus *Konstruktionsbedingungen* und *Bewertungen* von sowie *Umgangsformen* mit Nichtwissen. Viele Arbeiten, die sich mit der politischen Relevanz von Nichtwissen befassen, fokussieren stark das strategische Moment seines Einsatzes (vgl. Proctor 1995; Oreskes/Conway 2010; McGoey 2019). Die hier angebotene Heuristik erweitert den Blick und macht

---

[1] Das generische Maskulinum findet in der Arbeit nur Verwendung, wenn, wie beim Beispiel ‚Akteure', statt auf einzelne Personen, auf Personengruppen abgehoben wird.

sichtbar, dass sich auch auf den genannten Ebenen Bedingungen formieren, die für eine erfolgreiche diskursive Durchsetzung relevant sind. Nichtwissen ist auf allen Ebenen konstitutiv für den Entsorgungsprozess.

Die hier vorgeschlagene Betrachtungsweise fokussiert mit einer konstruktivistischen Perspektive auf Nichtwissen auch die Absage an Objektivitätsvorstellungen, wie sie besonders in der Verwendung des Risikobegriffs aufscheinen. Der ‚richtige‘ Umgang mit Nichtwissen (und Risiken) kann nicht gewusst, sondern muss entschieden werden – Nichtwissenszugriffe sind demnach genuin politisch: „[D]a über die ‚richtige‘ Deutung des Nichtwissens definitionsgemäß nicht autoritativ auf der Grundlage von ‚sicheren‘, empirischen Fakten geurteilt werden kann, ist es in letzter Instanz eine Frage der politischen und damit demokratisch zu legitimierenden Entscheidung, ob man nicht nur die antizipierten Risiken, sondern auch das unbekannte, unvorhersehbare Gefährdungspotenzial einer Technologie für vernachlässigbar oder beherrschbar hält.“ (Böschen/Wehling 2012: 327)

Die politischen Zugriffe auf Nichtwissen schlagen, sofern sie diskursive Durchsetzungskraft beweisen, Schneisen in die Zukunft. Sie erzeugen, mit Niklas Luhmann gesprochen, *Zeitbindungen*. Soll heißen, dass durch Zeitbindungen „der Möglichkeitsraum der Zukunft beschränkt wird. In der Gegenwart werden Irreversibilitäten geschaffen, die die Möglichkeiten der Zukunft einschränken, sie aber auch erweitern können.“ (Luhmann 1993: 152) Die vorliegende Arbeit macht es sich zur Aufgabe zu zeigen, wie nicht nur Entscheidungen – sprich Zeitbindungen – *trotz* Nichtwissens, sondern gerade *unter Zugriff auf Nichtwissen* ermöglicht werden. Konkret wird dies am empirischen Fall des schwedischen Entsorgungsprozesses seit 1977 rekonstruiert. An diesem mache ich deutlich, wie Schweden so nah an die Finalisierung eines Endlagers kommen konnte. Abschließend werden die anhand des Falles gewonnenen Erkenntnisse auf ihre gesellschaftsdiagnostische Bedeutung und mögliche handlungsleitende Erweiterungen des Diskurses hin überprüft. Die Arbeit versteht sich durch die Fallstudie als konkreter Beitrag zur internationalen Entsorgungsforschung. Darüber hinaus leistet die Arbeit einen Beitrag zur heuristischen, begrifflichen und analytischen Erweiterung des Programms einer Soziologie des Nichtwissens.

Warum Schweden? Schweden nimmt im globalen Vergleich eine besondere Rolle ein: Viele der notwendigen Entscheidungen unter Nichtwissensbedingungen scheinen hier bereits getroffen. Die Lizenz zum Baubeginn des Endlagers wurde im März 2011 beantragt und im Januar 2022 auch von Regierungsseite bewilligt. Sowohl Standort als auch Entsorgungskonzept für das Endlager stehen bereits seit Jahrzehnten fest. Nur Finnland ist noch weiter und baut auf der Insel Olkiluoto bereits an einem Endlager, hat allerdings das 1977 etablierte schwedische

Entsorgungskonzept KBS nahezu identisch übernommen. Gerade wegen seines zeitlichen Vorsprungs scheint der schwedische Fall ein fruchtbarer empirischer Gegenstand für die Analyse von Ewigkeitsentscheidungen trotz und mit Nichtwissen, die anderen Ländern noch bevorstehen. Die Übernahme des schwedischen Konzepts durch Finnland und die Bemühungen des mit der Entsorgung betrauten Unternehmens (!) SKB, das Konzept weiter zu exportieren (vgl. SKB 2021a), erhöhen die Relevanz des schwedischen Falls noch, da nicht auszuschließen ist, dass einige Länder sich einen mühseligen Entscheidungsprozess ersparen wollen könnten, indem sie ebenfalls KBS oder Elemente des Konzepts übernehmen. Dies wird von SKB aktiv unterstützt. Bereits seit den 80er-Jahren hat das Unternehmen auch international die Idee befördert, man habe das Entsorgungsproblem gelöst.

Von Interesse sind auch die Außenwahrnehmung von Schweden als Musterbeispiel gelingender Entsorgung und die oftmals angeführten Begründungen für die schwedische ‚Erfolgsgeschichte' (vgl. Kåberger/Swahn 2015): In vielen Kontexten wird hier auf die Integration partizipativer Elemente in den Prozess der Standortauswahl – eine der im deutschen Fall momentan anstehenden Herausforderungen – als Erfolgsbedingung rekurriert. Die vorliegende Arbeit zeigt nicht nur, dass diese Zuschreibung unverdient ist, sondern auch, dass stattdessen der spezifische Nichtwissenszugriff als ursächlich für die bisher erfolgreiche Durchsetzung des schwedischen Entsorgungskonzepts angenommen werden muss.

Wie also ist Schweden so weit gekommen? Die Arbeit macht deutlich, dass im schwedischen Fall besonders die frühzeitige Etablierung des Entsorgungskonzepts KBS in einer Umbruchszeit von essenzieller Bedeutung für den Entsorgungsprozess war: Die Atomkraft und der Atommüll sind Kinder der Moderne, das schwedische Konzept ist 1977, in einer Zeit des Umbruchs, entstanden: In der Zeit des Übergangs vom modernen Fortschrittsoptimismus hin zum spätmodernen Brüchigwerden der „moderne[n] Gewissheit der ‚Zähmung' von Zukunft" (Böschen/Weis 2007: 13) trifft die schwedische Regierung die Entscheidung, den Fortbestand der zivilen Nutzung der Atomkraft rechtlich an die Existenz eines – wohlgemerkt *absolut sicheren* – Entsorgungskonzepts zu binden. Die Hybris jedwede Herausforderung auf Grundlage technisch-naturwissenschaftlicher Ergebnisse bearbeiten zu können, die im Geist der Moderne mitschwingt, ist in dieser Forderung und der Antwort der Atomindustrie auf selbige noch gut ersichtlich. Bezeichnend ist auch, dass die Industrie – zwar eingebunden in einen gesetzlich festgeschriebenen Prozess mit politischen Kontrolloptionen – selbst mit der Aufgabe der Entsorgung betraut wurde. Trotz einiger Kritik an der, auch aus soziologischer Sicht unmöglichen, Forderung absoluter Sicherheit (vgl. Luhmann 1993: 142), erhörte die Atomindustrie den Ruf und

präsentierte selbstbewusst nach nur neunmonatiger (!) Arbeit das Entsorgungskonzept KBS, welches eine durch mehrere Barrieren gesicherte, unterirdische
Verbringung des Atommülls vorsah. Das Konzept ist bis heute weitestgehend
unverändert geblieben. KBS interpretiere ich als ,moderne' schwedische Antwort
auf das sich ausbreitende Bewusstsein für Nichtwissen. Es ist selbst ein Zugriff
auf Nichtwissen, insofern es das Nichtwissen als Wissensobjekt ersetzen sollte.

Von der Forderung absoluter Sicherheit hat man sich über die Jahre gelöst,
von KBS nicht. Auch die Beforschung von Alternativen ist im Vergleich zu
der jahrzehntelangen Arbeit an KBS bestenfalls marginal, das diesbezügliche
Nichtwissen ist entsprechend als nicht handlungsrelevant verdrängt worden.
KBS ist hergestellte Alternativlosigkeit, nicht nur trotz Nichtwissens, sondern
durch Nichtwissen. Das Entsorgungskonzept als Objekt ist geblieben und hat es
geschafft, alle Forschung und Regulierung, selbst alle Kritik und in letzter Konsequenz alle Nichtwissenszugriffe um sich herum zu organisieren. Es lässt sich
damit als „*Grenzobjekt*" (Star 2017, Hervorheb. NW) verstehen, als ein „ma-
teriale[r] ,Anker' der wechselseitigen Bezugnahme und Beobachtung" (Meister
2011: 97). Es ist der Dreh- und Angelpunkt des untersuchten Feldes und konnte
als solcher enorme Pfadabhängigkeiten erzeugen. Die Arbeit zeigt anhand des
Grenzobjekts KBS, dass Grenzobjekte durch ihre Fähigkeit, Nichtwissensdeutungen zu kanalisieren und Pfadabhängigkeiten zu erzeugen, generell wirksame
Werkzeuge für die Gestaltung von Zukunft sein können.

Es scheint, als habe man historisch den ,richtigen' Moment abgepasst, das
Konzept noch beflügelt vom Optimismus der Moderne zu etablieren und es
zudem trotz der sich wandelnden Zeiten bis in die heutige Gegenwart zu bringen. KBS hat auf unvergleichliche Weise Schneisen in die Zukunft schlagen
können. Das Konzept wurde nicht nur etabliert, es wurde auf Grundlage des
Ensembles der Nichtwissenszugriffe über Jahrzehnte hinweg erfolgreich verteidigt und stabilisiert. Das von Beck (1986) beschriebene Reflexivwerden der
Spätmoderne konnte KBS bisher wenig anhaben. Es ist erstaunlich, wie effizi-
ent sich die diskursive Stabilisierung von KBS darstellt. Nicht zuletzt zeigt sich
dies an den bisherigen Plänen zu Rückholbarkeit, Monitoring (Überwachung nach
Verschluss) und zur Markierung des Endlagerstandorts – sie sind quasi nicht existent. Hier zeichnet sich ein gänzlich anderes Bild als in der *aktuellen* deutschen
Entsorgungsdebatte: Sie macht entsprechend der spätmodernen Disposition die
Überwachung und Rückholbarkeit nach Verschluss und damit die Revidierbarkeit
heutiger Entscheidungen zur Bedingung.

Nur einmal in 45 Jahren – durch die 2007 aufkommende Frage, ob die für
KBS essentielle Kupferbarriere vor der geforderten Zeit korrodiere –war die

‚Erfolgsgeschichte' KBS durch den Nichtwissenszugriff von Kritiker*innen tatsächlich bedroht. Im Januar 2022 hat KBS auch die Hürde der 2011 beantragten
Baugenehmigung durch die Regierung genommen. Der weitere Verlauf des Verfahrens wird darüber Auskunft geben, ob die Akteure übereinkommen, auch
bezüglich der Kupferkorrosions-Kontroverse *Genug-Wissen* etabliert zu haben,
um zu entscheiden, dass KBS (unrevidierbar) die Zukunft bestimmen soll. Der
hier eingeführte Begriff *Genug-Wissen* bedeutet in diesem Zusammenhang *eine
als entscheidungsbefähigend wahrgenommene, temporäre Stabilisierung des Verhältnisses zwischen Wissen und Nichtwissen sowie zwischen handlungsrelevantem
und nicht-handlungsrelevantem Nichtwissen.*
‚The past is a foreign country: they do things differently there.' Im schwedischen Fall muss man fragen: But is it? Selbstverständlich haben sich die Zeiten
geändert, aber der Abschied von letzten Gewissheiten hat im vorliegenden Fall
nicht dazu geführt, KBS systematisch zu überdenken, Alternativen zu eruieren
oder die Möglichkeit der Umkehrbarkeit der Entscheidungen in das System KBS
zu integrieren. Anhand der Konstruktion, Bewertung von und des Umgangs mit
Nichtwissen wurden Zeitbindungen etabliert und verteidigt, die nicht weniger
gestalten wollen als die nächsten eine Million Jahre – eine Ewigkeit in Anbetracht
sonstiger technischer Großprojekte. Nun soll es nach 45 Jahren Forschung so weit
sein, der Zeitpunkt der Entscheidung sei nach Auffassung von SKB und anderen gekommen. Die Verquickung von Nichtwissen und Zeit, das zeichnet sich im
vorliegenden Fall ab, ist vielgestaltig: „Das Problem ist in all diesen Fällen, daß
in der Gegenwart schon über Zukunft disponiert wird mit einer gewissen Indiffe-
renz gegen das, was andere Interessenten als ihre Perspektive einbringen werden."
(Luhmann 1993: 152) Ob sich der Prozess der Materialisierung von KBS trotz
des aktuellen Konflikts um Kupfer so fortschreibt, ist noch nicht abschließend
geklärt.

1.2 Überblick zum theoretischen und empirischen Zugang

Die Relevanz von Nichtwissen für die vorliegende Arbeit ergibt sich, wie dargelegt, in vielerlei Hinsicht aus dem empirischen Gegenstand selbst: Aber auch
theoretisch hat Nichtwissen zu Recht seit den 90er-Jahren in der Soziologie
zunehmend Aufmerksamkeit erfahren. Nicht zuletzt deswegen, weil die wissenssoziologische Betrachtung von Nichtwissen auf Schwachstellen des Risikokon-
zepts – das spätestens seit Ulrich Beck (1986) zum „zentrale[n] Deutungsschema"
(Böschen/Wehling 2012: 317) vieler Gesellschaftsdiagnosen wurde – verweist.

Der Risikobegriff wirkt nach Stefan Böschen und Peter Wehling auf drei Ebenen selektiv: 1) Zunächst impliziert die Rahmung gesellschaftlicher Problemlagen als Risiko Objektivität. Risiko erscheine als „ein Faktum mit beschreibbaren Effekten und Eintrittswahrscheinlichkeiten [...], was zudem die Zuständigkeit ausgesuchter Disziplinen legitimiert, bestimmte Risiken zu analysieren." (ebd.: 319) 2) Des Weiteren findet in der Kategorie des Restrisikos ein *blackboxing* von Nichtwissen statt, das nach dieser Rahmung nicht mehr behandelt werden müsse oder könne. „Auf diese Weise werden Entscheidungssysteme vor uneinholbaren Wissens- und Sicherheitserwartungen sowie weitreichenden Verantwortungszuschreibungen geschützt." (ebd.) 3) Zudem legt der Risikobegriff nahe, die „zukünftigen Folgen einer gegenwärtigen Handlung oder Entscheidung seien prinzipiell bekannt und kalkulierbar" (ebd.: 320) und verschleiert damit das Uneinholbare dessen, was nicht und ggf. niemals gewusst werden kann. Der wissenssoziologische Begriff des Nichtwissens erweitert hier den theoretischen Blick und schafft eine Perspektive für das, was im Konzept Risiko lediglich als Rest verbleibt, ohne die Handelnden vor der Zuschreibung von Verantwortung zu bewahren oder eine standpunktunabhängige Objektivität zu suggerieren.

Doch wie definiert sich Nichtwissen? Die vorliegende Arbeit macht die Definition Luhmanns und deren Erweiterung durch Klaus P. Japp (1997) zu ihrem Ausgangspunkt. Luhmann begreift Nichtwissen als das Ergebnis von Beobachtung, welche auf der einen Seite Wissen und auf der anderen Seite – dem *unmarked space* – Nichtwissen erzeugt (vgl. Luhmann 1992: 155 ff.). Damit bietet Luhmann nicht nur eine erkenntnistheoretische Fundierung der Konstruktion von Nichtwissen, sondern kann auch erklären, wie es zur vielzitierten Vermehrung von Nichtwissen (vgl. Groß 2009: 105) kommt. Unter Rückgriff auf Mittelstraß' (1996) Metapher der Wissenskugel wird deutlich, dass wenn man das Wissen als Radius einer Kugel versteht, die äußere Oberfläche und damit die Berührungspunkte mit Nichtwissen, überproportional wachsen, wenn die Kugel größer wird (vgl. Groß 2009: 105).

Ich teile die von Böschen und Wehling vorgetragene Kritik an Luhmanns Konzeption von Nichtwissen als zu stark dekontextualisiert und abstrakt, um für eine Beschreibung vieler empirischer Phänomene geeignet zu sein (vgl. Böschen/Wehling 2012: 322). Nichtsdestotrotz erfüllt die Definition Luhmanns eine wichtige Aufgabe für diese Arbeit. Als Ausgangspunkt ist sie auch immer Anker einer konsequent konstruktivistischen Perspektive – wie sie selbst Wehling teilweise sprachlich zu entwischen scheint (vgl. dazu kritisch Bogner 2005; Büscher 2008: 99; Japp 2002). Somit wird Nichtwissen als „logische Notwendigkeit begreifbar" (Bogner 2005: 75), was den Blick weiter auf die Konstruktions*bedingungen* von Nichtwissen lenkt. Wie auch Bogner ergänze ich diese beiden Theoriestränge, teile aber die Auffassung, dass der empirische Zugriff auf Nichtwissen sich „womöglich mit Wehlings differenzierterer Begrifflichkeit besser erfassen" (ebd.) lassen kann. Die Arbeit ist daher als Bricolage (vgl. Lévi-Strauss 1973) angelegt, um eine stringente konstruktivistische Argumentation mit einer differenzierten Beschreibung des Phänomens Nichtwissen zu verbinden. Sie bedient sich, ganz entsprechend der Metapher des theoretischen Werkzeugkastens, für die Analyse ergänzender Theorien und Theorieelementen und erzeugt so ein reichhaltiges Bild der konstitutiven Bedeutung von Nichtwissen für die nukleare Entsorgung anhand des schwedischen Falls. Zentral sind neben Luhmann und Japp u. a. Wehling und die von ihm vorgeschlagenen *Dimensionen des Nichtwissens* – das *(Nicht-)Wissen des Nichtwissens*, die *Intentionalität* sowie die *zeitliche Stabilität* des Nichtwissens – für die ich vorschlage, eine Erweiterung um die Dimension der *Relevanz des Nichtwissens* vorzunehmen. Die Dimensionen ermöglichen es, Abstufungen und Zwischenformen zu erfassen und betonen den Zuschreibungscharakter des Nichtwissens (vgl. Wehling 2004: 71 ff.). Den Rahmen der Analyse bildet die hier vorgeschlagene Heuristik aus *Konstruktionsbedingungen* sowie *Bewertungen* von und *Umgang* mit Nichtwissen (Zugriff auf Nichtwissen), die sich als sehr ergiebig herausgestellt hat. Die Aufteilung ist idealtypisch zu verstehen, sodass die in den jeweiligen Abschnitten analysierten empirischen Beispiele auch in anderen Abschnitten Verwendung finden könnten. Die spezifische Zuordnung der Beispiele ergibt sich aus ihrer Darstellungskraft für den jeweiligen Idealtyp und aus der herausgearbeiteten Bedeutung für den schwedischen Entsorgungsprozess allgemein.

Empirische Grundlage der Analyse sind 23 Expert*inneninterviews (2015 und 2016, plus 5 Nachinterviews 2021) mit Akeuren aus dem Feld der schwedischen Entsorgung sowie eine Dokumentenanalyse (38 Dokumente) und die Teilnahme an einer Konferenz des die Regierung beratenden Swedish National Council (SNC). Gerade der Zugang über Interviews ermöglichte es, in relativ kurzer Zeit einen Überblick über den komplexen Gegenstand und das nicht weniger komplexe Feld der Akteure zu bekommen. Dies erlaubte es, diskursrelevante Dokumente zu identifizieren und einen Überblick über das Beziehungsgefüge, der sich mitunter agonal gegenüberstehenden Diskursteilnehmer*innen, zu gewinnen. Der Feldzugang gestaltete sich trotz des hochpolitischen Themas erstaunlich einfach. Dies erstreckte sich auch auf die Offenheit der Interviewpersonen, welche selbst die ‚schwedische Kultur der Transparenz' für diesen Umstand verantwortlich machten. Alle interviewten Expert*innen verfügen über mehrjährige Erfahrung im Feld der Entsorgung.

Da Nichtwissen kein alltagssprachlich präsentes Konzept ist, wurde die Auseinandersetzung der befragten Personen mit Nichtwissen und dessen Bedeutung

für die Entsorgung analytisch rekonstruiert. Zentrale Bereiche der leitfadenge-
stützten Befragung umfassten u. a. die Einordnung von KBS als Lösungsangebot,
die Rolle der Interviewten bzw. ihrer Institution/Organisation bei der Entwicklung
von KBS, die Rolle anderer Akteure sowie die der politischen Öffentlichkeit.

1.3   Gliederung der Arbeit

Die thematische Relevanz der als Fallstudie der schwedischen nuklearen Entsorgung und gleichsam als Beitrag zu einer Soziologie des Nichtwissens angelegten
Arbeit wurde in den vorangegangenen Abschnitten bereits verdeutlicht. Zudem
wurden einige zentrale Begrifflichkeiten eingeführt und erste Ergebnisse dargestellt. In den Kapiteln 2 und 3 werden die oben überblicksartig dargestellten
theoretischen und empirischen Prämissen ausgeführt. In Kapitel 4 stelle ich die
für das Feld als zentral erachteten Akteursgruppen vor und gebe einen Überblick über den Entsorgungsprozess seit den 1960er-Jahren bis heute. Der Begriff
Entsorgungsprozess umfasst dabei auch sämtliche Aushandlungen zu seiner Planung. Die theoretischen Grundlagen bilden das argumentative Instrumentarium
für die in Kapitel 5 und 6 vorgenommene Analyse. Diese erstreckt sich über
zwei Teile: Der erste Teil liefert eine zumeist asynchrone Anwendung des
in Kapitel 2 entwickelten theoretischen Zugangs. Dies geschieht anhand der
Leitschnur der analytischen Differenzierung in Konstruktionsbedingungen und
Bewertung von sowie den Umgang mit Nichtwissen. Als heuristisches Angebot bilden sie zusammen den Zugriff auf Nichtwissen ab. Der zweite Teil der
Analyse entfaltet diesen Zugriff mittels der chronologischen Beschreibung der
seit 2007 andauernden Kupferkorrosions-Kontroverse, die ich als den zentralen Nichtwissenskonflikt der schwedischen Entsorgungsgeschichte einordne. Die
chronologische Darstellungsform gestattet es, die vorher idealtypisch getrennten
Prozesse anschaulich darzulegen und dabei die Dynamik des Nichtwissenszu-
griffs unter Konfliktbedingungen nachzuempfinden. Zum Schluss fasst Kapitel 7
die zentralen Ergebnisse der Arbeit zusammen, reflektiert das dargestellte analytische Vorhaben und erschließt mögliche handlungsleitende Erweiterungen des
Diskurses für – aktuell oder zukünftig mit solchen oder ähnlichen Problemlagen
befasste – Akteure. Zudem werden die Ergebnisse auf ihre gesellschaftsdiagnostische Bedeutung sowie ihren Beitrag zum Programm einer Soziologie des
Nichtwissens und der Entsorgungsforschung hin überprüft.

Theoretische Prämissen 2

Die Natur ist verstummt. Die Beobachter streiten sich.

(Luhmann 1992: 171)

Das Bewusstwerden der Kontingenz wissenschaftlichen Wissens, besonders vor dem Hintergrund komplexer und weit in die Zukunft reichender Problemstellungen, schlägt sich in den letzten 30 Jahren in einer verstärkten Hinwendung der Soziologie zu Theorien des Nichtwissens nieder (vgl. Böschen/Wehling 2012). Das klassische Wissenschaftsverständnis, das Nichtwissen als *Noch-Nicht-Wissen* begreift, welches sich durch ausreichende Forschung auflösen lasse, bricht auf. Die sozialen Konstruktions-, Definitions- und Anerkennungsprozesse von dem, was gar nicht oder nicht abschließend gewusst werden kann, sowie dessen politische Dimensionen geraten verstärkt in den Blick (vgl. Böschen 2004). Gotthard Bechmann und Nico Stehr folgend ist heute der „Umgang mit Nicht-Wissen [...] zur entscheidenden Variable bei Entscheidungen [geworden]. Da wir die Zukunft nicht kennen können, ist es umso wichtiger, wie dieses Nicht-Wissen in öffentlichen Entscheidungssystemen prozessiert wird" (Bechmann/Stehr 2000: 120). Diese Dissertation nimmt diese Überlegungen auf und überträgt sie auf die nukleare Entsorgungsforschung, für welche diesbezüglich eine Leerstelle besteht. Um die konstitutive Bedeutung von Nichtwissen im schwedischen Fall nachzuvollziehen und theoretisch aufzuschließen zu können, bedarf es eines angemessenen begrifflichen und theoretischen Instrumentariums, das sowohl Nichtwissen als „logische Notwendigkeit begreifbar" (Bogner 2005: 75) macht, als auch eine differenzierte Beschreibungsmöglichkeit komplexer

Problemlagen ermöglicht. Im Folgenden biete ich einen kurzen Einstieg zur Entwicklung von Nichtwissen als soziologischem Gegenstand und lege dann den
spezifischen theoretischen Zugang der Arbeit dar.

2.1 Der Weg zum Nichtwissen als (soziologischem) Gegenstand

In der Philosophie gibt es eine lange Tradition der Auseinandersetzung mit Nichtwissen. Der bekannte Ausspruch Sokrates' „Ich weiß, dass ich nichts weiß."
mag hierfür als Illustration dienen und leitet, in der ein oder anderen Form,
nicht wenige zeitgenössische Arbeiten zu Nichtwissen ein. Sokrates' Verständnis
nach gilt das Wissen darüber, dass man als Mensch höchst limitierte Erkennt-
nismöglichkeiten und Wissenskapazitäten hat, als Tugend der Weisheit. Diese
gewissermaßen *metaphysische Toleranz von Nichtwissen* wurde noch bis ins 15.
Jahrhundert rezipiert (vgl. Wehling 2009a: 96 f.).

Erst mit dem Rationalismus der Aufklärung, in der das neuzeitliche Selbstbewusstsein über die Antikenverehrung der Renaissance emporwuchs, formulierte
Francis Bacon, laut Martin Carrier, einer der „ersten Philosophen der neu-
zeitlichen Naturwissenschaften" (Carrier 2006: 16), einen neuen Anspruch an
Welterkenntnis: Entgegen der Vorstellung, dass es Dinge gebe, die man nicht
wissen könne, geht er davon aus, dass es nichts in der Natur gibt, das nicht
gewusst werden kann. Höchstens könnten die gegenwärtig zur Verfügung stehen-
den Methoden zum Erkennen nicht ausreichen, man könne eben „auf dem jetzt
gebräuchlichen Wege in der Natur nicht viel wissen" (Bacon [1620] 1990: 99).
Damit wird die, für die Wissenschaft ab der Neuzeit gängige, Konzeption von
Nichtwissen als Noch-Nicht-Wissen beschrieben.

Zygmunt Bauman hebt die Verzeitlichung, die diesem Konzept innewohnt, hervor und beschreibt das Verständnis von Nichtwissen in der Frühen Neuzeit wie
folgt: „Unwissenheit ist ein noch nicht erobertes Gebiet; gerade ihr Dasein stellt
eine Herausforderung dar." (Bauman 1992: 295) Nichtwissen ist also das noch
nicht Erkannte sowie das noch nicht Erkennbare. Nichtwissen als Konzept bleibt
in dieser Perspektive weitgehend unbehandelt, seine Konzeption entsteht implizit
durch den Fokus auf den als immer weiter fortschreitend gedachten Erkenntnis-
gewinn – es befindet sich noch gänzlich im „Schatten des Wissens" (Wehling
2006a).

Große Aufmerksamkeit erlangte 1872 Emil Du Bois-Reymond mit seiner
Rede ‚Über die Grenzen des Naturerkennens', die er vor der Versammlung Deut-
scher Naturforscher und Ärzte in Leipzig hielt. Darin reklamierte er zwei doch

unüberwindbare Grenzen der menschlichen wissenschaftlichen Welterkenntnis: Zum einen das Erkennen des Wesens von Materie und Kraft und zum anderen die Erklärung des Bewusstseins. Seine Rede beendete er, indem er konstatierte: „*Ignorabimus*" (Du Bois-Reymond [1872] 1961: 35, Hervorheb. NW), lateinisch für ‚wir werden nicht wissen' – im Sinne von ‚wir werden niemals wissen' (vgl. Wehling 2009a: 97 f.). Mit dieser konstatierten Wissensgrenze widersprach Du Bois-Reymond der Nichtwissens-Vorstellung seiner Zeit.

Eine andere, dieser Vorstellung ebenso widersprechende Nichtwissens-Konzeption, findet sich in Georg Simmels ([1908] 2013) Soziologie des Geheimnisses. Hier geht es explizit nicht um wissenschaftliches Wissen und Nichtwissen. Das Geheimnis sei eine zivilisatorische Errungenschaft und konstitutiv für das menschliche Zusammenleben:

> „[G]egenüber dem kindischen Zustand, in dem jede Vorstellung sofort ausgesprochen wird, jedes Unternehmen allen Blicken zugänglich ist, wird durch das Geheimnis eine ungeheure Erweiterung des Lebens erreicht, weil vielerlei Inhalte desselben bei völliger Publizität überhaupt nicht auftauchen können" (ebd.: 283).

Während Du Bois-Reymond noch auf ein aus seiner Sicht unhintergehbares Nichtwissen verwies – ähnlich der antiken Deutung – steht bei Simmel Nichtwissen für ein *Phänomen mit spezifischen Eigenschaften*. Allerdings existiert dieses Nichtwissen als personenbezogene Abwesenheit eines Wissensinhalts immer nur solange dieser Wissensinhalt fest definiert ist und immer nur in dem sozialen Kontext der wissenden und der nichtwissenden Person (vgl. Wehling 2001: 468). Anders als vorhergehende Theoretiker*innen nimmt Simmel die soziale Funktion des Nichtwissens in den Blick. Auch Schneider (1962), der die ‚*Eufunktionalität*' – sprich soziale Funktion – des Nichtwissens hervorhebt, sowie Heinrich Popitz ([1967] 2010) und dessen These von der ‚Präventivwirkung des Nichtwissens', die er am Beispiel der Dunkelziffer bei Straftaten erläutert, wenden ihren Blick aus dieser Richtung auf Nichtwissen.

Die Entdeckungen und neuen Theorien der ersten Hälfte des 20. Jahrhunderts warfen ein neues Licht auf die Thematik des Nichtwissens. Die Quantenmechanik, in der beispielsweise Heisenberg die prinzipielle gleichzeitige Unbeobachtbarkeit zweier Zustandsgrößen eines Systems postulierte, sowie die Wissenssoziologie Karl Mannheims, dessen Ideologiebegriff die prinzipielle Perspektivität eines beobachtenden Subjekts beschrieb, verwiesen bereits auf strukturelle Problematiken des Erkenntniserwerbs. So schrieb etwa der Erkenntnistheoretiker Ludwik Fleck 1935 über die „Entstehung und Entwicklung einer wissenschaftlichen Tatsache" (Fleck [1935] 1993), dass etablierte Wissenssysteme die Denkstile der Wissenschaftler*innen determinierten, sodass Erkenntnis nicht objektiv sein könne, denn „um eine Beziehung zu erkennen, muss man manche andere Beziehung verkennen, verleugnen, übersehen" (ebd.: 44). Auch für Robert K. Merton spielte hinsichtlich einer Systematisierung von Nichtwissensbetrachtungen vor allem die Unabsehbarkeit nicht antizipierter Handlungsfolgen eine wichtige Rolle. Diese Betrachtungsweise wird lange Zeit nicht aufgegriffen und auch er selbst fokussiert sie nicht (vgl. Wehling 2001: 468). Auch Karl Popper weist im Programm seines kritischen Rationalismus noch vor dem Zweiten Weltkrieg darauf hin, dass es kein absolut gesichertes Wissens gebe und man sich von diesem ‚Idol' verabschieden müsse (vgl. Popper [1935] 1989). Für ihn ist Wissen generell unsicher, Theorien könnten nicht bestätigt werden, sondern müssten sich fortlaufend gegen Falsifikation behaupten und durch Adaption verbessern. Damit thematisierte er zwar eher Ungewissheit als Nichtwissen, dennoch trugen seine Überlegungen entscheidend zur *Überwindung eines naiven Realismus* bei (vgl. Wehling 2001: 469 f.).

Allerdings wurden diese Ansätze erst in den 1970er Jahren wieder verstärkt aufgegriffen, als die Soziologie begann, sich verstärkt für Nichtwissen zu interessieren. Hintergrund war damals die in den Fokus kommende Rolle der Wissenschaft, die sich zunehmend mit unsicherem Wissen und Risiko vor allem im Umweltbereich konfrontiert sah. Reiner Keller attestiert in diesem Zusammenhang eine veränderte Rolle und Wahrnehmung des wissenschaftlichen Wissens in öffentlichen und innerwissenschaftlichen Diskursen: Zwar sei die Wissenschaft weiterhin Adressatin für Wissens- bzw. Nichtwissenskonflikte und Transformationsinstanz von Nichtwissen in Wissen, könne jedoch in Anbetracht sich multiplizierender Wissensbestände, Diskursakteure und -arenen keine (langfristige) Schließung von Konflikten mehr anbieten (vgl. Keller 2005: 175 f.). Zudem wurde man sich darüber bewusst, dass weitere Forschung neue Kontingenzen produzierte, anstatt eindeutiges Wissen (vgl. Wehling 2001: 470). Die bisherige gesellschaftliche Logik von Problembearbeitung gerät also gerade vor dem Hintergrund ökologischer Bedrohungen unter Druck und zeitigt auch rechtliche und politische Konsequenzen hinsichtlich der schwindenden Möglichkeit, Verantwortung auf konkrete Handlungen zuzurechnen (vgl. Böschen/Wehling 2012: 317).

Im Kontext dieser gesellschaftlichen Umbrüche wurde eine konstruktivistische Perspektive formuliert, die eine Abkehr vom positivistischen Denken darstellte. Zwar blieb diese zunächst an der Betrachtung der Erzeugung von Wissen interessiert (vgl. ebd.). 1987 prägte Merton den Terminus der „*Specified Ignorance*" (Merton 1987), welche er als zentral für das Fortschreiten wissenschaftlichen

Erkenntnisgewinns ansah – „[t]he specification of ignorance amounts to problem-finding as a prelude to problem-solving." (ebd.: 10) Damit sei sie eine „formation of a useful kind of ignorance" (ebd.: 6). Im Gegensatz dazu steht für ihn eine hauptsächlich dysfunktionale Art des Nichtwissens, welche allerdings nicht näher gefasst wird. Somit bleibt sein Fokus konventionell insofern, als er Nichtwissen *hauptsächlich* als Noch-Nicht-Wissen fasst, welches sich durch ausreichende Forschung auflösen lasse (vgl. Wehling 2001: 471).

Zwar ist dieses klassische konventionelle Wissenschaftsverständnis noch immer diskursiv präsent, doch es ist erkenntnistheoretisch und in Anbetracht der beobachtbaren Erfahrung des gesellschaftlichen Selbstgefährdungspotenzials (vgl. Beck 1986) massiv unter Druck geraten. Auch die hier vorgeschlagene Betrachtungsweise fokussiert eine konstruktivistische Perspektive. Diese stellt die Konstruktionsbedingungen, Bewertungen und Bearbeitungsweisen von und mit Nichtwissen in den Fokus, definiert aber, entsprechend der Erweiterung Niklas Luhmanns (1992) durch Klaus P. Japp (2002), einen uneinholbaren Rest des Nichtwissens als *‚unspezifisches Nichtwissen'* (vgl. ebd.: 436). „Statt als eine rein residuale und negative Größe, [...] wird Nichtwissen nunmehr als ein Phänomen wahrgenommen, das nicht restlos zu beseitigen ist, das durch mehr Wissen reproduziert und sogar vergrößert werden kann" (Wehling 2001: 466).

2.2 Zugang und Begriffsbestimmungen

Neben einer empirischen Fallstudie der nuklearen Entsorgung in Schweden, versteht sich die vorliegende Arbeit als ein Beitrag zur Wissenssoziologie – genauer als ein Beitrag zu dieser in Bezug auf die soziologische Auseinandersetzung mit Nichtwissen. Smithson bemerkt diesbezüglich: „Indeed, a complete sociology of knowledge requires a sociology of ignorance." (Smithson 1985: 151) Die Arbeit legt dabei, wie eingeführt, eine dezidiert sozialkonstruktivistische Perspektive an. Sozialkonstruktivismus wird hier verstanden als „empirisches Forschungsprogramm [...], das der Frage nachgeht, welche Wirklichkeitsdeutungen soziale Verbindlichkeit erlangen" (Kneer 2009: 5). Es umfasst demgemäß auch die Deutungen dessen, was als „andere Seite des Wissens" (Luhmann 1992: 159) bezeichnet werden kann sowie die Durchsetzung dieser Deutungen.

Die deutliche konstruktivistische Positionierung unter Bezugnahme auf Luhmann ergibt sich auch aus folgendem Grund: Es fällt auf, dass nicht wenige an Arbeiten, zwar die (soziologische) Theorie zu Nichtwissen referieren, aber die eigenen Phänomenbeschreibungen oftmals nicht oder nicht ausreichend theoretisch rückbinden. Dies ist auch deswegen problematisch, weil Nichtwissen, zwar

durch die Verwendung von Begriffen aus seinem Bedeutungsfeld (Irrtum, Ungewissheit etc.), sehr wohl Teil der gesellschaftlichen Auseinandersetzung ist, aber
der Nichtwissensbegriff selbst kaum alltagsprach Verwendung findet. Auch das
Verständnis von dem, was mit Wissen gemeint ist und wie es mit Nichtwissen
zusammenhängt, bleibt oft unausgesprochen. Dies kann zur Folge haben, dass
aufgrund des Verzichts auf eine ‚strenge' theoretische Rückbindung die Tendenz
entsteht, das, was Nichtwissen sein soll, auf diverse Zusammenhänge auszu-
weiten. Nichtwissen wird dabei implizit oder explizit mit Begriffen wie Risiko,
Ungewissheit oder Irrtum in eins gesetzt, sodass seine Spezifik, die ‚andere Seite
des Wissens' zu sein, aus dem Blick gerät.

Versteht man Nichtwissen eben als die andere Seite des *Wissens*, so scheint
es – gemäß Wehlings Vorschlag (vgl. Wehling 2009a: 98) – einleuchtend, die
Definition von Nichtwissen mit dem Begriff des Wissens zu beginnen. Die Entscheidung, dabei eine sozialkonstruktivistische Perspektive einzunehmen, gründet
sich vor allem auf eine mittlerweile fast triviale Feststellung[1] – die Behauptung,
eine universelle Wahrheit erkannt zu haben, bleibt unbeweisbar: „Das einzige,
was als Grund für das Vertreten einer Überzeugung gelten kann, ist eine weitere Überzeugung." (Davidson 2004: 240) Daher sind sämtliche Überlegungen

---

[1] Der für diese Arbeit gewählte theoretische Zugang ist stark von den Überlegungen Peter
Wehlings geprägt, die ich später weiter ausführe. Gerade weil viele Annahmen und theoretische Ausarbeitungen Wehlings zu Nichtwissen in diese Arbeit Eingang finden (vgl.
besonders Abschnitt 5.2), erscheint mir eine knappe kritische Auseinandersetzung mit dem
Postkonstruktivismus – unter dessen Label Wehlings Überlegungen firmieren (vgl. Wehling 2006a, 2006b) – geboten. Was bedeutet dies nun für die theoretische Konzeption von
Nichtwissen? Zunächst setzt die Kritik des postkonstruktivistischen Versuchs, im Allgemeinen und jene an der postkonstruktivistischen Deutung durch Wehling im Besonderem, am
realistischen Gehalt dieser Theoriebemühungen an. Obwohl eine der konzeptionellen Grund-
auffassungen der Postkonstruktivisten die Distanzierung „vom erkenntnistheoretischen Kor-
respondenzrealismus und seiner Annahme einer unabhängig bestehenden Realität" (Kneer
2009: 20) ist, fällt Wehlings Nichtwissenskonzeption des Öfteren auf realistische Prämissen
zurück. Dies wird von einigen Autor*innen kritisch angemerkt (vgl. Bogner 2005; Büscher
2008; Japp 2002; Kastenhofer 2009) und deckt sich mit der eigenen Lektüreerfahrung. Karen
Kastenhofer (2009) führt „Nichtwissen als objektiver Zustand" (ebd.: 137) als eine mögliche Lesart von Wehlings Überlegungen (vgl. Wehling 2006a) an. Christian Büscher merkt
an: „Vieles ist vom Autor in Anführungen formuliert, um nicht in den Verdacht zu geraten,
er würde eine Ontologisierung des Nichtwissens vornehmen. Dennoch stößt man auf Formulierungen wie die ‚Explosion des Nichtwissens' (S. 315) oder: ‚(...) da wissenschaftliche
Praktiken (...) auch im Labor keineswegs immer vollständig transparent sind, wird das hierin
eingebettete unerkannte Nichtwissen (...) in die natürliche und soziale Umwelt des Labors
gleichsam exportiert' (S. 247)." (Büscher 2008: 99) Japp liefert eine ausführliche Kritik zu
Wehlings Verständnis von Nichtwissen und hebt dabei besonders auf dessen „realistische[n]
Theoriepräferenzen" (Japp 2002: 435) ab.

dazu, ob es universelle Wahrheiten gibt bzw. geben kann oder nicht, methodisch auszuschließen (vgl. Kneer 2009). Es geht demgemäß auch in dieser Arbeit um Wissen und nicht um Wahrheit. Für die Definition von Wissen beziehe ich mich auf Hubert Knoblauch (2010), der Wissen als sozial vermittelten Sinn beschreibt:

> „[D]ieser Sinn bezieht sich nicht nur auf den handelnden Prozess der Vermittlung (also den Vollzug des Handelns), sondern auch auf die verfestigten und dauerhaften Objektivierungen. Dazu gehören die Zeichen als Teile von konventionalisierten Zeichensystemen (also mit ausdrücklich meta-kommunikativ vereinbarten Bedeutungen) sowie auch andere ‚Kulturobjekte', wie etwa Kleidung, Nahrungsmittel oder [...] Häuser (samt ihrer Raumstruktur und Architektur)." (Knoblauch 2013: 36)

Wissensinhalte sind also kontingente Festlegungen von Sinn. Wissen wird konstruiert, indem es von anderen möglichen Festlegungen und Wissensinhalten unterschieden wird. In diesem Sinne lässt sich die Kennzeichnung ‚Nichtwissen' ebenso als kontingente Festlegung von Sinn verstehen. Was sind nun die sozialen Konsequenzen dieser Kennzeichnung?

Die für diese Arbeit relevante konstruktivistische Vorstellung von Nichtwissen rekurriert auf die von Luhmann vorgebrachte Definition von Nichtwissen als Ergebnis von Beobachtung, welche auf der einen Seite Wissen erzeugt und auf der anderen Seite Nichtwissen (vgl. Luhmann 1992: 155 ff.). Nach Japp ist alle Welterkenntnis unterscheidungsabhängig (vgl. Japp 2002: 436). Unterscheidungen können sich dabei immer nur auf solche Inhalte beziehen, über die Wissen vorhanden ist. Nichtwissen kann dann immer nur das sein, was als die andere Seite des Wissens, als das Nicht-Festgelegte mitproduziert wird (vgl. ebd.: 435). Bei der Thematisierung von Nichtwissensinhalten ergibt sich so zunächst das Problem, über etwas sprechen zu wollen, von dem *per definitionem* kein Wissen existiert: „Nichtwissen ist nichts, was irgendwie grundsätzlich für sich soziologisiert werden könnte. Es ist die andere Seite des Wissens und als solche unerreichbar – es sei denn, man weiß etwas darüber." (ebd. 436)

Somit sei es zwar unmöglich, über den *Inhalt* des Nichtwissens zu reden (der ja gerade unbekannt ist), gleichwohl sei es dennoch möglich, Nichtwissen zu thematisieren: Was beim Verhandeln von Nichtwissen thematisiert wird, ist das *Wissen* vom Nicht-Wissen. Nichtwissen, im Sinne eines Inhalts oder einer „Bestimmung durch Phänomenbezug" (ebd.: 435), ist nicht der Gegenstand der analytischen Betrachtung und kann es gar nicht sein. Stattdessen richtet sich der Blick in dieser Arbeit auf die konstitutive Bedeutung von Nichtwissen für den Fall der nuklearen Entsorgung. Dies umfasst die Analyse der Konstruktionsbindungen und Bewertung von und den Umgang mit Nichtwissen.

Erst in der spätmodernen Gesellschaft, in der die Kausalitäten des Handelns unbeherrschbar werden, gerät Nichtwissen mit seiner Bedeutung für die Unabsehbarkeit von Handlungsfolgen in den Blick (vgl. ebd.: 436). Damit wird das Nichtwissen freilich selbst als Wissensinhalt unterschieden, womit eine weitere Unterscheidung auf den Plan tritt: Solches Nichtwissen, das als Wissensinhalt festgelegt wird, über das also folglich Wissen vorhanden sein muss, wird als *spezifisches Nichtwissen* (Luhmann 1992) bezeichnet. Es ist ein zentraler Aspekt der alltäglichen wissenschaftlichen Praxis und umschreibt, beispielsweise als Fragestellung, einen zu erforschenden Bereich.

Das spezifische Nichtwissen ist bei Japp unterschieden vom *unspezifischen Nichtwissen*, also solchem, über das keinerlei Wissen besteht, an das dementsprechend keine bekannten kommunikativen Anschlüsse bestehen (vgl. Japp 2002: 436)[2]. Konkret bedeutet dies, dass es ständig reale Prozesse geben kann, die mit Einfluss auf unsere erfahrene Wirklichkeit ablaufen. Solange diese jedoch nicht erkannt oder wenigstens als Leerstelle unterschieden werden, kann es keine Kommunikation über sie geben. Damit würden alle Ansprüche, etwas über *unspezifisches* Nichtwissen sagen zu können, negiert.

Die einzige Option, wie dennoch Kommunikation über *unspezifisches* Nichtwissen möglich sein kann, ist, so Japp, wenn man das, was man über es weiß, zum Gegenstand der Verhandlung macht: Nämlich, dass man nichts darüber weiß und dass es kommunikativ nicht anschlussfähig ist (vgl. ebd.). Nach Japp beschränkt sich die Kommunikation dadurch auf reine Katastrophenerzählungen, aus denen Vermeidungsansprüche erwachsen (vgl. ebd.). So werde eine Folgekommunikation der Negation aller Wissensansprüche doch noch möglich, die zudem produktiv sei, insofern als sie Kommunikation über Nicht-Kommunizierbares erlaubt und (gesellschaftliche) Vermeidungsansprüchen artikuliere, die mit ihren Forderungen nach neuer Risikoabschätzung und -kontrolle wiederum die Wissensproduktion anregten (vgl. ebd.: 437). Dementsprechend müsse sich auch die wissenschaftliche Praxis, die zuvor auf Wissen fokussiert war, in ihren Nichtwissenskonzeptionen anpassen und in für sie bis dato ‚unnormale' Bereiche vordringen, um sich mit Nichtwissen auseinandersetzen zu können (vgl. ebd.). Auf Grundlage der vorliegenden empirischen Analyse ist allerdings zu betonen, dass das unspezifische Nichtwissen im schwedischen Fall kaum Gegenstand der Diskussion ist.

Ich teile die von Stefan Böschen und Peter Wehling vorgetragene Kritik an Luhmanns Konzeption von Nichtwissen als zu stark dekontextualisiert und

---

[2] Japp verwendet mitunter die begriffliche Variation der Perfektpartizipien ‚spezifiziert' und ‚unspezifiziert', was in dieser Arbeit jedoch als äquivalente Bezeichnung verstanden wird.

abstrakt, um für eine Beschreibung vieler empirischer Phänomene geeignet zu sein (vgl. Böschen/Wehling 2012: 322). Nichtsdestotrotz bietet Luhmann nicht nur eine erkenntnistheoretische Fundierung der Konstruktion von Nichtwissen, sondern kann auch erklären, wie es zur vielzitierten Vermehrung von Nichtwissen (vgl. bspw. Ravetz 1986) kommt (vgl. Groß 2009: 105): Unter Rückgriff auf Mittelstraß' (1996) Metapher der Wissenskugel wird deutlich, dass wenn man das Wissen (nach Luhmann die Innenseite der Unterscheidung) als Radius einer Kugel versteht, die äußere Oberfläche und damit die Berührungspunkte mit Nichtwissen (Außenseite der Unterscheidung), exponentiell wachsen, wenn die Kugel größer wird, also das Wissen zunimmt (vgl. Groß 2009: 105).

Er macht, in den Worten Alexander Bogners, Nichtwissen als „logische Notwendigkeit begreifbar" (Bogner 2005: 75). Dementsprechend stellt sich mit Luhmann nicht die Frage, woher Nichtwissen ‚komme' oder wie es ‚entstehe' – Formulierungen die nur allzu oft ein realistisches Moment in Untersuchungen zu Nichtwissen bringen und die Gefahr beinhalten, Nichtwissen als reines Noch-nicht-erkannt-haben prinzipiell erkennbarer Objekte einer äußeren Realität zu konzipieren, welche dem erkennenden Subjekt gegenüberstehen. Als Ausgangspunkt sind die Überlegungen Luhmanns und Japps demnach auch immer Anker einer konsequent konstruktivistischen Perspektive.

Die Kritik von Böschen und Wehling ernstnehmend integriert die Arbeit andere theoretische Zugänge, um auch dem Anspruch einer „phänomenologisch orientierte[n] Soziologie der vielfältigen Formen, Wahrnehmungen, Hintergründe und Wirkungen des Nichtwissens in unterschiedlichen sozialen Kontexten" (Wehling 2009b: 164) zu entsprechen und ein reichhaltiges Bild der konstitutiven Bedeutung von Nichtwissen für die nukleare Entsorgung vorzulegen. Wesentlich für die Arbeit ist dabei die Theorieperspektive von Wehling. Wie auch Bogner (2005) ergänze ich damit die Theoriestränge.

2.3 Nichtwissen analysieren: Das theoretische Instrumentarium

Viele Arbeiten, welche die politische Relevanz von Nichtwissen ausloten, tun dies mit dem Fokus auf Akteure und ihre spezifischen Strategien (vgl. als Beispiel McGoey 2019). Es ist die grundlegende Annahme dieser Arbeit, dass für eine umfassende Analyse der konstitutiven Bedeutung von Nichtwissen weitere Faktoren beachtet werden müssen. Den Rahmen der Analyse bildet daher die hier vorgeschlagene Heuristik aus den drei Kategorien *Konstruktionsbedingungen* von sowie *Bewertungen* von und *Umgang* mit Nichtwissen. Zusammen bilden sie das ab, was ich als den *Zugriff auf Nichtwissen* bezeichne. Dieser Zugriff lässt, neben der Verwendung von Nichtwissen als politischer Ressource, die institutionellen und diskursiven Gegebenheiten des Falls sichtbar werden.

Die Aufteilung in die drei Analysekategorien ist als idealtypisch zu verstehen, sodass die in den jeweiligen Abschnitten analysierten empirischen Beispiele auch in anderen Abschnitten Verwendung finden könnten. Die Kategorien bilden den deduktiven Rahmen für eine phänomenologisch interessierte Beschreibung der Bedeutung von Nichtwissen für die Akteure und deren Positionierung durch ihre Konstruktion von und Bezugnahme auf Nichtwissen. Die spezifische Zuordnung der Beispiele ergibt sich aus ihrer Darstellungskraft für den jeweiligen Idealtyp und aus der herausgearbeiteten Bedeutung für den schwedischen Entsorgungsprozess allgemein.

Da in Kapitel 5, gemäß der flexiblen Verwendbarkeit der empirischen Beispiele, auf eine chronologische, alle Akteure einbeziehende Prozesserzählung verzichtet wird, wird diese in Kapitel 6 unternommen. Statt auf den Gesamtprozess wird dort auf die Kupfer-Korrosions-Kontroverse als zentralem Nichtwissenskonflikt des Prozesses eingegangen. Die in Kapitel 5 herausgearbeiteten Bedeutungen des Nichtwissens bilden die Grundlage der systematischen Betrachtung des Konflikts.

Aufgrund der Komplexität des analysierten Prozessgefüges kann und will diese Arbeit keine systematische Betrachtung, im Sinne einer Gesamtschau der Bedeutung von Nichtwissen, für alle involvierten Akteure leisten. Stattdessen geht es darum, die im Material gefundenen Aspekte, welche in Bezug auf Nichtwissen (potenziell) bedeutsam für den Endlagerungsprozess scheinen, dicht zu beschreiben und theoretisch rückzubinden. Diese Aspekte lassen sich als „Fokussierungsmetaphern" (Bohnsack 2006: 67) der Nichtwissensthematik interpretieren, insofern sie eine besondere Dichte aufweisen.

2.3.1 Konstruktion und Konstruktionsbedingungen von Nichtwissen

Nichtwissen als „logische Notwendigkeit" (Bogner 2005: 75) verstehend, nehme ich die Konstruktions*bedingungen* von Nichtwissen in den Blick. Abschnitt 5.1 interessiert sich, entsprechend eines weit gefassten Wissensbegriffs, für alle Arten von (Nicht-)Wissensbeständen, die in der Diskussion um Endlagerung relevant scheinen oder denen aus theoretischen Gründen potenzielle Relevanz für zukünftige Anschlüsse attestiert wird. Wissensbestände sind dabei alles, was gemeinhin als Wissen bezeichnet wird. Dies umfasst die sozialen, diskursiven und anderen

Bestände ebenso, wie die sich materiell realisierenden. Dabei wird keine chronologische, sich am realen Prozess orientierende Gliederung vorgenommen. Eine Auseinandersetzung mit der *konzeptuellen* und *materiellen* Ebene der Wissens- und Nichtwissenskonstruktion wird anhand des KBS-Konzepts getätigt.

Empirisch fokussiert wird dieses Endlagerungskonzept, das sich gleichzeitig sowohl im Zustand der Idee als auch der Realisierung befindet, da es als die zentrale Konstruktionsbedingung für Nichtwissen im schwedischen Fall gedeutet wird. Zwar ist es noch nicht umgesetzt, da noch kein Endlager nach seinem Vorbild besteht. Jedoch hat es 45 Jahre Forschung zu dem es umgebenden spezifischen Nichtwissen initiiert und in der Konsequenz viele materielle und immaterielle Zeugnisse dieser Forschungstätigkeit gezeitigt. Zudem wird es auf der finnischen Insel Olkiluoto bereits gebaut.

Anhand von KBS wird die Bedeutung von „Grenzobjekten" (Star 2017) als Konstruktionsbedingung für Nichtwissen verdeutlicht, denn auch die Kritik wird maßgeblich über Bezugnahmen auf KBS kanalisiert. Der Vorwurf, dass sich KBS als einziger Wissensbestand auch materiell realisiert habe und Alternativen marginalisiert worden seien, wird als Vorwurf der *„undone science"* (Frickel et al. 2010, Hervorheb. NW) interpretiert. Ein spezifiziertes Nichtwissen zu Alternativen – beispielsweise der Tiefenbohrlochlagerung – bleibe nach dieser Deutung bestehen, was von den Kritiker*innen als Fahrlässigkeit ausgelegt wird. Der Anspruch auf Erforschung von Alternativen kann auch als *produktive Wendung eines Vermeidungsanspruchs* gegenüber KBS gesehen werden.

Die analysierten Konstruktionsbedingungen umfassen neben der durch KBS repräsentierten materiellen Ebenen auch die *wissenschaftlichen und sozialen Nichtwissensbereiche* des Entsorgungsfeldes, die von SKB wahlweise auf- und abgeblendet werden, um jeweils Nichtwissen als relevant oder irrelevant zu konstruieren. Eine weitere bestimmende Konstruktionsbedingung von Nichtwissen ist dabei die *strukturelle Vormachtstellung* des mit der Entsorgung betrauten Unternehmens im Konfliktfeld. Diese gründet sich sowohl auf die verantwortungsvolle politische Position als auch auf die Rolle als zentraler Wissens- und Nichtwissensproduzentin im Feld.

2.3.2 Bewertung von Nichtwissen: Wehlings Dimensionen und ihre Erweiterung

Im zweiten Schritt der Analyse gehe ich darauf ein, welche Rahmungen, Betrachtungsweisen und Bewertungen an das Nichtwissen angelegt werden, um es bearbeitbar, vielleicht sogar nützlich, zumindest aber handhabbar zu machen,

bevor schließlich die verschiedenen Formen des Umgangs mit den spezifizierten
und definierten Nichtwissensbereichen herausgearbeitet werden. Hierfür greife
ich vorrangig auf die von Wehling (2004) eingeführten drei *Dimensionen des
Nichtwissens* zurück, die ich, dem Forschungsinteresse dieser Arbeit entsprechend, modifiziere und um eine vierte *(Relevanz des Nichtwissens)* erweitere. Die
Dimensionen umfassen das *(Nicht-)Wissen des Nichtwissens*, die *Intentionalität*
sowie die *zeitliche Stabilität* des Nichtwissens (vgl. ebd.: 71 ff.).

> „Es handelt sich bei diesen Varianten des Nichtwissens nicht um objektive, ,ontolo-
> gische' Bestimmungen der (potenziellen) Wissensgegenstände, sondern um soziale
> Definitionen und Zuschreibungen, die immer auch anders ausfallen können und
> gesellschaftlich häufig stark umkämpft sind." (ebd.: 73)

Der von Wehling vorgeschlagene Zugang ermöglicht es, Abstufungen und
Zwischenformen zu erfassen und betont den Zuschreibungscharakter von Nichtwissens (vgl. ebd.: 71 ff.). Um diesen Punkt zu betonen, möchte ich, anders
als Wehling, die Dimensionen daher nicht als ,Varianten des Nichtwissens'
beschreiben, sondern als *Varianten der Bewertung von Nichtwissen*. Wehling
möchte mit seinem Klassifikationsangebot über die vorangegangene Forschung
hinausgehen, die sich „vorrangig auf (vermeintlich) klar abgegrenzte, eindeutige
und polarisierte (Ideal-)Typen" (ebd.: 71) beziehe. Im Folgenden stelle ich die
Charakteristika der vier gewählten Analysedimensionen vor:

1) Die erste der Dimensionen umfasst das *(Nicht-)Wissen des Nichtwissens*. Die
beiden idealtypischen Pole dieser Dimension bilden das *explizit gewusste Nichtwissen* einerseits und das *vollständig unerkannte Nichtwissen* andererseits (vgl.
ebd.):

> „Während die erste Form (etwa klar definierte ,Wissenslücken', gezielte Fragen nach
> bestimmten, unbekannten Sachverhalten u.ä.) insofern keine besonderen analytischen
> Schwierigkeiten aufwirft, als das Nicht-Gewusste hier als ,positiver' Wissensinhalt
> vorliegt, ist der Begriff des unerkannten Nichtwissens (man weiß noch nicht einmal,
> was man nicht weiß) wissenssoziologisch weit schwerer zu handhaben." (ebd.: 71 f.)

2) Die zweite Unterscheidungsdimension ist die der *Intentionalität von Nichtwissen* „mit den Extremen *bewusst gewolltes Nichtwissen* vs. *gänzlich unbeabsichtigtes, ,unvermeidbares' Nichtwissen*" (ebd.: 72, Hervorheb. NW). Nach
Wehling erscheine letzteres heute nicht weiter begründungsbedürftig, ersteres hingegen könne schnell unter Legitimationsdruck geraten (vgl. ebd.: 72 f.). Verweise
auf Intentionalität sind dementsprechend ein machtvolles diskursives Werkzeug

in der Durchsetzung von Ansprüchen. Sowohl die Offenlegung akteursspezifischen Wissens als auch die Transformation von Nichtwissen in Wissen können hieraus resultierende Forderungen sein. Auch rechtliche Konsequenzen sind nicht ausgeschlossen, wenn Schäden auf intentionales und vermeidbares Nichtwissen zurückgeführt werden. In Bezug auf KBS und die bereits oben erwähnten unerforschten oder wenig betrachteten Alternativen könnte auch hier ein gewolltes Nichtwissen als von Konsequenz „undone science" (Frickel et al. 2010) reklamiert werden.

3) Die dritte Unterscheidungsdimension bezieht sich auf die *„zeitliche Stabilität und Dauerhaftigkeit von Nichtwissen*; die beiden Pole sind hier bloß *temporäres Nichtwissen (‚Noch-Nicht-Wissen')* einerseits, *unauflösbares Nichtwissen (‚Nicht-Wissen-Können')* andererseits." (Wehling 2004: 73, Hervorheb. teils NW) Wehling zu Folge ist es gerade das „Spannungsverhältnis zwischen diesen beiden Polen […], das viele der aktuellen Kontroversen um Wissen und Nichtwissen antreibt" (Wehling 2001: 479). In diesem Zusammenhang verweisen auch Faber, Manstetten und Proops (1993) auf ‚uncertain ignorance' als relevant für jede Auseinandersetzung, bei der offen ist, um welche Form des Nichtwissens es sich handle (vgl. Faber et al. 1993: 124 f.).

Ich teile die Annahme Wehlings, dass die Konzeption der Auflösbarkeit oder Unauflösbarkeit massive Konsequenzen für Wahrnehmung und Kommunikation des Nichtwissens hat (vgl. Wehling 2004: 73 f.):

> „Je nachdem, ob sich eine Interpretation als bloß vorübergehendes und kurzfristiges Noch-Nicht-Wissen oder aber als auch langfristig, wenn nicht grundsätzlich unüberwindbares Nichtwissen durchsetzt, können sich die Allokation von Forschungsgeldern, die soziale Akzeptanz von Forschungslinien oder die Erwartungen potentieller Nutzer stark verändern." (ebd.: 73)

Laut Wehling aber „lassen sich […] nur schwer Begründungen dafür finden, weshalb Nichtwissen hinsichtlich bestimmter Fragestellungen und Gegenstände grundsätzlich und dauerhaft irreduzibel sein sollte" (ebd.: 74) – auf Ausführungen zur erkenntnistheoretischen Unmöglichkeit dieses Anspruchs verzichte ich hier und widme mich ausschließlich der *Bewertung* als irreduzibel. Nichtsdestotrotz scheint mir das Argument Wehlings in Anbetracht von Komplexität, wie sie sich beispielsweise bei Wechselwirkungen von Chemikalien in der Umwelt darstellt, nicht zutreffend. Dass diese Argumentation von Akteuren aber (erfolgreich) bemüht wird, ist mehr als vorstellbar.

Dennoch bestätige ich, auch auf Grundlage der empirischen Analysen zu dieser Arbeit, die Einschätzung, dass eine Konzeption von Nichtwissen als Noch-Nicht-Wissen den Diskurs dominiert. Dies bezieht sich im analysierten Fall auch auf die Bewertungen aus dem wissenschaftlichen Umfeld, welches größtenteils technik- und naturwissenschaftlich geprägt ist. Mit dieser dominanten Vorstellung von Nichtwissen als Noch-Nicht-Wissen wird unspezifisches Nichtwissen ausgeblendet, eine Sichtweise, die eine lange Tradition hat: „There was a general understanding in the 1950 s and 1960 s that the management and disposal of any waste from nuclear activities could easily be solved in the future by Swedish engineers." (Kåberger/Swahn 2015: 205)

Wehling sieht die Begründungs- und Beweislast auf Seiten derjenigen, welche die Unauflösbarkeit propagieren (vgl. Wehling 2004: 74). Zumindest bezüglich der Endlagerung scheint es in Anbetracht des immensen zeitlichen Horizonts, der durch Entscheidungen in der Gegenwart kolonisiert werden soll, sowie in Anbetracht der Komplexität des Unterfangens fraglich, inwieweit diese Einschätzung zutrifft (vgl. hierzu auch Abschnitt 2.4).

4) Angeregt von Matthias Groß' (2007, 2010) theoretischer Auseinandersetzung mit Nichtwissen, ergänze ich die von Wehling vorgeschlagenen Dimensionen um eine weitere[3]. Groß hebt in seiner Typologie des Nichtwissens unter anderem auf die von den Akteuren zugeschriebene Relevanz ab: „Wird Nichtwissen für den weiteren Handlungsverlauf als wichtig erachtet, handelt es sich um handlungsrelevantes Nichtwissen (*non-knowledge*), wird es als unwichtig erachtet, wird von nicht handlungsrelevantem Nichtwissen gesprochen (*negative-knowledge*)." (Bleicher 2012: 100) Diese *Zuschreibung von Relevanz* scheint mir eine Leerstelle in der Typologie Wehlings zu sein und als Bewertungsdimension unabdingbar, da sie maßgeblich für Entscheidungsprozesse und deren Rechtfertigung ist, weshalb ich sie als vierte Analysedimension einführe. Zwar gibt es Überschneidungen mit der zweiten Dimension, der *Intentionalität*, mit den Extremen „bewusst gewolltes Nichtwissen vs. gänzlich unbeabsichtigtes, ‚unvermeidbares' Nichtwissen" (Wehling 2004: 72) insofern, als Zuschreibungen der Handlungsirrelevanz auch immer ‚ein gewolltes Nichtwissen' implizieren. Jedoch geht die Zuschreibung

---

[3] Kastenhofer (2009) regt ebenfalls an, die drei von Wehling eingeführten Dimensionen um eine vierte zu ergänzen. Mit dem Argument, ethische Fragen und Machtfragen besser beschreiben zu können, verweist sie auf *Verteilung* als mögliche vierte Dimension. Auch wenn ich die Überzeugung teile, dass die Auseinandersetzung mit der Verteilung von Wissensbeständen wichtig für zahlreiche gesellschaftliche Prozesse ist, gerade was demokratietheoretische Fragen angeht (vgl. hierzu Stehr 2013; Wehling 2009b). Für eine postkonstruktivistische Kritik an Kastenhofers Vorschlag siehe Wehling (2009b: 168).

von Relevanz in keiner der anderen Dimensionen vollends auf, weshalb ihre Einführung für eine umfassende Beschreibung der Thematisierung und Bewertung
von Nichtwissen durch die Akteure unabdingbar scheint. Die Extreme dieser
Dimension werden, gemäß der Unterscheidung von Groß, als handlungsrelevantes
non-knowledge und nicht handlungsrelevantes negative-knowledge bezeichnet.

2.3.3 Umgang mit Nichtwissen

Gerade im Umgang sind die Überschneidungen mit den Kategorien Konstruktionsbedingung und Bewertung von Nichtwissen besonders deutlich. Wie bereits
betont, entspricht die Unterteilung einer idealtypischen analytischen Trennung.
Eher öfter als nicht fällt dieser Zugriff auf Nichtwissen zumindest zeitlich in
eins. Der Umgang mit Nichtwissen muss jedoch nicht explizit strategischen
Gehalt haben, der jeweilige disziplinäre oder organisationale Hintergrund mag
den Akteuren bestimmte Verwendungen nahelegen. So können die Versuche,
Nichtwissen aufzulösen oder zu normalisieren als Teil des (wissenschaftlichen)
Normalbetriebs und der jeweiligen Nichtwissenskultur (vgl. Wehling/Böschen
2015) interpretiert werden. Auch diskursive und institutionelle Aspekte des
Umgangs mit Nichtwissen sind Gegenstand der Analyse. In Abschnitt 5.3 werden
eine Vielzahl von Arten des (strategischen) Umgangs mit Nichtwissen aufge-
zeigt, die allesamt in Abhängigkeit zu der Art, in der Nichtwissen konstruiert
und bewertet wird, in Bezug stehen.

Beispielsweise stellt der Legitimierungsversuch einer Grenzziehung zwischen
Wissen und Nichtwissen, die das Wissen als Genug-Wissen und das Nichtwissen
als irrelevant konzipiert, die Grundlage eines späteren Ignorierens von Nichtwissen dar. Auch die Ablösung von derlei Versuchen durch das Vertrauen auf
Expert*innen, kann als ein Umgang mit Nichtwissen beschrieben werden. Als ein
strukturell äußerst relevant erscheinender Umgang mit Nichtwissen stellt sich die
in Schweden juristisch vorgegebene Unterteilung des Endlagerungsprozesses in
Phasen dar. Innerhalb dieser werden Anträge für die folgenden Verfahrensschritte
gestellt. Dafür muss Wissen bereitgestellt und Nichtwissen, das in der nächsten Phase aufgelöst werden soll, spezifiziert werden. Komplexe Fragestellungen
und Nichtwissenszusammenhänge werden durch die Phasierung heruntergebro-
chen und suggerieren eine bessere Bearbeitbarkeit und Entscheidbarkeit. In frühen
Prozessphasen getroffene Entscheidungen (z. B. Festlegung auf KBS) erzeugen
Pfadabhängigkeiten, die den Umgang mit später relevant werdendem Nichtwissen

determinieren. Die Unterteilung in Prozessphasen lässt sich demgemäß als Versuch der Handhabbarmachung des immensen Zeithorizonts, in dem das Endlager sicher sein soll, interpretieren.

Ein weiterer zentraler Aspekt ist Zuweisung von Zuständigkeiten. Dies meint nicht nur die faktische Zuständigkeit als Behörde o.ä., sondern auch die auf diskursiver Ebene relevante Zuschreibung von Sprechfähigkeit zur komplexen Thematik der Endlagerung. In vielen Fällen bemühen sich die Akteure darum, die Unterscheidung zwischen sozialen und technischen Aspekten der Endlagerproblematik zu mobilisieren. Oftmals wird eine Grenzziehung zwischen technischen und sozialen Aspekten der Endlagerproblematik vorgenommen und sowohl der Wunsch als auch die Fähigkeit von Nicht-Wissenschaftsakteuren zu sprechen, lediglich den sozialen Aspekten zugeordnet. Diese Grenzziehung wird häufig dann vorgenommen, wenn es darum geht, Zuständigkeiten und die Legitimität bestimmter Positionen zu markieren.

2.4 Exkurs zu einer empirischen Leerstelle: Unspezifisches Nichtwissen und die Katastrophe

Jedweder Dissens, der verschiedene Wissensbestände in Konkurrenz bringt, ist zentral für die Thematik des Nichtwissens. Denn hier treffen divergierende Grenzziehungen und Zurechnungen von dem, was Wissen oder Nichtwissen sei oder welche Relevanz ihm jeweils zukomme, aufeinander. Spezifisches Nichtwissen konstituiert sich nach Japp folglich nicht nur – in Koproduktion mit Wissen – über (wissenschaftliche) Erkenntnisproduktion. Auch die Zurückweisung von Wissensbeständen bedeute eine Beobachtung und folglich Zurechnung von Wissen oder Nichtwissen, die gänzlich anders verlaufen kann, als die eines Gegenüber. Bei Dissens handelt es sich zumeist um die *partielle* Zurückweisung von Wissensbeständen, die spezifisches Nichtwissen konstituiert (vgl. Japp 1997: 293 ff.). Eine derartige partielle Negation findet in dem Nichtwissenskonflikt statt, der in Kapitel 6 betrachtet wird.

Eine ‚komplette Negation etablierter Wissensansprüche' konstituiere hingegen unspezifisches Nichtwissen (vgl. ebd.). Über dieses lässt sich *per definitionem* kein Wissen generieren. Die Kommunikation über unspezifisches Nichtwissen ist demgemäß nur als Katastrophenerzählung denkbar (vgl. Japp 2002: 436). Bei beiden Negationen, partiell oder komplett, „handelt es sich um Zurechnung, also um einen Mechanismus, der Kontingentes als definitiv kommuniziert." (Japp 1997: 294) Die Kommunikation unspezifischen Nichtwissens qua Katastrophenerzählung sprengt „die an Dingen und an Kausalitäten orientierten

Realitätsvorstellungen des Einzelmenschen und der kommunikativen (sprachlichen) Praxis der Gesellschaft. Sie können nicht mehr in handhabbares, nicht mehr in anschlußfähiges Wissen überführt werden, auch wenn es Berechnungen, Halbwertzeiten etc. gibt." (Luhmann 1992: 167)

Wie angedeutet, ist das katastrophale Potenzial des Atommülls in den erhobenen Expert*inneninterviews wenig präsent. Aber obwohl es nur an wenigen Stellen aufscheint – vor allem in Form von Vermeidungsappellen – sollte eine derartige diskursive Rahmung des Nichtwissens auch politisch nicht unterschätzt werden, zumindest nicht als Möglichkeit. Der Prozess der nuklearen Entsorgung im Ganzen, aber auch schon die, wahrscheinlich Jahrzehnte in Anspruch nehmende, Einlagerungsphase lassen genug zeitlichen Spielraum, um derartige Anschlüsse dominant werden zu lassen.

Ich schließe in diesem Zusammenhang neben Viehöver (vgl. 2008: 259 ff.) auch an die Überlegungen Christopher Daases (2007) an, der aus folgenden Gründen davon ausgeht, dass die Nutzung von Dramatisierungen unter Rekurs auf potenzielle Katastrophen für Diskursakteure rational sei:

> „Im wissenschaftlichen und (halb-wissenschaftlichen) Diskurs haben diejenigen Analysen, die dramatische Ereignisse prophezeien, einen doppelten Vorteil. Zum einen wird ihnen Aufmerksamkeit zuteil und sie heben sich aus der Masse der vorsichtig abwägenden und mit zahlreichen Kauteln versehenen Studien ab. [...] Zum anderen werden sie im Falle des Eintretens der Katastrophe wegen ihrer analytischen Hellsichtigkeit gepriesen, im Fall des Nicht-Eintretens aber schlicht ignoriert oder mit dem Verweis verteidigt, das Drama stehe kurz bevor." (ebd.: 200)

Unter der Bedingung der Relevantwerdung des Nichtwissens dreht sich also der antike Kassandra-Effekt um: „Gerade *den* Szenarien wird am meisten Aufmerksamkeit geschenkt, die die ungeheuerlichsten Vorhersagen machen, und *die* Warnungen werden zur Kenntnis genommen, die am schrecklichsten sind." (ebd.)

Die Bedeutung der Katastrophe als Vehikel, um sinnhaft über unspezifisches Nichtwissen sprechen zu können, stellt sich nach Japp wie folgt dar: „Der Doppelsinn der Katastrophe liegt gerade darin, einerseits das Abreißen weiterer Kommunikation, das Fehlen von Anschlüssen zu signalisieren und dies andererseits eben durch Negation aller partiellen Ansprüche in Szene zu setzen" (Japp 2002: 436). Eine dergestalte Thematisierung, die unspezifisches Nichtwissen dramatisiert, ist meiner Ansicht nach bedeutsam, insofern sie den Erfolg gewisser Weltdeutungen stark zu beeinflussen vermag.

Nach Japp (2002) ergibt sich die Katastrophenkommunikation aus dem Wunsch, unspezifisches Nichtwissen mit Anschlüssen zu versorgen, die dann Vermeidungsansprüche nach sich zögen. Diese Art von Kommunikation scheint mir wiederum mit dem seit den 70er Jahren veränderten Verhältnis zur Zukunft – hin zu einer Dominanz präventiver Semantiken und Handlungsmuster –, wie es Ulrich Bröckling diagnostiziert (vgl. Bröckling 2012: 93), zusammenzuhängen. Das Verhältnis zur Zukunft entsprechender Argumentationen bestimmt sich dadurch, dass sie Prävention und Sicherheit als unbedingt erstrebenswert erachten. Im Kontext dieser Denkweise lassen sich Katastrophenerzählungen gerade deshalb besonders gut durchsetzen. Es ist davon auszugehen, dass, solange Vorbeugung unser Verhältnis bestimmt, solche Narrationen einen Durchsetzungsvorteil haben, die von einer größtmöglichen Katastrophe ausgehen. Sie bieten die Szenarien und Handlungsanleitungen, nach denen man sich richten kann und haben, ausgehend von Daase (2007), generell bessere Chancen, Gehör zu finden. Ein gewisses Maß an wissenschaftlicher Fundiertheit, gelungener Metaphorik usw. vorausgesetzt, könnte man unter Rekurs auf Luhmann überspitzt behaupten: Wer Angst hat, hat ob seiner authentischen Angst-Kommunikation auch Recht, zumindest aber ist es nicht möglich, Angst zu widersprechen (vgl. Luhmann 1996: 61 ff.); und wer auf die schrecklichere Katastrophe verweisen kann, hat noch mehr Angst und noch mehr Recht. Und wer könnte dann der Logik eines „Better safe than sorry" (Bröckling 2012: 100) auch ernsthaft widersprechen?

Allgemein ist das Sprechen über Endlagerung unauflöslich mit dem über Zukunft verbunden. Begreift man Zukunft innerhalb einer Ratio der Prävention – gerade immer auch gegen die fatalsten aller erdenklichen Szenarien (vgl. ebd.: 93 f.) – so stellt die Vorstellung einer menschlich verschuldeten Atomkatastrophe durch die Verseuchung der Umwelt eine ideale Folie präventiver Erwägungen dar, weil sie Szenarien anbietet, die unter anderem extrem dramatisch sind und ein Abwenden absolut erstrebenswert erscheinen lassen. Die diskursive Auseinandersetzung mit nuklearer Entsorgung ist auch über Modelle für bestimmte Szenarien zukunftsorientiert. Durch diese tätigen die Akteure „diskursive Aussagen [...] und schaffen auf diesem Wege zugleich gesellschaftliche Erwartungshorizonte [...]. Auch diese möglichen Zukünfte [...] formieren, wenn auch in unterschiedlicher Weise, narrative Aussagen, aus denen Handlungsanleitungen [...] resultieren" (Viehöver 2012: 174).

Ein nach Bröckling das gegenwärtige Verhältnis zur Zukunft bestimmender Aspekt ist der eines *„aktivistischen Negativismus"* (Bröckling 2012: 93 f., Hervorheb. NW). Diesem entsprechend bilde heute vorrangig der Wunsch, gewisse als negativ konnotierte Zukünfte zu verhindern oder zumindest unwahrscheinlicher zu machen, die Handlungsmotivation, wo bis in die 1970er Jahre noch fortschrittsoptimistische Zukunfts*entwürfe* bestimmten (vgl. ebd.). Dies ist für den Zusammenhang mit der Endlagerung nuklearen Abfalls auf zweierlei Ebenen bedeutungsvoll: Erstens ist es immer gerade *das Schlimmste*, von dem die

Gesellschaft, „die ihr Verhältnis zur Zukunft im Zeichen der Prävention begreift und organisiert" (ebd.: 94), ausgeht – hier bietet die Endlagerung, ob ihrer zum Teil katastrophalen Zukunftsszenarien, die ein expliziter Teil des gesetzlich vorgeschriebenen Langzeitsicherheitsnachweises (*safety case*) sind, eine ideale Folie.

Für die zweite Ebene ist der *Aktivismus als Notwendigkeit* interessant, denn „Vorzubeugen heißt eben nicht passiv abzuwarten, sondern alles zu tun, um die negativen Zukunftserwartungen zu widerlegen." (Bröckling 2012: 94) In Bezug auf den Erfolg bestimmter Nichtwissensdeutungen bedeutet dies, dass gerade durch die Vorstellung einer *prinzipiellen Beeinflussbarkeit* – beispielsweise durch eine strake Kommunikation von Bearbeitungsgewissheit (vgl. Böschen et al. 2006: 24 ff.) – Deutungen ‚attraktiver' und somit potenziell folgenreicher werden. Der Verweis auf unspezifisches Nichtwissen könnte in diesem Fall höheren Begründungslasten ausgesetzt sein. Die Negation von Gestaltbarkeit durch die prinzipielle Zurückweisung aller Wissensbestände (vgl. Japp 2002), könnte in dieser Konsequenz als Aufforderung zu Stagnation gedeutet und abgewertet werden. Dies kann als einer der Gründe angenommen werden, warum derartige Bezüge auf unspezifisches Nichtwissen im schwedischen Falls auch diskurstrategisch kaum zur Anwendung kommen. Die Kritiker*innen des Entsorgungskonzepts stehen hier vor einem Dilemma, denn auch die vollständige Ablehnung von KBS hätte durch die notwendige Zwischenlagerung des Atommülls weiterhin gravierende Risikoimplikationen. Dass in anderen Entsorgungskonflikten oder zukünftig auf unspezifisches Nichtwissen qua Katastrophenkommunikation zurückgegriffen werden wird, lässt sich, aufgrund der dargelegten Argumentation, nicht ausschließen.

Einen Annäherungsversuch an das unspezifische, unhintergehbare Nichtwissen stellen die im rechtlich vorgesehenen Sicherheitsnachweis enthaltenen Szenarien dar. Sie sind ein eigentümlicher Tatbestand, da sie *Worst-case*-Szenarien sein müssen, um dem Anspruch eines nach pessimistischen Risikokriterien durchgeführten Nachweises zu entsprechen. Damit sind sie einerseits die unspezifisches Nichtwissen konstituierende Katastrophenkommunikation, andererseits soll von ihnen aus wiederum relevantes Nichtwissen darüber spezifiziert werden, was zu tun sei, um die Katastrophe zu vermeiden.

Methodisches Vorgehen/Empirischer Zugang

Um „den Entstehungs-, Kommunikations- und Verarbeitungsprozess von Nichtwissen" (Bogner 2005: 72) zu analysieren, bedarf es passender Methoden, die
diesen rekonstruieren können. Dies ist besonders deshalb eine Herausforderung,
da Nichtwissen, im Sinne des hier verwendeten Verständnisses, auch im Engli-
schen oder Schwedischen kein alltagssprachlich präsentes Konzept darstellt. Die
Auseinandersetzung mit Nichtwissen und dessen Bedeutung für die Entsorgung
muss daher analytisch rekonstruiert werden, ohne dass direkt danach gefragt werden kann. Im Folgenden stelle ich den dieser Aufgabe entsprechend ausgewählten
Methodenmix, die Durchführung und Auswertung sowie die begründete Auswahl
des Samples und den Zugang zu selbigem vor.

3.1 Methodenauswahl und Durchführung

Den Rahmen des methodischen Zugangs bildet die Grounded Theory (vgl. Gla-
ser/Strauss 1967; Strauss/Corbin 1996; Strauss 1991). Das Wesen der Grounded
Theory entspricht den folgenden fünf Prinzipien:

> „1. dem Theoretischen Sampling und – darauf basierend – dem ständigen Wechsel-
> prozess von Datenerhebung und Auswertung; 2. dem theorieorientierten Kodieren
> und – darauf basierend – der Verknüpfung und theoretischen Integration von Konzep-
> ten und Kategorien; 3. der Orientierung am permanenten Vergleich; 4. dem Schreiben
> theoretischer Memos, das den gesamten Forschungsprozess begleitet, sowie 5. der den
> Forschungsprozess strukturierenden und die Theorieentwicklung vorantreibenden
> Relationierung von Erhebung, Kodieren und Memoschreiben." (Przyborski/Wohlrab-
> Sahr 2021: 252f)

© Der/die Autor(en), exklusiv lizenziert an Springer Fachmedien Wiesbaden 31
GmbH, ein Teil von Springer Nature 2022
N. Wulf, *Die Gestaltung der Ewigkeit*, Energiepolitik und Klimaschutz. Energy
Policy and Climate Protection,
https://doi.org/10.1007/978-3-658-40026-2_3

Die Methodologie eignet sich besonders für das hier dargelegte Vorhaben, da sie aufgrund ihrer offenen Herangehensweise empirisches und theoretisches Wissen so zu verbinden vermag, dass das grundlegende Ziel der Theorieentwicklung erreicht werden kann. Entsprechend der Losung „[a]ll is data" (Glaser 2007) ist die Grounded Theory nicht auf bestimmte Daten oder Formen der Erhebung beschränkt. Für die vorliegende Arbeit wurden Expert*inneninterviews durchgeführt und durch eine Dokumentenanalyse ergänzt. Zusätzlich zu den beiden Hauptzugängen wurde eine Konferenz des die Regierung beratenden Swedish National Council (SNC), mit zahlreichen relevanten Akteur*innen des Feldes, teilnehmend beobachtet und die Beobachtungen schriftlich dokumentiert. Hier konnten mitunter auch intersubjektive Dynamiken zwischen zentralen Vertreter*innen des Feldes nachvollzogen werden, die in den Interviews nur von einigen Akteur*innen angedeutet wurden.

Die Analyse von Dokumenten wurde aufgrund der folgenden Erwägungen als besonders gewinnbringend eingeschätzt: Die im Laufe der schwedischen Entsorgungsgeschichte zustande gekommenen Dokumente sind zahlreich. Die Publikationsdatenbank von SKB umfasst beispielsweise im Februar 2022 ganze 5.105 Dokumente. Aufgrund der schwedischen Gesetzgebung und dem Grundsatz des öffentlichen Zugangs zu Informationen (schwedisch: *offentlighetsprincipen*) sind Dokumente staatlicher Akteure sehr gut zugänglich. So war es möglich, einen guten Überblick über das Feld der nuklearen Entsorgung zu gewinnen. Da die ausgewählten Dokumente – hauptsächlich (Forschungs-)Berichte und Stellungnahmen – meist datiert sind, war auch die zeitliche Rekonstruktion der feldspezifischen Debatten einfach möglich. Das Material konnte ohne zusätzlichen Aufwand in die Analyse-Software integriert werden, ohne dass der Zugriff auf die Daten den Untersuchungsgegenstand selbst beeinflusst hätte. Die Dokumente gaben auch Aufschluss über die zentralen Akteure des Feldes und haben so die Auswahl von Interviewpersonen maßgeblich mitbestimmt.

Dass die analysierten Dokumente aber häufig von persönlichen Einschätzungen, Unstimmigkeiten zwischen Akteuren und manchmal auch von Komplexität ‚bereinigt' sind, konnte durch Interviews mit Expert*innen aufgefangen werden. Gerade die anfänglichen explorativen Interviews ermöglichten es, in relativ kurzer Zeit einen Überblick über den komplexen Gegenstand und das nicht weniger komplexe Feld der Akteure zu bekommen. Die Interviews erlaubten es wiederum, zusätzliche diskursrelevante Dokumente zu identifizieren und einen Überblick über das Beziehungsgefüge, der sich mitunter agonal gegenüberstehenden Diskursteilnehmer*innen, zu gewinnen.

Die durchgeführten Interviews sind als leitfadengestützte Expert*inneninterviews verfasst, wobei ein weiter Begriff von Expertise angelegt wurde: „Experte' wird man dadurch, dass man über ein Sonderwissen verfügt, das andere nicht teilen, bzw. – konstruktivistisch formuliert – dadurch, dass einem solch ein Sonderwissen von anderen zugeschrieben wird und man es selbst für sich in Anspruch nimmt." (Przyborski/Wohlrab-Sahr 2021: 155) Das hier angesprochene Sonderwissen bezieht sich bei den interviewten Expert*innen auf das Feld der nuklearen Entsorgung. Hier verfügen alle über mehrjährige Erfahrung.

Da, wie betont, Nichtwissen vorrangig als theoretisches Konzept existiert und kein alltagsprachliches Pendant hat, kann es nur unzureichend bis gar nicht abgefragt werden. Deshalb wurde der Leitfaden vollständig ohne derartige theoretische Bezüge gestaltet. Nach einem Pretest wurde der Leitfaden entsprechend angepasst. Die in den Interviews fokussierten Fragenbereiche umfassten die Feldstruktur, die Einschätzung des Prozessverlaufs, die Einordnung von KBS als Lösungsangebot, die Rolle der Interviewten bzw. ihrer Institution/Organisation bei der Entwicklung von KBS, die Rolle anderer Akteure sowie die der politischen Öffentlichkeit. Abschließend wurden die Interviewpersonen dazu befragt, wie sie die Umsetzungschancen von KBS beurteilen. Bei der Befragung wurden sowohl manifeste Informationen (Faktenwissen erhoben durch Sachfragen) als auch latente Informationen (Bedeutung von Nichtwissen) erfragt bzw. später analytisch rekonstruiert.

Aufgrund der Falldynamik wurden im September und Oktober 2021 drei Nachinterviews und fünf schriftliche Stellungnahmen zum Prozessfortschritt von KBS erhoben. Die Fragen bezogen sich hierbei darauf, welche Prozessentwicklungen die befragten Personen seit der Erstbefragung 2015/2016 als wichtig erachten, wie sich der Prozess nach ihrem Dafürhalten weiterentwickeln wird und mit welchem Endergebnis zu rechnen sei.

Entsprechend den Prinzipien der Grounded Theory wurde zwischen Datenerhebung und Auswertung sowie dem Theoretischen Sampling abgewechselt. Letzteres sieht vor, dass das verwendete Material nicht im Vorhinein festgelegt wird, sondern dass das Korpus im Prozess entsteht (vgl. Corbin/Strauss 2015: 147). Zudem fand dieser Prozess auch zwischen den verschiedenen Datenkorpora alternierend statt (vgl. Przyborski/Wohlrab-Sahr 2021: 253f). Zunächst wurde ‚expansiv' ausgewertet, das heißt, „[a]lles, was von Relevanz sein könnte, wird bei der Analyse berücksichtigt. Im Verlauf der weiteren Analyse ergeben sich dann Zuspitzungen, und manches, was am Anfang noch berücksichtigt wurde, wird sich als irrelevant erweisen." (ebd. 253) Die identifizierten Konzepte bzw. Kategorien, welche sich auch im fortschreitenden Analysevorgang als relevant für die Fragestellung bewährt haben, finden sich als einzelne Abschnitte in den Kapiteln 5 und 6. In Anbetracht der Ergebnisdichte stellen sie jedoch nur eine Auswahl

dar. Eine heuristische Klammer strukturiert die Ergebnisse nach Konstruktionsbedingungen, Bewertungen und Bearbeitungsformen von Nichtwissen. Auch sie
ist ein Ergebnis der wechselseitigen Befruchtung theoretischer und empirischer
Betrachtungen.

3.2   Auswertung

Die meist zwischen ein bis anderthalb Stunden langen Interviews wurden tran-
skribiert und in die Software zur computergestützten qualitativen Daten- und
Textanalyse (MAXQDA) überführt, ebenso die Textdokumente, aber in einem
separaten Daten-Set. Das erarbeitete Code-System wurde anhand beider Sets
erarbeitet. Wie betont, handelte es sich bei der Auswertung der Daten um
einen iterativen Prozess, der immer wieder durch das Hinzufügen von Material
und Analyseschleifen bestimmt war. Anfänglich identifizierte Konzepte haben
sich in diesem Prozess entweder verdichtet oder wurden als vernachlässigbar
identifiziert.

Das Material wurde vollständig offen codiert (vgl. Corbin/Strauss 2015: 222),
die Codes ergaben sich dabei zum Teil aus dem Material selbst (In-vivo-Codes).
Die aus den Codes abstrahierten Kategorien sind als einzelne Abschnitte in den
Kapiteln 5 und 6 zu finden. Dieser Prozess wird in der Grounded Theory als
„axiales Kodieren" (Strauss 1991: 63) bezeichnet. Die zusammengenommenen
Kategorien bilden entsprechend das Fundament der Theorie. Ein essenzieller Teil
der Methode ist die Erstellung von Memos. Sie dienen dazu, den Analysepro-
zess und etwaige Entwicklungen zu dokumentieren (vgl. Corbin/Strauss 2015:
240 f.). Memos wurden sowohl für die einzelnen Codes als auch die jeweiligen
Interviews und Dokumente vergeben. Auch die beiden Datensätze wurden mit
Memos versehen.

Der dargelegte Prozess wurde um Ansätze von Clarke (2005) zur visuellen
Analyse von Diskursen ergänzt, um die Veranschaulichung der Nichtwissenskonzeptionen für weiterführende Theorieentwicklung zu nutzen. Dem Ansatz
entsprechend wurden ‚abstrakte Karten' (vgl. ebd.: 110) erstellt: In diesem
Prozess wurden Codes und Kategorien zueinander in Beziehung gesetzt. Die
entsprechende Kartographierung selbst geschah nicht systematisch, war aber
hilfreich, um den Abstraktionsprozess von den Codes hin zu Kategorien und
letztendlich hin zu Theorien anzustoßen. Auch zu den Karten wurden Memos
verfasst.

In den nachträglich geführten Expert*inneninterviews und schriftlichen Stellungnahmen von bereits interviewten Personen wurde lediglich Prozessfortschritt von KBS erhoben. Hier fand keine Integration in das bestehende Korpus statt.

3.3 Sample und Feldzugang

Empirische Grundlage der Analyse ist ein Korpus aus 23 Expert*inneninterviews mit Personen aus dem Feld der schwedischen Entsorgung. Die Interviews wurden zwischen 2015 und 2016 erhoben und um acht Nachinterviews/Stellungnahmen der bereits Interviewten im Jahr 2021 ergänzt (vgl. Tab. 3.1). Zum Korpus gehören des Weiteren 38 Dokumente und sowie die dokumentierte Teilnahme an einer Konferenz des die Regierung beratenden Swedish National Council (SNC). Das Sampling sowohl für die Expert*inneninterviews als auch die Dokumentenanalyse wurde nach vorab festgelegten Kriterien vollzogen und im Verlauf der Erhebung durch Aspekte des Theoretischen Sampling (vgl. Przyborski/Wohlrab-Sahr 2021: 231 ff.) ergänzt. Das heißt, es wurden Interviewpersonen aus einigen Gruppen hinzugenommen, um die sich entwickelnden theoretischen Überlegungen zu kontrollieren und gegebenenfalls anzupassen (vgl. Strauss 1991: 70).

Tab. 3.1 Sample Expert*inneninterviews

Akteur	Anzahl der Interviews	Nachbefragung 2021
SKB	6	1
SSM	3	1
SNC	3	1
Umweltgericht Nacka	2	1
NGOs	3	2
Gemeinde Östhammar	4	2
Gemeinde Oskarshamn	1	-
KTH	1	-

Die Kriterien der Vorauswahl für die Interviews waren, dass die interviewten Personen Teil von Institution oder Akteursgruppen sein sollen, die eine bedeutende Rolle im Entsorgungsdiskurs einnehmen und dass nach Möglichkeit sowohl Personen innerhalb als auch Personen außerhalb der Leitungsebene angesiedelt sein sollen. Alle interviewten Expert*innen verfügen über mehrjährige Erfahrung im Feld der nuklearen Entsorgung. Sowohl durch die explorativen Interviews als auch durch die direkte Frage nach diskursrelevanten Akteuren in den nachfolgenden Expert*inneninterviews konnte die vorabfestgelegte Auswahl bestätigt werden, deren Anspruch es war, die wichtigsten Diskursakteure abzubilden.

Für das Sample der Dokumente (vgl. Tab. 3.2) wurden verschiedene Dokumenttypen berücksichtigt und einbezogen. Zunächst wurden seit 2007 (Beginn der Kupfer-Korrosionskontroverse) erschienenen Berichte von SKB, SSM und SNC als Ausgangsmaterial gewählt und nach dem Schneeballsystem auch um weitere Literatur ergänzt. Die Auswahl ergibt sich daraus, dass die Dokumente nicht nur wichtige Diskursereignisse repräsentieren, sondern auch rechtliche Relevanz haben. Die von SKB veröffentlichten Berichte bilden die Entscheidungsgrundlage für den Prozessverlauf. Die Erwähnung in einem Interview wie auch die gehäufte Zitation in den Grundlagentexten selbst waren Anlass für derartige Erweiterungen. Zudem wurden akteursspezifische Texte wie Newsletter (NGOs) hinzugezogen, in Fällen, in denen keine Jahresberichte oder Ähnliches vorlagen.

Die im Sample aufgenommenen Berichte von SKB sind hauptsächlich Forschungs- und Entwicklungsberichte (Research, Development and Demonstration, RD&D). Nach gesetzlicher Vorgabe von 1984 erscheinen diese Berichte seit 1986 alle drei Jahre und werden der Regierung zur Überprüfung vorgelegt, um eine weitere Finanzierung durch den Nuclear Waste Fund zu beantragen (vgl. Sundqvist 2002: 110). Da diese Berichte von SSM überprüft werden, wurden die korrespondierenden Reviews und Stellungnahmen dem Sample hinzugefügt. Für den SNC wurden die meist jährlich erschienenen Nuclear Waste State-of-the-Art Reports (SOU) als Datengrundlage ausgewählt.

In Anbetracht der großen Datenmenge ergeben sich zwangsläufig forschungspraktische Limitationen des Zugriffs: So wären die Anhörungen von Bürger*innen entsprechend des Environmental Code, die ebenfalls Teil des Entsorgungsprozesses waren, eine interessante Ergänzung der Perspektive der Öffentlichkeit gewesen, hätten aber den Rahmen des bearbeitbaren Materials gesprengt. Auch um dies auszugleichen, wurden aus der Akteursgruppe ‚Gemeinden' mehr Personen interviewt als von anderen Gruppen. Die umfangreichste Analysearbeit erfolgte für Dokumente bzw. Dokumentteile, welche die Kupfer-Korrosionskontroverse thematisieren, da diese im Verlauf der Analyse als

Tab. 3.2 Sample Dokumente

Akteur	Dokumententyp	Erscheinungsjahr	Anzahl
SKB	Forschungs- und Entwicklungsbericht (RD&D-Programme); Technische Berichte	1988, 1992, 2007, 2010a, 2010b, 2011b, 2013, 2014, 2016a, 2016b, 2019, 2020	11
SSM	Review RD&D; Reviews und Forschungsberichte zur CCC	2009, 2010, 2011a, 2011b, 2012b, 2015,	6
SKI	Report; Review RD&D	1996, 2008	2
SNC	Nuclear Waste State-of-the-Art-Report (SOU)	2007, 2010, 2011, 2012, 2013, 2014, 2015, 2016, 2017, 2018, 2020	11
NGOs	Newsletter MKG	2018a, 2018b 2018c, 2019, 2020a, 2020b, 2021a, 2021b	8

bedeutendster Nichtwissenskonflikt des Entsorgungsprozesses herausgearbeitet wurde.

Sowohl der Zugang zu Interviewpersonen als auch Textdokumenten gestaltete sich in nahezu allen Fällen ausgesprochen einfach und dies, obwohl auch die schwedische Diskurslandschaft der nuklearen Entsorgung nicht frei von Konflikten ist. Als ursächlich für die wahrgenommene unkomplizierte Kontaktaufnahmen, Offenheit der Interviewpersonen sowie Zugänglichkeit von Materialien machten die Befragten selbst die ,schwedische Kultur der Transparenz' verantwortlich. Dies sei dadurch ergänzt, dass für staatliche Einrichtungen in Schweden der Grundsatz des öffentlichen Zugangs zu Informationen (schwedisch: *offentlighetsprincipen*) gilt und diese Informationen, sofern sie nicht explizit unter Geheimhaltung stehen, auf Nachfrage zugänglich gemacht werden müssen. Sprachliche Hürden gab es in den in englischer Sprache geführten Interviews nur in einem Fall. Diese konnten mit Verweis auf die Möglichkeit, später die schwedischsprachigen Interviewabschnitte zu übersetzen, weitestgehend ausgeräumt werden. Auch die Textdokumente waren in vielen Fällen auf Englisch verfügbar. War dies nicht der Fall, konnte der Inhalt weitestgehend unter Rückgriff auf Übersetzungs-Software erschlossen werden.

Die schwedische Entsorgungsgeschichte und ihre Akteure

4

Im Folgenden skizziere ich kurz die Geschichte der schwedischen Entsorgung[1] seit den 1970er-Jahren. Detaildarstellungen zu einzelnen Aspekten finden sich besonders in Abschnitt 5.1 und Kapitel 6. Ergänzt wird die hier dargestellte Entsorgungsgeschichte durch Kurzportraits der zentralen Akteure des Feldes.

NGOs

Die Anti-Atom-Bewegung und entsprechende NGOs sind wichtige Beglei-ter des schwedischen Entsorgungsprozesses. Gerade, da es in diesem immer wieder zu ideologischen und personellen Überschneidungen zwi-schen SKB und den Regulierungsbehörden kam, waren und sind sie als zivilgesellschaftliches Korrektiv unabdingbar.

Im Zuge des in den 1970ern aufkommenden Ökologiebewusstseins entstand auch in Schweden eine Anti-Atomkraft-Bewegung, die schnell an Größe und Bedeutung zunahm. Die Thematik des Atommülls wurde durch die gesteigerte Aufmerksamkeit für Umweltthemen ebenfalls ins Zentrum gesellschaftlicher Aus-einandersetzung gerückt. Dies blieb nicht ohne politische Konsequenzen: Die verstärkte öffentliche Debatte führte 1972 zur Gründung einer Regierungskom-mission (AKA), die sich der Entsorgungsproblematik annehmen sollte (vgl. Kåberger/Swahn 2015: 205f). Bei der Wahl 1976 wurde die Zentrumspartei zweit-stärkste Kraft und löste nach 40 Jahren die Sozialdemokraten ab. Die Koalition

---

[1] Für umfassendere Darstellungen der schwedischen Entsorgungsgeschichte vgl. Arne Kaij-ser (2018), Tomas Kåberger und Johan Swahn (2015), Swahn (2011) sowie Göran Sundqvist (2002).

aus Zentrumspartei, der liberalen Volkspartei und den konservativen Moderaten zerbrach 1978 wegen Fälldins Anti-Atom-Haltung. Aber 1979 wurden die bürgerlichen Parteien erneut stärker als die Linke und Fälldin wurde wieder Ministerpräsident und blieb das bis 1982. Eine Volksabstimmung zur Atomkraft 1980 fiel entsprechend in seine Amtszeit.

Unter der Regierung des 1976 neu gewählten Ministerpräsidenten Thorbjörn Fälldin, eines bürgerlich-liberalen Atomkraftgegners, wurde 1977 der *Act on Specific Permission for Fuelling Nuclear Reactors (Stipulation Act)* erlassen. Das Gesetz sah vor, die Möglichkeit zur Wiederaufbereitung zu regulieren, und hielt insbesondere fest, dass die Zulassung neuer Reaktoren nur genehmigt werden könne, wenn „high-level waste or non-reprocessed spent fuel could be finally stored with absolute safety" (Daoud/Elam 2012: 4).

SKB

Das Unternehmen SKB (Swedish Nuclear Fuel and Waste Management Company/ Svensk Kärnbränslehantering Aktiebolag) hat den rechtlich verbrieften Auftrag, den schwedischen radioaktiven Abfall sicher zu entsorgen. Die Eigentümer von SKB sind die Unternehmen, die Kernkraftwerke in Schweden betreiben: Vattenfall AB (36 %), Forsmarks Kraftgrupp AB (30 %), OKG Aktiebolag (22 %) und Sydkraft Nuclear Power AB (12 %). SKB hat zwei Tochtergesellschaften: SKB International AB und SKB Näringslivsutveckling AB (SKB Nu). SKB International erbringt seit über 30 Jahren Beratungsdienste in anderen Ländern.

Diese gesetzliche Regelung setzte die schwedische Atomindustrie wirtschaftlich unter Druck und veranlasste sie, in einem nur neunmonatigen Prozess von rund 450 Wissenschaftler*innen und Techniker*innen über 60 technische Berichte zu produzieren (vgl. Lidskog/Sundqvist 2004: 259), welche die Grundlage des Entsorgungskonzepts KBS bildeten. Eine Lösung des Entsorgungsproblems war scheinbar gefunden. So konnten trotz des ‚ambitionierten' Kriteriums absoluter Sicherheit neue Reaktoren ans Netz gehen – eine politisch umstrittene Entscheidung, welche durch den Unfall von Harrisburg 1979 noch stärker in Frage gestellt wurde:

„As a result, the pro-nuclear Social Democratic Party changed its mind to allow for a referendum on nuclear power in 1980. The referendum was also politically manipulated because there was not a clear ‚yes' or ‚no' choice. However, the final result of the referendum was that 12 reactors would be allowed to operate. The Swedish Parliament decided that the reactors should be phased-out after 25 years of operation, i.e, by 2010 as the newest reactor (Forsmark 3) came on line in 1985." (Kåberger/Swahn 2015: 207)

Die Entscheidung zu einem vollständigen Ausstieg wurde 2010 allerdings revidiert und auch bis heute ist ein vollständiger Ausstieg nicht erfolgt.

Entsprechend des Verursacherprinzips ist die schwedische Atomindustrie für die Kosten der Entsorgung und Endlagerung verantwortlich. Um diesem Auftrag nachzukommen, wurde 1972 das Unternehmen SKB gegründet: „The waste company has been tasked with developing and operating all nuclear waste facilities. The company also has to develop new waste management solutions and final repositories, as well as manage the decommissioning of nuclear facilities." (ebd.: 216)

Standortgemeinden

Die Gemeinden Östhammar und Oskarshamn waren quasi von Beginn an von SKB als mögliche Standorte favorisiert worden. Sie können als sogenannte Nukleargemeinden bezeichnet werden, also solche Gemeinden, die bereits über nukleare Infrastruktur verfügen. In der Gemeinde Östhammar soll das Endlager gebaut werden. In der Gemeinde Oskarshamn hingegen eine Verschlussanlage für die Kupferbehälter, in denen die abgebrannten Brennelemente gelagert werden sollen.

SNC

Der SNC (Swedish National Council/Kärnavfallsrådet) wurde 1992 von der schwedischen Regierung eingerichtet. Ihm kommt die Aufgabe zu, Fragen im Zusammenhang mit Atommüll sowie der Stilllegung und dem Rückbau von kerntechnischen Anlagen zu untersuchen und zu klären. Des Weiteren berät er die Regierung in diesen Fragen und stellt Wissen für weitere Akteure bereit (bspw. Behörden, Atomindustrie, Kommunen, NGOs, interessierte Öffentlichkeit, Medien).

Ein langwieriger und ebenfalls politisch höchst umstrittener Teil der schwedischen Entsorgungsgeschichte war die Auswahl des Standorts (vgl.

Abschnitt 5.1.2). Der Standortauswahlprozess begann quasi bereits 1976 mit einem Bericht der AKA, in welchem die Gemeinden Oskarshamn und Östhammar ohne vorherige geologische Erkundungen bereits als logische Wahl angesprochen werden (vgl. Daoud/Elam: 2012: 8). 2009, 33 Jahre später und nach einiger Kritik am Auswahlverfahren, auch von Seiten der Regulierungsbehörden, wurde sich dann auch zwischen den beiden Gemeinden entschieden.

Umweltgericht

Das Umweltgericht Nacka gibt nach der Prüfung des Antrags, ebenso wie SSM, eine Empfehlung an die Regierung ab. Es prüft die Umweltauswirkungen auf Grundlage des Swedish Environmental Code.

SSM

Die schwedische Behörde für Strahlenschutz (Swedish Radiation Safety Authority/Strålsäkerhetsmyndigheten) wurde 2008 gegründet, ist dem Umweltministerium unterstellt und hat von der schwedischen Regierung Aufträge in den Bereichen nukleare Sicherheit, Strahlenschutz und Non-Proliferation von Kernwaffen erhalten. Das SSM ist aus einer Fusion der ursprünglichen Regulatoren SKI und SSI entstanden. In den 1980er und 1990er Jahren war die Hauptregulierungsbehörde SKI. Die sekundäre Regulierungsbehörde SSI war in vielen Fragen kritischer, hatte aber keinen direkten Zugang zur Regierung im Prüfprozess der SKB-Berichte.

Begleitet wurde und wird der Entsorgungsprozess maßgeblich durch die Regulierungsbehörden (heute nur noch SSM) und dem die Regierung beratenden SNC. Obschon es von Seiten einiger Wissenschaftler*innen seit 2007 verstärkte Kritik an Kupfer als Behältermaterial gab (vgl. Kapitel 6), beantragte SKB 2011 bei der Regulierungsbehörde SSM und dem Umweltgericht die Genehmigung für den Bau des Endlagers für abgebrannte Brennelemente. 2016 empfahl SSM der Regierung die beantragte Lizenz zu erteilen. 2018 empfahl das Umweltgericht die Genehmigung nicht zu erteilen. Es bezieht sich in der Begründung maßgeblich auf bestehende Ungewissheiten in Bezug auf die Korrosionsthematik. 2020 stimmte auch die Gemeinde Östhammar für die Realisierung des Entsorgungskonzepts. Trotz der sich um die Möglichkeit der Korrosion des Kupfers entspinnende Kontroverse seit 2007 erfolgte im Januar 2022 die der Erteilung der

Baugenehmigung an SKB durch die Regierung. Eine Entscheidung, die sowohl von Korrosionsexpert*innen der Königlich Technischen Hochschule (KTH) als auch von Seiten der NGOs kritisiert wird. Die NGO MKG führt mit Rekurs auf das Umweltgericht und den SNC an:

> „The government has thus disregarded the fact that the Land and Environment Court clearly distanced itself from that view. The court held that the government must ensure that the copper canisters can really last for the long timespans involved. Both the Swedish Council for Nuclear Waste, the government's scientific advisory board on nuclear waste issues, and the researchers from KTH have stated that more research is needed in the repository environment to ensure that the canisters will work as intended." (MKG 2022a)

Wie gestaltet sich die nähere Zukunft des Entsorgungsprozesses? Das weitere rechtliche Verfahren sieht vor, dass der Antrag nun vom Umweltgericht Nacka weiter bearbeitet wird, um eine Entscheidung über eine Genehmigung mit Auflagen zu erhalten. Parallel hierzu muss SSM eine neue Sicherheitsanalyse prüfen, bevor ihrerseits eine Genehmigung für den Bau des Endlagers erteilt wird (vgl. MKG 2022b). SKB hofft, dass das Endlager Anfang der 2030er-Jahre bereit sein wird, um die ersten Lieferungen abgebrannter Brennelemente aufzunehmen. Die anhaltende Kupferkorrosions-Kontroverse veranlasst einige Kritiker*innen zur Annahme, dass eine Realisierung vielleicht dennoch scheitern wird (vgl. ebd.).

Analyseteil I: Der Zugriff auf Nichtwissen

5

Im vorliegenden Kapitel werden die Prozesse und Bedingungen des Zugriffs auf Nichtwissen beschrieben und analytisch dargestellt. Dies geschieht auf der Grundlage der theoretischen Überlegungen aus Kapitel 2 und dem dort entwickelte Analysevokabular. Als Leitschnur dient die analytische Differenzierung in *Konstruktionsbedingungen von Nichtwissen*, die *Bewertung von Nichtwissen* sowie der *Umgang mit Nichtwissen*. Alle empirischen Beispiele könnten in ähnlicher Form auch für den jeweils anderen Abschnitt analytisch fruchtbar gemacht werden, da die Aufteilung als idealtypisch zu verstehen ist. Ihre spezifische Auswahl ergibt sich aus ihrer Darstellungskraft für den jeweiligen Idealtyp und aus ihrer herausgearbeiteten Bedeutung für den schwedischen Entsorgungsprozess allgemein.

In diesem Teil der Analyse erfolgt die Darstellung zumeist asynchron, in Teil II der Analyse hingegen wird anhand der Kupferkorrosions-Kontroverse ein Ausschnitt aus dem Entsorgungsprozess chronologisch dargestellt, um durch die Perspektivverschiebung das Ineinandergreifen der hier idealtypisch getrennten Prozesse anschaulich darzulegen. Der folgende Abschnitt leitet die identifizierten Konstruktionsbedingungen ein: die spezifischen Konstellationen von Materialität, politischen Entscheidungen und Machtstrukturen. Im zweiten Abschnitt folgt eine Auseinandersetzung mit den verschiedenen Arten der Bewertung und Einordnung des Nichtwissens. Abschließend wird im dritten Abschnitt der Umgang mit diesem Nichtwissen untersucht.

© Der/die Autor(en), exklusiv lizenziert an Springer Fachmedien Wiesbaden GmbH, ein Teil von Springer Nature 2022
N. Wulf, *Die Gestaltung der Ewigkeit*, Energiepolitik und Klimaschutz. Energy Policy and Climate Protection,
https://doi.org/10.1007/978-3-658-40026-2_5

5.1   Konstruktionsbedingungen von Nichtwissen

Dieser Abschnitt gibt Aufschluss darüber, wie sich Nichtwissen im schwedischen Fall konkret konstituiert und welche Konstruktionsbedingungen dabei
zugrunde liegen. Da Nichtwissen nur durch seine Beziehung zu Wissen definiert werden kann, sind die analysierten Bedingungen immer auch wechselseitig
als Bedingungen für die Wissenskonstruktion zu verstehen. Da Nichtwissen fer-
ner aus der Kontingenz und der Unmöglichkeit der absoluten Fixierung von
Wissen resultiert, wird nach den strukturellen Grenzen der Beobachtung, also
der Festlegung von Wissen gefragt. Die Konstruktion von Nichtwissen stellt
die Vorstufe und notwendige Voraussetzung zur Erstellung eines spezifischen,
im öffentlich-wissenspolitischen Raum zu platzierenden Nichtwissensangebots
dar. Die Konstruktionsbedingungen von Nichtwissen sind vielgestaltig, entsprechend werden die drei wichtigsten in dieser Debatte herausgestellt: Die folgenden
Unterabschnitte gliedern sich in die Betrachtung des Entsorgungskonzepts KBS,
entlang dessen Nichtwissen spezifiziert wird, die Betrachtung einer historisch
bedeutungsvollen politischen Entscheidung für Nichtwissen und die Betrachtung
der strukturellen Vormachtstellung SKBs.

5.1.1   Das Grenzobjekt KBS als zentrale
Nichtwissensressource

Wie einleitend angeführt, gibt es mehrere Bedingungen, die zur Konstruktion von
Nichtwissen beitragen. Im betrachteten Spannungsfeld der nuklearen Entsorgung
scheint es daher sinnvoll, sich kurz mit den historischen Ereignissen auseinanderzusetzen, um zu beleuchten, wie Nichtwissen hier relevant wurde und wird.
Dies geschieht anhand des Entsorgungskonzepts KBS[1] (vgl. Abb. 5.1). KBS ist
ein sowohl immaterielles als auch in Teilen materialisiertes Konzept (Prototypen
der Kupferbehälter usw.), das einen essenziellen Bestandteil des schwedischen
Entsorgungsprozesses darstellt.

Dieses Konzept bringt Nichtwissen auf zweierlei Arten hervor: Im Folgenden
gehe ich zunächst darauf ein, wie das Entsorgungskonzept KBS entsprechend
den theoretischen Überlegungen Niklas Luhmanns (vgl. 1992, 1993) und Klaus
P. Japps (vgl. 1997, 1999, 2002) *qua seiner Existenz* Nichtwissen konstruiert.

---

[1] Auch wenn KBS im Laufe der Zeit weiterentwickelt wurde und die aktuelle Variante den
Namen KBS-3 trägt, werde ich im Folgenden allgemein von KBS sprechen, sofern es nicht
notwendig scheint, den Unterschied der drei Entwicklungsstufen kenntlich zu machen.

Entlang der historischen Entwicklung des Entsorgungskonzepts zeige ich zudem, dass KBS, verstanden als „*Grenzobjekt*" (Star 2017, Hervorheb. NW), im schwedischen Diskurs die *effektivste Quelle von Nichtwissenskommunikation* ist. Als solches steuerte KBS seit seiner Einführung weitgehend unverändert die Beobachtungen, das heißt, die Produktion von Wissen und daher auch die Konstruktion bzw. Koproduktion spezifischen wie unspezifischen Nichtwissens. Es ist Dreh- und Angelpunkt nahezu aller relevanten Konflikte und Wissensbemühungen.

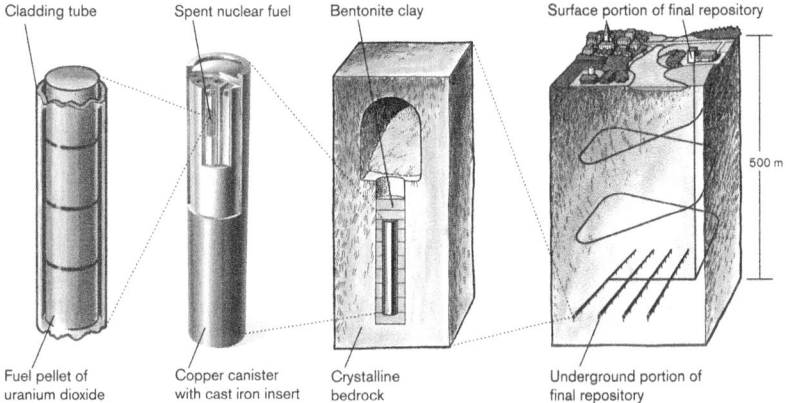

Abb. 5.1 Entsorgungskonzept KBS. (Darstellung mit freundlicher Genehmigung von SKB, Illustrator: Jan Rojmar)

Betrachtet man den schwedischen Entsorgungsprozess von seinen Anfängen her, war das 1977 erstmals formulierte Entsorgungskonzept KBS zunächst die Antwort auf folgende Frage: *Wie soll mit radioaktivem Abfall umgegangen werden?* Die Frage ist die Kreuzung der Grenze zwischen Wissen und Nichtwissen von Seiten des Wissens aus (vgl. Luhmann 1992: 155 f, 159). Vom Wissen um nuklearen Abfall als Gefahr für Mensch und Umwelt, vom Wissen um die politische Bearbeitbarkeit von Problemen, wurde das Nichtwissen daraufhin spezifiziert, wie mit dem Abfall verfahren werden soll. Gestellt wurde diese Frage aus einem politischen Klima heraus, welches es ermöglichte, sie als relevant und dringlich darzustellen. Dies geschah maßgeblich unter dem Eindruck der Ökologiebewegung, durch welche die Umweltrisiken der Atomenergie in Schweden seit den 1970er-Jahren verstärkt Teil der öffentlichen Debatte wurden (vgl. Kåberger/Swahn 2015: 205).

KBS als die anfänglich eingeführte Antwort auf die Frage, was mit dem radioaktiven Abfall geschehen soll, ist mehr als nur die Transformation temporären Nichtwissens in Wissen, das sich in oben genannter Frage ausdrückt: *Als Wissensgegenstand konstruiert KBS selbst eine abgedunkelte Seite des Nichtwissens.* Deren erneute Beobachtung bringt einen Bereich des spezifischen und unspezifischen Nichtwissens hervor:

> „Der *re-entry* auf der Seite des Wissens vereinheitlicht die Unterscheidung gleichsam als Erkenntnisproblem, während der *re-entry* auf der Seite des Nichtwissens immer erneut den Joker einer offenen Zukunft einspielt: Also Nichtwissen als *unmarked space*, trotz aller Bemühung um Kalkulation, reproduziert und dies nicht etwa wegen noch rückständigen Wissens, sondern trotz allen Wissens, eben in Abhängigkeit von einer anderen Unterscheidung, von anderen Beobachtern – aber keineswegs beliebig" (Japp 1999: 29).

Das spezifische Nichtwissen bietet entsprechend seiner Vereinheitlichung der Unterscheidung als Erkenntnisproblem Anschluss für neue Forschung. KBS ist demgemäß *nicht nur eine Problemlösung, es generiert auch anschlussfähige Probleme* (vgl. Japp 1997: 296). Als Beispiele sind hier die Fragen nach dem Durchmesser des Entsorgungsbehälters, den zu verwendenden Materialien für den Verschluss und der Notwendigkeit oder Unterlassung von Monitoring zu nennen. Diese Fragen gehen als Nichtwissen von KBS aus. Wie stark dieser Prozess der Spezifizierung von Nichtwissen gerade in konflikthaften Zusammenhängen ausgeweitet werden kann, zeigt sich am Beispiel der Kupferkorrosions-Kontroverse (vgl. Kapitel 6). Eine weitere Folge ist in jenem Fall die Zunahme der Kompliziertheit, sodass der Konflikt und die divergierenden Wissensansprüche für Laien immer schwerer nachvollziehbar werden. *Nichtwissen-Können qua fachlicher Hindernisse* ist dementsprechend ein Effekt.

Vor den 1970ern hatte man sich lange Zeit drauf verlassen, dass das Abfallproblem in einer nicht näher bestimmten Zukunft gelöst sein würde:

> „There was a general understanding in the 1950 s and 1960 s that the management and disposal of any waste from nuclear activities could easily be solved in the future by Swedish engineers. At this time there was also sea dumping of radioactive waste barrels, both in the Baltic Sea and along the Swedish west coast." (Kåberger/Swahn 2015: 205)

Zu dieser Zeit wurden der Politik von Seiten der Expert*innen internationale Ansätze als Lösungsmöglichkeiten des Problems in Aussicht gestellt, welche die Entsorgung durch Wiederaufbereitung und neue Anwendungsmöglichkeiten des

Abfalls versprachen (vgl. Sundqvist 2002: 60 ff). Der Fortschrittsoptimismus dieser Zeit drückt die Hoffnung aus, gegenwärtig spezifiziertes Nichtwissen – Was tun mit dem Abfall? – zukünftig in Wissen transformieren zu können[2]. Entsprechend wurde das *Nichtwissen zwar als relevant artikuliert, die Problematik hingegen nicht als dringlich*[3].

1972 wurde die Thematik radioaktiven Abfalls erstmals im schwedischen Parlament diskutiert (vgl. Daoud/Elam 2012: 3) und eine Regierungskommission zur Lösung der Problematik eingesetzt:

> „In 1972 the first Swedish government committee to address the nuclear waste problem was set up[,] the so-called AKA – utredningen (Använt Kärnbränsle och radioaktivt Avfall). This committee reported in 1976 and remained primarily concerned with issues of security of nuclear fuel supply rather than waste management per se" (ebd.).[4]

Die Entwicklung einer Aufbereitungsanlage in Schweden zwecks ziviler Nutzung der Atomenergie galt dem AKA als Priorität. Für die Entsorgung hochradioaktiven Abfalls wurde ein technischer Ansatz vorgebracht, bei dem verglaste Abfälle in Behälter aus säurebeständigem Stahl gefüllt und von Ton umgeben in einer Tiefe von mindestens 200 Metern im Grundgestein (Granit oder Gneis) eingelagert werden. Für einen kombinierten Standort der Wiederaufarbeitung, Zwischenlagerung und geologischen Endlagerung wurden zwei Standorte vorgeschlagen: Die beiden bereits bestehenden Reaktorstandorte in Oskarshamn und Forsmark/Östhammar (vgl. ebd.). Vergleichsweise rasant wurde hier versucht die Beseitigung von Nichtwissen und die Schaffung von Tatsachen zu forcieren. Verhältnismäßig lange dauerte es bis zur Realisierung eines Standorts: 2009

---

[2] Zum Fortschrittsoptimismus als diskursbestimmendem Narrativ und dessen Ablösung vgl. Ulrich Bröckling (2012) und Willy Viehöver (2012).

[3] Wie unter Bezug auf Luhmann dargelegt, ist man immer mit dem (theoretischen) Problem konfrontiert, dass eine solche Transformation zwar möglich ist, jedoch neues Nichtwissen in Form von Anschlussproblemen generiert, sodass sich der Wissenshorizont lediglich verschiebt. Ein Mehr an Wissen ist nur für den Preis eines Noch-Mehr an Nichtwissen zu haben (vgl. Luhmann 1992: 155 ff).

[4] Aber: „The Nuclear Power Stipulation Act reversed this order of priority in 1977 and as nuclear power became subsequently more politicized, so Swedish plans for radical innovation in nuclear fuel technology were abandoned." (Daoud/Elam 2012:7) Und als in den 80ern „plans to develop reprocessing facilities in Sweden fell by the wayside due to growing disenchantment with nuclear power, [...] SKBF took over PRAV's concern with waste disposal as its own core concern and renamed itself the Swedish Nuclear Fuel and Waste Management Company (SKB)" (ebd.: 3).

fiel – nicht ohne vorherige politische Schwierigkeiten – zwischen diesen beiden Gemeinden dann auch die Entscheidung SKBs für den Standort Forsmark
(vgl. Abschnitt 5.1.2). Radioaktiver Abfall wurde gemäß der vom Komitee formulierten Prioritäten zwar noch immer hauptsächlich als potenzielle Ressource
wahrgenommen, aber nun „identified as a liability rather than an asset, the problems of long-term RW [radioactive waste] management also became central in
the political debate." (Kåberger/Swahn 2015: 206) *Der zu bearbeitende Bereich
des Nichtwissens verschob sich von Atommüll als Ressource hin zu Atommüll als
Entsorgungsaufgabe.* Der Weg für KBS – als Entsorgungskonzept ohne Rück-
holoption und damit auch ohne die Möglichkeit, den Abfall nach Verschluss als
Ressource zu nutzen – wurde geebnet.

Atomkraft wurde in Folge der Fokussierung als Abfall zu einem der politisch
umstrittensten Themen in der schwedischen Gesellschaft und zu einem entscheidenden Faktor der schwedischen Parlamentswahlen 1976 (vgl. Lidskog/Sundqvist
2004: 258). Unter der Regierung des neu gewählten Ministerpräsidenten, eines
bürgerlich-liberalen Atomkraftgegners, wurde 1977 der *Act on Specific Permission for Fuelling Nuclear Reactors* (*Stipulation Act*) erlassen. Dieser sah vor, die
Möglichkeit zur Wiederaufbereitung zu regulieren und hielt vor allem fest, dass
„before any new reactor could be fuelled, it had to be shown *how* and *where* the
resulting high-level waste or non-reprocessed spent fuel could be finally stored
with *absolute safety*" (Daoud/Elam 2012: 4). Die gesetzliche Relevanzsetzung
wurde bereits zu Beginn durch SKBs Interessen unterlaufen:

> „Interestingly, the Swedish nuclear industry altered the terms of this challenge from
> the outset. While the emphasis of the Stipulation Act was on the challenge of demons-
> trating how and where radioactive waste can be finally stored with absolute safety,
> SKBF becoming SKB defined the goal of their activities as demonstrating ‚nuclear
> fuel safety‘ (KBS = kärnbränslesäkerhet). So while the Stipulation Act emphasi-
> zed the ‘back-end’ of nuclear fuel cycles, the KBS project has always referred more
> broadly to demonstrating the safety of the nuclear fuel cycle in Sweden incorporating
> geological disposal plans for spent fuel." (ebd.: 17)

Der Nachweis über das Wo und Wie sowie der *absoluten Sicherheit* der Entsorgung des Abfalls sollte also Bedingung der Inbetriebnahme neuer Reaktoren
werden. Nicht weniger als der *Ausschluss von Nichtwissen* war der gesetzlich fest-
gehaltene hehre Anspruch. Die Antwort auf diesen Anspruch sollte KBS sein. Es
wurde in seiner Ursprungsform 1977 von SKB aufgelegt, nachdem die absolut
sichere Entsorgung zur rechtlichen Vorbedingung für den Bau weiterer Reaktoren
geworden war. Bevor ein neuer Reaktor (Ringhals 3) ans Netz gehen konnte, lag
es an den Betreibern, diesen Nachweis zu erbringen.

Der wirtschaftliche Druck auf die Atomindustrie war immens und so wurde in einem neunmonatigen Kraftakt von rund 450 Wissenschaftler*innen und Techniker*innen über 60 technische Berichte produziert (vgl. Lidskog/Sundqvist 2004: 259). Diese bildeten die Grundlage für das Entsorgungskonzept KBS: „This technical system was based on a multi-barrier principle of safety, consisting of technical (the spent nuclear fuel encapsulated in canisters of lead and titanium) and geological barriers (the canisters located in a repository 500 metres down in the bedrock)." (ebd.) KBS wurde mit seinen Ebenen vielleicht nicht unbedingt als physisches Bollwerk gegen jedwede Unsicherheit konzipiert – zumindest aber als Antwort auf den gesetzlich formulierten Anspruch auf absolute Sicherheit.

Dieser Anspruch sowie die kurze überschaubare Zeitspanne, in der aus dem kontingenten Angebot an Lösungen eine ausgewählt wurde, zeitigte vor dem Hintergrund des *Stipulation Act* einige Kritik: Besonders anhand des Reviews, das die Regierung zu diesem Vorhaben von verschiedenen in- und ausländischen Expert*innengruppen einholen ließ, wird deutlich, dass die Forderung nach *absoluter* Sicherheit von Zeitgenossen als nicht erfüllbar angesehen wurde. So stellte die Königlich Technische Hochschule (KTH) beispielsweise die rhetorische Frage, ob „they were supposed to review 'an application rejected by definition already in advance'" (ebd.). Kritik kam auch von der Umeå Universität, die argumentierte, dass „an approval of an application according to the Stipulation Act would mean legitimizing a method for final disposal of nuclear waste, which would be uniquely pretentious, telling the world that all security problems had been solved" (ebd.).

Aus wissenssoziologischer Perspektive muss dieser Anspruch ebenfalls naiv wirken: *Sicherheit* „in bezug auf das Nichteintreten künftiger Nachteile" (Luhmann 1993: 142) gibt es nicht, sie *ist eine soziale Fiktion.*[5] Gerade deshalb benutzten „Sicherheitsexperten den Risikobegriff, um ihr Sicherheitsbestreben rechnerisch zu präzisieren" (ebd.). Den Begriff Sicherheit könne man „ersetzen durch die These, daß es keine Entscheidung ohne Risiko gibt" (ebd.). Charles Perrow (1992) konnte zeigen, dass dies insbesondere für komplexe Systeme mit enger Kopplung gilt – Bedingungen die ein (verschlossenes) Endlager voller radioaktivem Abfall, ohne Rückholbarkeit und schnelle Zugriffsmöglichkeiten, zu erfüllen scheint. Das durch die Realisierung des komplexen Systems KBS auch eine Potenzierung von Nichtwissen einhergeht, erklärt sich folgendermaßen: Das ingenieurwissenschaftlich etablierte Vorgehen durch Redundanz – hier

---

[5] Zwar kann der hier formulierte Anspruch auf absolute Sicherheit gerade durch seine Unerfüllbarkeit als politisch motivierte Forderung verstanden werden, die Atomkraft in Schweden abzuschaffen. Dennoch ist sowohl der Anspruch selbst als auch seine Beantwortung mit KBS Ausdruck einer Zeit, in der ein solcher überhaupt formuliert werden konnte.

die drei Barrieren – die Sicherheit zu erhöhen, bedeutet notwendigerweise eine Komplexitätssteigerung und damit ein Mehr an Wechselwirkungen. Zwar war SKB darauf bedacht, ‚bewährte‘, gut erforschte Materialien zu verwenden, um das Nichtwissen aufgrund von Neuheit zu minimieren sowie die Barrieren unabhängig voneinander zu konzipieren, doch die Rekontextualisierung dieser Ergebnisse in der „chaotischen Realwelt" (Grunwald 2006: 215) zeitigt neue Herausforderungen. „An dieser Stelle potenzier[en] sich die Unsicherheiten und Unwägbarkeiten der arbeitsteilig erzeugten Einzellösungen, die nun [...] hochskaliert und kombiniert werden" (Wengenroth 2012: 194). Nichtwissen und Andockstellen für Nichtwissens-Claims[6] werden sich mit der Realisierung von KBS folglich ebenfalls potenzieren – dies gilt aber selbstverständlich für jedes Konzept. Dass die Gefahr von Wechselwirkungen zwischen den Barrieren zu einem bedeutenden Streitpunkt werden konnte, zeigt sich deutlich an der Kupferkorrosions-Kontroverse (vgl. Kapitel 6).

Aus Perspektive einer konstruktivistischen Soziologie des Nichtwissens ist die Forderung, absolute Sicherheit zu gewährleisten, vergeblich. Dies würde neben der Kongruenz von Meinungen schlicht die totale Erkennbarkeit der Welt voraussetzen. Jedoch kann ein Ort, von dem aus eine derartige Beobachterperspektive angelegt werden sollte, nicht ausgemacht werden (vgl. Japp 2002: 435 ff). Beobachtung ist notwendigerweise selektiv, sie funktioniert nur als Ausblendung. Besonders relevant ist das in diesem Kontext in Bezug auf unspezifisches Nichtwissen. Es stellt den uneinholbaren Horizont dar, der nicht erreicht, sondern nur verschoben werden kann. Der *Stipulation Act* legt den Standard fest, wie viel des konstruierten Nichtwissens bestehen bleiben darf – in diesem Fall keines. Eine Anforderung, die aus der hier angelegten Perspektive unerfüllbar ist.

Die im Review angesprochenen Probleme und Unsicherheiten ließen den Bescheid der Regierung zum Antrag auf die Inbetriebnahme des Ringhals-3-Reaktors, in welchem das KBS-Konzept als Nachweis über die absolut sichere Entsorgung enthalten war, zunächst negativ ausfallen. Ausschlaggebend hierfür war der mangelnde Nachweis über die Sicherheit des Wirtsgesteins, welches als rissfrei angenommen wurde. Eine Einschätzung, die ohne Rückgriff auf etwaige Forschungsergebnisse vorgenommen wurde (vgl. Lidskog/Sundqvist 2004: 259). Die Genehmigung zur Inbetriebnahme erfolgte nach politischem Hin und Her schließlich doch mit der Argumentation, dass das Wirtsgestein nicht alleine für die Sicherheit des Endlagers verantwortlich sei, sondern vor allem im Zusammenhang mit der verwendeten Technik gesehen werden müsste. In dieser Hinsicht

---

[6] Als Claim wird jede Art von Wissens- oder Nichtwissensanspruch verstanden (vgl. Stocking/Holstein 1993).

wurde KBS als *technisch absolut sichere* Möglichkeit der Entsorgung zugelassen (vgl. ebd.). Auch wenn, wie gezeigt, die Forderung absoluter Sicherheit unein-holbar bleiben muss, lässt sich diese Spezifizierung als argumentativer Rückzug im Konflikt um KBS begreifen. Die Behauptung, man habe das technische Nichtwissen eliminiert und das Nichtwissen bezüglich des Wirtsgesteins irrele-vant gemacht, ist nicht allein unter dem Eindruck der oben problematisierten Komplexitätssteigerung durch Redundanz unhaltbar.

Spätestens seit der Genehmigung des Ringhals-3-Reaktors ist das KBS *die* Konstante des Entsorgungsprozesses. Nahezu alle Forschung geschah und geschieht in Bezug auf dieses Konzept. Zudem ist es in seiner Darstellung im *safety case* (dt. Langzeitsicherheitsnachweis) ein Rechtsgegenstand, über den Umweltgericht, Regierung und Prüfbehörden verhandeln. *SKB hat es durch KBS geschafft, einen Bereich des handlungsrelevanten Nichtwissens zu definieren, den es im Anschluss zu bearbeiten gilt.* SKB hat KBS hervorgebracht, alle anderen Akteure müssen, ob affirmativ oder in Abgrenzung, daran anschließen. Insofern kann KBS als *Grenzobjekt* gesehen werden, als eines jener wissenschaftlichen Objekte, „die sowohl in mehreren sich überschneidenden sozialen Welten zu Hause sind [...], wie auch die Informationsbedürfnisse in jeder dieser Wel-ten befriedigen. Grenzobjekte sind Objekte, die plastisch genug sind, um sich den lokalen Bedürfnissen und Beschränkungen mehrerer sie nutzender Parteien anzupassen. Sie bleiben dabei robust genug zur Bewahrung einer gemeinsamen Identität an allen Orten." (Star/Griesemer 2017: 87) Trotz sehr unterschiedlicher Haltungen zu KBS hat sich die Problemkonstruktion maßgeblich entlang der von SKB propagierten Lösung entwickelt. Besonders bemerkenswert ist auch die Dauer, über die das Entsorgungskonzept als Grenzobjekt wirksam ist – bereits über 40 Jahre. Damit operiert es als *intergenerational wirksames Grenzobjekt.* KBS macht einerseits die Kommunikation über einen mehr oder weniger mate-rialisierten Gegenstand möglich und schreibt einen zu erforschenden Bereich des *handlungsrelevanten Nichtwissens* vor. *Andererseits verweist KBS jedoch alter-native Konzepte in den Bereich des nicht handlungsrelevanten Nichtwissens*[7]. „Die Erzeugung und das Management von Grenzobjekten stellen einen entscheidenden Prozess dar, um in sich überschneidenden sozialen Welten Kohärenz zu entwi-ckeln und aufrechtzuerhalten." (ebd.) Dies scheint durch KBS gegeben. *Es ist in diesem Kontext nicht unangemessen, die frühzeitige Etablierung von KBS als wirkmächtigsten diskursiven Zug SKBs zu deuten.*

---

[7] Für einen handlungstheoretischen Zugang zu Nichtwissen vgl. Groß (2007, 2010) und zusammengefasst bei Bleicher (2012).

SKB hat mit der Fokussierung eines Konzepts die Kontingenzen limitiert und sich somit auch wirtschaftlich von Forschungsbemühungen zu Alternativen entlastet. Auch die Kommunikation des Entsorgungsproblems profitiert von diesem Vorgehen: Das Problem scheint handhabbarer, wenn nur eine Lösung betrachtet wird und andere Alternativen qua angenommener oder behaupteter Irrelevanz nicht betrachtet werden. Zwar wurde die Untersuchung von alternativen Entsorgungsoptionen als Nichtwissen spezifiziert, jedoch von den interviewten Kritikern des KBS-Konzepts die Chance, dieses Nichtwissen in Wissen zu transformieren, zum jetzigen Zeitpunkt als gering artikuliert. Der Vorwurf, dass sich KBS als einziger Wissensbestand auch (zunehmend) materiell realisiert habe und Alternativen marginalisiert worden seien, kann als Vorwurf der „undone science" (Frickel et al. 2010) interpretiert werden. Nichtwissen wird hier als intentional und damit vermeidbar konstruiert. Dieser Vorwurf blieb im schwedischen Fall nicht abstrakt: Die Tiefbohrlochentsorgung (ca. fünf Kilometer tief) ist ein, verstärkt von den NGOs herausgestelltes, alternatives Entsorgungskonzept, welches nach dem Dafürhalten der Proponenten mit weniger technischen Problemen konfrontiert sei als KBS. Es wird damit ein Bereich des Nichtwissens konstruiert, der zwar potenziell neue Fragestellungen beinhalte, aber dafür weniger und auch in geringerem Umfang mit potenziell dramatischen Konsequenzen verbunden sei. Mit Verweis auf diese Alternative wird darüber hinaus ein Bereich des Nichtwissens spezifiziert, dem sich SKB nicht ausreichend gewidmet habe, um ihn auszuschließen. Dies wird von KBS-Kritikern als Fahrlässigkeit ausgelegt (vgl. Daoud/Elam 2012: 15). Der Anspruch auf Erforschung von Alternativen kann auch als produktive Wendung eines Versuchs gedeutet werden, KBS zu verhindern. Ein grundlegendes Überdenken und fundamentale Abweichungen, die eine Neueröffnung des Möglichkeitsraumes bedeuten würden, scheinen wenig wahrscheinlich, da KBS ausgesprochen starke Pfadabhängigkeiten erzeugt hat. Je länger das Konzept alternativloser Dreh- und Angelpunkt der diskursiven Auseinandersetzung ist, desto wahrscheinlicher scheint seine Durchsetzung.

Aufgrund der Schweden zugeschriebenen Vorreiterrolle ist diese Entwicklung auch international bedeutsam. So hat Finnland KBS bereits übernommen. Nun könnte Schweden im Begriff sein, das Grenzobjekt KBS als Konstruktionsbedingung für Nichtwissen weiter zu exportieren:

„[I]t is becoming increasingly apparent that KBS-3, through the recent internationalisation of the Swedish nuclear industry, has outgrown its identity as a national solution to nuclear fuel safety, and is on the verge of mutating into a global platform in spent fuel/high-level waste management practice and technology." (Elam/Sundqvist 2009: 969)

Wie potenzielle Importnationen mit dem durch KBS konstruierten Nichtwissen verfahren werden, ist gänzlich offen. Das Beispiel Finnlands jedoch gibt keinen Anlass zu unverhältnismäßigem Optimismus. Zwar konnte die Kupferkorrosions-Kontroverse, durch welche die Isolationsfähigkeit des Kupferbehälters infrage gestellt wurde, in Schweden einige Transformationsbemühungen mobilisieren, Finnland jedoch ist im Realisierungsprozess mittlerweile sogar weiter als Schweden und baut bereits auf der Insel Olkiluot an seinem Endlager Onkalo (vgl. Lehtonen 2021).

5.1.2 Standortauswahl: Politisch gewähltes Nichtwissen statt sozialer Konflikt

Wie auch andere Länder sah sich Schweden bei dem Versuch, einen Standort für ein Endlager durchzusetzen, mit beträchtlichen Herausforderungen konfrontiert. Erst unter Einbindung von *Nukleargemeinden* – solchen Gemeinden, die bereits nukleare Infrastruktur, beispielsweise Atomkraftwerke besitzen – konnte ein Standort realisiert werden[8]. Die Standortauswahl und die diesbezügliche Strategiewende in den 90er-Jahren waren wegweisende Momente im schwedischen Entsorgungsprozess und in der Konstruktion von Nichtwissen. Bei Göran Sundqvist heißt es entsprechend:

„[T]he site selection strategy is of great importance, because it influences other parts of the SKB R&D programme [Research & Development][9], for example: the interpretation and judgement of geological data; the time table for building the repository; the

---

[8] Zum Vergleich das aktuelle deutsche Standortauswahlverfahren: Hier wird mit Verweis auf die ‚*weiße Landkarte*' – mit Ausnahme Gorlebens – in ganz Deutschland nach einem Standort gesucht. Die politische Exklusion bezieht sich also nur auf einen einzelnen Standort, statt wie im schwedischen Fall auf alle *bis auf* Nukleargemeinden. Wissenschaftliche Kriterien bilden den Hauptfokus der Standortauswahl im Bundesgebiet. Von Seiten des Bundesamts für die Sicherheit der nuklearen Entsorgung heißt es hierzu: „Kein Ort in Deutschland gilt von vornherein als geeigneter oder ungeeigneter Endlagerstandort. Dies ist mit dem Prinzip der ‚weißen Landkarte' gemeint, das einen zentralen Grundsatz des Standortauswahlverfahrens beschreibt. Das Prinzip ist zudem eine der Lehren, die aus dem jahrzehntelangen Konflikt um den Standort Gorleben in Niedersachsen gezogen wurden." (BASE 2021). Zur Begründung, Gorleben von der weißen Landkarte zu nehmen, vgl. die Pressemitteilung des BMU (2021).

[9] 1984 wurde gesetzlich festgelegt, dass SKB alle drei Jahre einen neuen derartigen Bericht (firmiert auch unter dem Namen Fud- bzw. RD&D-Programm) zur Überprüfung durch die Regierung vorlegen muss, um eine weitere Finanzierung durch den Nuclear Waste Fund zu beantragen (vgl. Sundqvist 2002: 110).

view of other actors with whom SKB has to interact, for example government authorities, scientists, politicians and citizens in the municipalities where feasibility studies
are carried out" (Sundqvist 2002: 110).

Im Folgenden widme ich mich den *politischen Rahmenbedingungen des historisch
wegweisenden Konstruktionsprozesses der Standortauswahl.* Bereits zu Beginn der
Suche nach einem Standort waren die Gemeinden Oskarshamn und Östhammar,
zwischen denen sich 33 Jahre später entschieden werden sollte, als Optionen im
Gespräch:

> „Already in the 1976 AKA report of the first governmental committee addressing
> nuclear waste management in Sweden, the two reactor sites in the municipalities of
> Oskarshamn and Östhammar were identified as the most logical sites for the geologi-
> cal disposal of the nation's nuclear waste (SOU 1976 [a, b]). It was recommended that
> geological investigations be initiated in both locations as soon as possible to assess
> their suitability for geological disposal (SOU 1976 – 30: 8 and 31: 89 [SOU 1976a:
> 8, 1976b: 89]). Both sites were originally envisaged as capable of developing into
> ‚nuclear industry parks‘ on the Swedish east coast where nuclear activities could be
> co-located in close proximity to each other. In the 1970 s, nuclear waste management
> was seen as an activity developing hand in hand with nuclear reprocessing and innova-
> tions in nuclear fuel supply. Because the reactor sites in Oskarshamn and Östhammar
> were seen as alternative sites for a Swedish reprocessing plant, so they were also seen
> as alternative sites for the geological disposal of the high- and intermediate- waste
> resulting from reprocessing." (Daoud/Elam: 2012: 8)

Auch die erste geologische Untersuchung 1983 wurde an fünf Orten durchgeführt,
die sich in nächster Nähe zu den Gemeinden befanden (vgl. Elam/Sundqvist 2009:
976) – drei dieser Orte wurden von SKB als sichere Optionen bewertet. Bis es
jedoch zur Realisierung kommen sollte, gab es zwischen SKB, der Regulierungsbehörde SKI (seit 2008 Teil des heutigen SSM) und der jeweiligen Regierung
langwierige Konflikte bezüglich der Strategie der Standortauswahl. Im obigen
Zitat scheint bereits die Bezugnahme auf nicht-geologische Gründe als Primärkriterium der Standortauswahl auf, auf welche sich SKB über Jahrzehnte hinweg
maßgeblich berufen hat.

1986 äußert sich SKB in ihrem erstem RD&D-Report an die Regierung und
das SKN (National Board for Spent Nuclear Fuel – 1992 eingestellt) zu den bisherigen geologischen Untersuchungen folgendermaßen: „‚[S]tudy-site investigations
have shown that it is possible to find many sites in Sweden that are geologically
suitable for the construction of a final repository.‘ This conclusion caused SKB to
claim that ‚other factors can be accorded greater importance in the siting.‘" (Sundqvist 2002: 113) In ähnlicher Weise argumentierte SKB auch im RD&D-Report

von 1989. Beide Berichte wurden von den Begutachtenden in Bezug auf die Standortauswahlstrategie SKBs stark kritisiert: SKB sei „too quickly and without clear arguments [...] from local investigations of the bedrock to general conclusions about the suitability" (ebd.: 114) gekommen. SKNs Forderungen nach einer systematischen Suche nach geologischen Kriterien wurden von SKB nicht nur nicht akzeptiert, sondern als *unmöglich und irrelevant* bezeichnet – nach ihrem Dafürhalten sei die Realisierung eines Endlagers in nahezu ganz Schweden möglich (vgl. ebd.). Das vom SKN vorgebrachte Nichtwissen wird somit als nicht handlungsrelevant gerahmt.

Im RD&D-Report von 1992 ergänzt SKB die bisherigen Begründungen um die Annahme, dass die geologischen Faktoren nur während der Errichtungsphase bedeutsam seien. Zudem führt sie die Nichtwissens-Argumentation an, dass die geologische Tauglichkeit mancher Orte gerade in der Tiefe von 500 Metern schwierig zu eruieren sei (vgl. ebd.: 115). *Der Boden als geologische Grenze wird in seiner Komplexität als unhintergehbar konzipiert, – zumindest als gesamtschwedischer Untersuchungsgegenstand – und qua dieser Unhintergehbarkeit ebenfalls als irrelevant bzw. weniger relevant gerahmt.* Einfach gesagt: SKB unterstellt, man könne es nicht genau wissen, daher gibt es Wichtigeres zu wissen. Dies stellt eine der umfassendsten Komplexitätsreduktionen im schwedischen Fall dar. Da die von Regierungsseite anerkannte Etablierung des technischen Konzepts als ‚absolut sicher' nun durch die Quasi-Ausblendung der Geologie ergänzt wird, *beschränkt sich das akut handlungsrelevante Nichtwissen aus SKBs Perspektive hauptsächlich auf die soziale Ebene.*

Neben dieser Relevanzverschiebung auf anderes Nichtwissen hat diese Argumentation einen weiteren strategischen Vorteil für SKB: *Der Druck, sich der Errichtung des Endlagers und damit des Durchbrechens der geologischen Grenze des Bodens zu nähern, erhöht sich, wenn man nach Dafürhalten SKBs nur so zu mehr geologischem Wissen kommen kann.* Ein von SKB gewünschtes Voranschreiten des Prozesses wird so mit einer Verschiebung der Wissensgrenze, zumindest auf lokaler Ebene, verbunden. Die implizite gesellschaftlich verbreitete Einschätzung von Wissen als prinzipiell wünschenswerter als Nichtwissen wird hierfür argumentativ eingesetzt.

Obwohl SKB in den folgenden Reports der Kritik ihres unsystematischen und kriterienfreien Vorgehens mit der Entwicklung von einigen Kriterien begegnete, blieben diese in den Augen der Begutachtenden weiterhin zu oberflächlich. SKB blieb ebenfalls bei ihrer bisherigen Argumentation der relativen Bedeutungslosigkeit geologischen Wissens für die sichere Realisierung eines Endlagers (vgl. ebd. 115 ff). Entsprechend widmet sich SKB 1992 dem verbleibenden Nichtwissensbereich – der sozialen Komponente der Standortauswahl – und verschickt

286 Briefe an alle schwedischen Gemeinden, um deren Interesse zu eruieren, als
Standort infrage zu kommen:

> „[A] turn to a voluntary siting process coincided with all municipalities in Sweden
> being invited to host initial ‚feasibility studies'. Through such studies, which did *not*
> include detailed geological investigations, individual communities would be able to
> discover for themselves together with the nuclear industry if local acceptability of
> geological disposal plans could be won. Initially, few volunteer communities were
> forthcoming and only two feasibility studies were launched in isolated communities
> in the north of Sweden. However, after local referenda both these northern communi-
> ties withdrew from the siting process for a geological repository. By 1994 SKB had
> decided to start focussing attention on communities already hosting nuclear facili-
> ties as the best sites for pursuing feasibility studies and securing local acceptability
> of the direct geological disposal of spent fuel. This marked the beginning of a re-
> centring of the KBS project on the two communities of Oskarshamn and Östhammar"
> (Daoud/Elam: 2012: 9 f).

Auch wenn die freiwillige Einbindung anfänglich scheiterte, lässt sich die *Einführung der Standortauswahl als partizipatives Projekt* durch SKB als strategisch
ausgesprochen findigen Zug verstehen. Durch die letztendliche Zusage an Östhammar 2009 als Standort für ein Endlager sowie an Oskarshamn für ein
weiteres Infrastrukturprojekt werden die bereits 33 Jahre zuvor angeregten Standorte zumindest politisch realisiert. 1996 noch ließ SKBs Executive Director Sten
Bjurström verlauten: „[S]o far we have made strong efforts and succeeded well
in the field of science and technology. This side of the process we are able to
control, our experiments etc, but the social process will take time. Processes in
society are much more unpredictable." (Sundqvist 2002: 17) Die Integration von
Nukleargemeinden sollte hier einen wichtigen Beitrag leisten.

Diese Bedeutung dieses Vorgehens für SKBs bisherigen Erfolg kann nicht
überschätzt werden. Das Vorgehen kann als *kontrollierte Konstruktion von Nichtwissen* bezeichnet werden. Hatte SKB technisches und geologisches Nichtwissen
quasi irrelevant gemacht, wurde durch die Integration darüber hinaus folgen-
des erreicht: *Die geologische Diskussion, die bisher ausgesprochen agonal verlief,
konnte weiter aus dem Diskurs verdrängt werden. Zudem wurde das Standortauswahlverfahren scheinbar demokratisch aufgewertet, zugleich aber die Bevölkerung
als kritischer Gegenspieler ausgeklammert,* da sich die beiden Nukleargemeinden u.a. aufgrund ökonomischer Abhängigkeiten bezüglich der Atomindustrie
positiver positionierten und positionieren als andere Gemeinden. Neben den infra-
strukturellen und monetären Vorteilen für SKB, die sich durch den Verzicht
auf den geologischen Vergleich mit mutmaßlich politisch unwilligen Gemeinden
ergeben, *scheint auch das aus diesen Kontexten konstruierte Nichtwissen – sprich:*

kritische Nachfragen – weniger bedrohlich als die Ablehnung der Proteste während SKBs Untersuchungen in anderen Gemeinden. Dass die diskursiv erfolgreichen Nichtwissens-Claims, welche zu Änderungen oder Verzögerungen im Prozess geführt haben, nicht aus den Nukleargemeinden heraus angebracht wurden, sondern maßgeblich von externen Akteuren, scheint diese Annahme zu bestätigen (vgl. Barthe et al. 2020: 212 f)[10].

Wie formuliert SKB heute selbst ihre Strategie der Standortauswahl? In den Interviews wird die Einbindung der Gemeinden diesbezüglich als Bereicherung des Endlagerungsprozesses artikuliert. Diese Bereicherung bestehe neben der *Generierung von spezifischem Nichtwissen in Form von Nachfragen, also in potenziell bearbeitbarem Noch-Nicht-Wissen, aber vor allem in der Ermöglichung des Unterfangens:*

> „As soon as we started the site investigation or selection work, it was also about working parallel with science and the societal aspect. I'm sure that if it had been possible – it would have been possible – to run it purely as a scientific, technical project, progress would probably have been faster. But we also had to adjust to the societal expectations with the program in order not to lose all the stakeholders." (SKB)

Auf SKBs Website[11] hingegen stellt sich die Begründung für die Auswahl von Forsmark/Östhammar wie folgt dar: „How Forsmark was selected [:] The search for a site for a spent fuel repository has been a long and instructive process for SKB. The reason why it finally chose Forsmark is because of the dry rock with few deep fractures to be found there." (SKB 2021a) Erstaunlicherweise wird hier, im starken Kontrast zur eigenen Argumentation vergangener Jahrzehnte, die geologische Eignung als Primärkriterium angeführt. Das geologische Argument war vielleicht das maßgebliche Kriterium der Auswahl zwischen den Nukleargemeinden, jedoch verschleiert SKB damit gerade ihre Rolle in diesem ‚long and instructive process'. Geologisches Nichtwissen war lange Zeit als kaum relevant erklärt worden. Nun wird geologisches Wissen zum ausschlaggebenden Faktor

---

[10] Nichtsdestotrotz ist es nicht zutreffend anzunehmen, dass die Gemeinden Oskarshamn und Östhammar gänzlich passiv seien: „[They] started to take advantage of their unique status as ‚willing and acceptable municipalities for the KBS concept, and successfully negotiated local benefits, such as the ‚Added Value Agreement.' Important to notice, however, is that these negotiations did not influence the technical concept, only the consequences of its implementation at a specific location." (Barthe et al. 2020: 212)

[11] Ich beziehe mich auf die englische Seite, aufgerufen im Februar 2022.

hochstilisiert. Auf der gleichen Website wird die partizipative Wende des Prozesses von SKB nicht direkt als Notwendigkeit, aber als ‚wertvolle Lektion‘
gerahmt:

> „During the process SKB also learnt valuable lessons about the importance of a posi-
> tive response to its plans from the local population. Protests took place in a number
> of places and at Almunge outside Uppsala demonstrations took place against SKB's
> drills. […] When the site identification process began in 1992 SKB chose therefore
> to base it on voluntary responses." (ebd.)

Die heutige Rahmung der Standortauswahl durch SKB kann so zusammengefasst werden: Technisch jahrelang erforscht, soll KBS an einem nach geologischen Kriterien sorgsam ausgewählten Standort eingebracht werden. Man
habe außerdem den Wert demokratischer Einbindung für einen solchen Prozess erkannt. Durch die heutige Betonung geologischer Wissenskriterien soll die
Standortauswahl zusätzlich wissenschaftliche Legitimation erhalten und gegen
Nichtwissens-Claims immunisiert werden. Dies könnte erfolgreich sein, da das
gesamtgesellschaftliche Gedächtnis kürzer zu sein scheint, als das der NGOs,
die sich kritisch zum Standortauswahlprozess verhalten. Ein spezifischer Anlass
der aktuellen Betonung geologischer Beweggründe könnte auch in der anhalten-
den Kupferkorrosions-Kontroverse zu finden sein, die das politisch exkludierte
Nichtwissen durch wissenschaftliche Claims erneut in den Fokus bringt:

> „Interesting questions arising out of the copper issue are: how has the growing contro-
> versy possibly influenced SKB's preference for Östhammar over Oskarshamn? Given
> the geological conditions in both locations could the risk for copper corrosion be pre-
> sumed higher in one of the two locations? Is the copper corrosion issue breathing
> new life in the coast versus inland debate? The critical scientists highlighting the cop-
> per corrosion issue suggest that the KBS 3 method needs to be improved by coating
> copper with an extra layer of tin or gold(!), while MKG claim the method is more
> seriously undermined. If copper has been one of the vital components out of which the
> relative liberation of the KBS project from geology has been constructed, it is interes-
> ting to ask how far the potential corrosiveness of this component is serving to open up
> the 'how' and 'where' questions of Swedish nuclear waste management once again."
> (Daoud/Elam 2012: 20)

Auch in der Berichterstattung durch (ausländische) Medien oder andere Einrichtungen wird oftmals gerade die demokratische Aufwertung des Prozesses
als Gelingensbedingung für SKBs bisherigen Erfolg angeführt, als strategische

Zäsur[12]. Diese gab es, wie dargestellt, in dieser Form nicht. *Nicht die demokratische Einbindung ‚der Zivilgesellschaft' hat in der Standortauswahl ihren Siegeszug gefeiert, sondern die gelungene Konstruktion von Nichtwissen sowie die politische Durchsetzung diesbezüglicher Claims durch SKB.*

5.1.3 SKBs strukturelle Vormachtstellung im Konfliktfeld

Proctor hält für das von ihm vorrangig in den Blick genommene *politische Nichtwissen* fest: „Ignorance is socially constructed by outright censorship (admittedly rare), by failures to fund, by the absence or neglect of interested parties, and by efforts to jam the scientific airwaves with noise. Science, public policy, and public opinion are all affected." (Proctor 1995: 13) Was bedeutet diese Einschätzung für den schwedischen Entsorgungsprozess? Im obigen Abschnitt habe ich die politischen Konstruktionsbedingungen des Nichtwissens durch die Entscheidungen SKBs im Falle der Standortauswahl rekonstruiert. In diesem Abschnitt nehme ich SKB selbst als Akteur in den Blick und zeige anhand der vier Aspekte auf, inwieweit *die Konstitution von SKB selbst zur Konstruktionsbedingung von Nichtwissen wird.* In Parallelität zum obigen Zitat untersuche ich SKB im Kontext *(1) mangelnder Sanktionsmöglichkeiten, (2) Zielkonvergenz mit Regulatoren, (3) Finanzierungsbedingungen und (4) Intransparenz.*

SKB ist rechtlich mit der Entsorgung radioaktiver Abfälle betraut und auch international nimmt sie als Berater auf die Entsorgungslandschaft Einfluss (vgl. Kåberger/Swahn 2015: 203). Ihre verantwortungsvolle politische Position verbindet sich mit ihrer Rolle als zentraler Wissens- und Nichtwissensproduzentin im Feld. Göran Sundqvist fasst diese besondere Position folgendermaßen zusammen:

„No other actor in the Swedish society has as much knowledge about the technically engineered barriers as SKB itself. Most of the knowledge is controlled by the company. SKB also has a lot of knowledge about the natural barrier; geologists are on the staff of SKB. SKB also generously supports research in the earth sciences undertaken by consultants and university scientists." (Sundqvist 2002: 17)

Wie an den obigen Fällen der Standortauswahl und der Etablierung von KBS gezeigt wurde, ist es SKB aufgrund ihrer Position immer wieder gelungen, sich gegen Kritik aus der Regierung oder Regulierungsbehörden durchzusetzen. SKB

---

[12] Zum demokratischen Mythos der schwedischen Entsorgung siehe ebenfalls Sundqvist (2002: 175 ff).

blendet dafür nützliches Nichtwissen auf und hinderliches ab. Regulierungsbehörden und Regierung, welche mit der Kontrolle und Begutachtung der Arbeit SKBs betraut sind, sollen hier als Korrektiv dienen. Wie gezeigt, ist dies oft nicht erfolgreich. Antoinette Wärnbäck et al. (2013) zeigen u.a. am Beispiel der Nicht-Erforschung der Alternative Tiefbohrlochentsorgung, dass SKB es schafft, ihre Zielvorstellungen, trotz sich über Jahrzehnte streckender Kritik und Ermahnung, durchzusetzen:

> „[I]t is clear that on several occasions the regulators demanded investigations or clarifications of various issues connected with deep boreholes. It is also clear that the regulators and the government requested: a safety analysis for deep boreholes; an R&D programme for deep boreholes; and more internal research on deep boreholes – requests that were not met by SKB." (ebd.: 2220 f)

Auch ist es SKB, trotz anfänglicher Kritik vom SKN, gelungen, das Narrativ zu etablieren, man würde im Entsorgungsprozess unter Zeitdruck stehen und müsse so schnell wie möglich den Betrieb des Endlagers aufnehmen (vgl. ebd.: 2216f). Durch dieses Vorgehen konnte SKB den zeitlichen Korridor, in dem kritische Nichtwissens-Claims angebracht werden konnten, verkleinern. Im Fall der Alternativen zu KBS wurde ähnlich wie bei der Standortauswahl ein großer Bereich irrelevanten Nichtwissen konstruiert.

1) Wie konnte dies geschehen? Einerseits fehlt es an juristischen Sanktionsmöglichkeiten, sodass zu dem Zeitpunkt, an dem bspw. durch Ablehnung des Antrags zur Errichtung des Endlagers auf SKB eingewirkt werden konnte, jahrzehntelange Forschung an ein und demselben Konzept vorausgingen (vgl. ebd.: 2242). Tomas Kåberger und Johan Swahn machen hierfür das Governance-System verantwortlich, welches entscheidende Probleme unter den Teppich gekehrt habe (vgl. Kåberger/Swahn 2015: 218): „ Not until an application for a licence for a spent fuel repository has come under review has the regulator had the power to force the industry to explain issues that may be problematic. This opportunity for questioning is much too late for the system to be effective." (ebd.)

2) Hinzu kommt, dass die Ausgestaltung des schwedischen Rechtssystems der informellen Aushandlung von Kontroversen Vorschub leistet:

> „Legislation in Sweden is seldom detailed; ‚frame-laws' are the normal case where regulative agencies are ‚free' to make flexible interpretations, concerning, for example, how safety should be interpreted in relation to nuclear power and nuclear waste. This kind of regulatory process usually prevents strong conflicts about the law, and

gives an important role to more informal advice from experts and other groups in society." (Sundqvist 2002: 61)

Wärnbäck et al. (2013) begründen den Durchsetzungserfolg SKBs mit Konvergenz der Ziele SKBs und der Regulatoren. Die hier zitierte informelle Verständigung ist einer der Aspekte, der für die Konvergenz als ursächlich angesehen werden kann. Die Gefahr erhöht sich im Entsorgungsfeld dramatisch, da es verhältnismäßig klein ist. Es ist anzunehmen, dass sich diese Lage dramatisieren wird, wenn immer mehr Länder Abstand von der Kernenergie nehmen und gleichzeitig die universitäre Ausbildung in angrenzenden Fachbereichen nicht staatlich gefördert wird, um schwindende Studierendenzahlen zu kompensieren. Empirisch wird die Größe des Feldes auch durch folgende Begebenheiten repräsentiert: Im Zuge der Befragungen der Akteur*innen, wurde ich das ein oder andere Mal mit dem Scherz konfrontiert, dass die Akteur*innen Teil der *Nuclear Family* seien – ein Rekurs auf das relativ überschaubare Feld, in dem quasi alle einander kennen. Nicht immer wird dieser Scherz wohlwollend aufgenommen, da er neben der Überschaubarkeit die damit einhergehende Problematik andeuten kann. Die sozialen Kosten, die sich aus allzu vehementer Kritik ergeben können, scheinen in einem kleinen Umfeld ungleich höher als in anderen Settings. Weitere Gründe für die Konvergenz sind die „Swedish corporatist tradition of close relationships between industry and government" (ebd.: 2222) sowie die sich daraus ergebenden beruflichen Werdegänge von Akteur*innen, die auch in den Biographien vieler Interviewter sichtbar wurden:

„State-owned industry was partly responsible for developing light-water reactor technology in Sweden and the wholly state-owned Vattenfall (originally the Royal Waterfall Board founded in 1909), has always remained the single most important reactor owner. This means that the Swedish state is the dominant owner of SKB alongside E.ON and the partly Finnish state-owned Fortum. Therefore, the Swedish state has always been both the leading agent and the leading principal in Swedish nuclear waste management and the successful careers of many individuals in the field have criss-crossed both sides of the divide since the mid-1970s" (Daoud/Elam 2012: 5).

Die Konvergenz der Ziele SKBs und der Regulatoren lässt sich anhand der genannten Beispiele belegen. Auch wenn innerhalb der Regulierungsbehörden divergierende Meinungen bestehen mögen – das Votum von SSM für KBS 2016 „veranlasste den SSM-Korrosionsexperten Jan Linder im Übrigen zu kündigen: Es sei mit seinem ‚ethischen Kompass' nicht in Übereinstimmung zu bringen" (Wolff 2018) –, sind die etablierten Weichen für SKBs spezifische Deutungen unübersehbar. Die Richtung der Anpassung erfolgt dabei meist zugunsten SKBs.

Dies gilt ebenfalls für die Konstruktionsbedingungen von Nichtwissen. Gerade die staatliche Absegnung dieser kann für den schwedischen Fall in ihrer Legitimationskraft nicht überschätzt werden. Als grundlegende Ursache für den Prozess der Parallelisierung der Meinungen zu Entsorgungsfragen führen Wärnbäck et al. „longterm shared experience and learning among government bodies" (Wärnbäck et al. 2013: 2213) an.

(3) Nichtwissen wissenschaftlich abgesichert in Wissen zu transformieren, ist eine kostspielige Angelegenheit. Gerade der Fall der Kupferkorrosions-Kontroverse macht dies deutlich, da manche der Korrosionsexperimente auf Jahre oder Jahrzehnte angelegt sind (vgl. Kapitel 6). Der Zugang zu ökonomischen Ressourcen ist daher essenziell. Eine Konstruktionsbedingung für Nichtwissen ergibt sich dementsprechend aus dem schwedischen Finanzierungsmodell der Entsorgung. Die Chance, alternatives Nichtwissen zu spezifizieren, besteht einmal durch unabhängige universitäre Forschung. Dass sich aus diesem Umfeld wetteiferndes Wissen mit Relevanz für die Entsorgung etablieren konnte, ergibt sich aber vorrangig aus dem Engagement einzelner Forscher*innen (vgl. ebd.) – ein Zustand, auf den man nicht immer hoffen kann und der unzureichend ist, um systematisch Wissenskonkurrenz zu etablieren. SKB entsteht aus dieser konkurrenzarmen Situation ein entscheidender Vorteil, dementsprechend ist es wenig verwunderlich, dass „[m]ost of the knowledge is controlled by the company" (Sundqvist 2002:17).

Eine weitere Möglichkeit der Finanzierung ist der Zugang zum ‚Nuclear Waste Fund'. Zwar finanziert dieser seit 2005 einige Umweltorganisationen, jedoch ist die Förderung konkurrierender Wissensbestände keine festgeschriebene Aufgabe des Fonds. Auch ist die Finanzierung immer nur auf begrenzte Zeit gewährleistet, sodass langfristig angelegte Projekte nicht finanziert werden können und „[i]ndependent researchers, critical of SKB, cannot use funding from the nuclear waste fund because it can only be used by the industry. There are no economic incentives offered to trace any problems with the plans." (Kåberger/Swahn 2015: 205) SKB kontrolliert dementsprechend auch ökonomisch das Wissen und Nichtwissen im schwedischen Entsorgungsprozess.

(4) Besonders kritikwürdig in Bezug auf SKBs strukturelle Vormachtstellung scheint die Verfasstheit SKBs als Unternehmen. Diese hat gravierende Auswirkung auf SKBs Möglichkeit Wissen nicht öffentlich machen zu müssen (vgl. ebd. 219f). Anders als für staatliche Einrichtungen, für die der Grundsatz des öffentlichen Zugangs zu Informationen (schwedisch: *offentlighetsprincipen*) gilt und die, sofern sie nicht explizit unter Geheimhaltung stehen, auf Nachfrage zugänglich

gemacht werden müssen. Dass dieses Recht Teil des schwedischen Selbstverständnisses ist, wurde von zahlreichen Interviewpartner*innen, egal ob für oder gegen KBS, emphatisch hervorgehoben. Dass es jedoch ohne rechtlichen Durchsetzungsanspruch wenig Kraft hat, lässt sich am Fall des Entsorgungsprozesses überzeugend darstellen.

Neben den bereits oben und bei Wärnbäck et al. (2013) thematisierten Fällen, lässt sich das folgende Beispiel als aktuellstes Kapitel in der Kupferkorrosions-Kontroverse und aktuellsten Fall strukturell ermöglichter Intransparenz verstehen. Die LOT-Experimente (Long term test of buffer materials) sind eine Reihe von Feldversuchen, die nach SKB darauf abzielen, das Verhalten von Bentonit-Ton während längerer Zeiträume, in denen er einer endlagerähnlichen Umgebung ausgesetzt ist, zu untersuchen. Ursprünglich wurden zwischen 1996 und 1999 sieben Testpakete eingelagert und nach unterschiedlicher Dauer entnommen. In den Testpaketen waren Kupferbestandteile vorhanden. Obwohl diese nicht für eine detaillierte Korrosionsanalyse vorgesehen seien, habe SKB sie so weit wie möglich auf Art und Umfang ihrer Korrosion untersucht (vgl. SKB 2020). Problematisiert wird von Seiten der NGO MKG unter anderem, dass 2019 zwei weitere Testpakete von SKB heraufgeholt wurden, ohne dies anzukündigen, und dass die Kenntnis darüber zufällig erlangt wurde:

„During a meeting organized by the Swedish Radiation Safety Authority (SSM) on October 16, 2019, to inform about the nuclear waste company SKB's new research program Fud-2019 [RD&D], the company stated – in response to a direct question from MKG – that the next experimental package had been retrieved from the LOT experiment. Later it was discovered that two 20-year old packages had been retrieved. One package remains in the experiment. There has been no information about this from the company before, nor in the research program Fud-2019. The company has also said that the results of the retrieval will not be reported until after the government has granted construction licenses both according to the Environmental Code and the Nuclear Technology Act." (MKG 2019)

SKBs Wunsch, die Ergebnisse erst nach Erhalt der Lizenz zu veröffentlichen sowie der Umgang mit LOT generell wurden vonseiten der NGOs mit einiger Kritik begegnet (vgl. ebd., 2020a, 2020b, 2021a). 2020 veröffentlichte SKB doch einen Bericht zu den 2019 geborgenen Testpaketen. Hierin sieht SKB ihre bisherige Forschung bestätigt (vgl. SKB 2020), etwas dem MKG vehement widerspricht. Inwieweit SKB zu weiterer Forschung veranlasst werden wird, ist zum jetzigen Zeitpunkt unklar. Da der Grundsatz des öffentlichen Zugangs nicht greift, müssen die Akteure auf andere Mittel zurückgreifen, um Nichtwissenstransformationen anzustoßen.

5.2 Bewertung von Nichtwissen

Im vorherigen Abschnitt habe ich dargestellt, wie Nichtwissen konstruiert wird und welche Rahmenbedingungen diesen Hervorbringungsprozess konturieren. Das so in den Blick geratene Nichtwissensangebot wird von den Akteuren beschrieben und bewertet. Die Formen, in denen diese Bewertungen auftreten und für das Feld der nuklearen Entsorgung besonders relevant scheinen, stelle ich im Folgenden dar. Die Interpretation als relevant basiert unter anderem auf der Häufigkeit und Dominanz, in der bzw. mit welcher manche Bewertungsformen von Nichtwissen vorkommen sowie der Politisierung oder Politisierbarkeit dieser Bewertungsformen. *Noch-Nicht-Wissen, Genug-Wissen* und *Geheimnis* sind die ausgewählten Formen, die hier detailliert dargestellt werden. Die beispielhaft genannten Bewertungsformen stellen dabei gleichsam Analysekategorien dar, welche im Auswertungsprozess der Interviewtranskripte gebildet wurden. Für die vorliegende Analyse sind die in Kapitel 2 dargestellten Nichtwissens-Dimensionen instruktiv. Sie beruhen auf den Überlegungen Peter Wehlings (2004, 2006a) und der Einsicht, dass diese ohne eine Betrachtung von Relevanz als weiterer Bewertungsdimension, zumindest für den hier untersuchten Zusammenhang, unzureichend wären. Auch bei Matthias Groß (2007, 2010) findet sich die Thematisierung der Handlungsrelevanz von Nichtwissen an zentraler Stelle. Dies beachtend, ergänze ich entsprechend die Bewertungsdimensionen um eine Relevanzdimension.

5.2.1 Noch nicht – die Hoffnung auf zukünftiges Wissen und die Angst vor dem Vergessen

Erst in den letzten 30 bis 40 Jahren setzen sich vermehrt Konzeptionen von Nichtwissen durch, die ein naives Verständnis von Nichtwissen als vollständig in Wissen transformierbar infrage stellen. In Anbetracht dieser verhältnismäßig jungen Entwicklung scheint es wenig verwunderlich, dass das Erbe einer Vorstellung, die von Nichtwissen als Noch-Nicht-Wissen ausgeht, in nahezu allen untersuchten Dokumenten und Interviews deutlich ersichtlich ist. *Noch-Nicht-Wissen ist nicht nur vorhanden, sondern die dominante Bewertung von Nichtwissen:*

„They started by drilling a couple of boreholes […] in the north of Sweden […]. Then they said: We can show that there are almost no fractures in these rocks. But a lot of geologists did not agree. They said that SKB had to drill through

deformation or fracture zones. They said there were a lot of
fracture zones in Sweden, but SKB had not been drilling there.
So they did. By that time, they could improve the knowledge of
geology deep down in the rock. Because it was not drilled so
deep boreholes into the rock in Sweden. So they could show what
it looked like with fracture zones." (SKB)

Dominanz bedeutet zum einen, dass Noch-Nicht-Wissen, als eher instabil konzipiertes Nichtwissen, quantitativ bedeutsam ist, zum anderen, dass eine derartige
Konzeption von Nichtwissen eine nicht zu vernachlässigende Wirkung auf das
gesamte Unterfangen der nuklearen Entsorgung hat. Wie sich diese Wirkung
vollzieht, stelle ich im Folgenden dar.

Im Gegensatz zu dominanten Konzeptionen instabilen Nichtwissens, bleiben
Konzeptionen, welche die Stabilität von Nichtwissen annehmen, die Ausnahme:
Zwar kommen Bewertungen von Nichtwissen als unhintergehbar und nicht durch
mehr Zeit oder Ressourcen auflösbar vor und könnten gerade unter Bezugnahme auf katastrophale Szenarien im untersuchten Feld große Durchschlagskraft
entfalten (vgl. Abschnitt 2.4). Solche Bewertungen als Nicht- oder Niemals-
Wissen-Können tun dies aber bisher nicht und haben es historisch auch in keiner
Weise getan, die hegemonialen Status erlangt hätte. Als mögliche Zwischenform
zwischen den Extrema des Noch-Nicht-Wissens und des Nicht-Wissen-Könnens
bietet Wehling (2001) unter Rekurs auf Faber et al. den Begriff der „uncertain
ignorance" (Faber et al. 1990, Hervorheb. NW) an. Diese bleibt jedoch in den
Wertungen der Akteure marginal. Der größte Teil des Nichtwissens wird als
Noch-Nicht-Wissen gerahmt, ohne dass andere Akteure den gleichen Nichtwis-
sensbestand als gar nicht oder niemals wissbar artikulieren würden. Dissens
ergibt sich eher aufgrund divergierender Wissensbestände oder divergierender
Relevanzeinschätzungen zu Nichtwissen.

Warum ist die Bewertung als Noch-Nicht-Wissen die bestimmend vorkom-
mende?

Dies hat meines Erachtens drei Gründe: 1) Erstens ist, wie bereits erwähnt,
die Vorstellung einer prinzipiellen Transformierbarkeit von Nichtwissen in Wissen (noch immer) die gesellschaftliche *Normalvorstellung*. Noch-Nicht-Wissen
ist gewissermaßen der Prototyp der Nichtwissenskonzeptionen. Diese Vorstellung
tritt zumeist gemeinsam mit einer normativen Präferenz für Wissen gegenüber
Nichtwissen auf (vgl. Wehling 2001: 466).

2) Zudem ist Wissen, wie es von den untersuchten Akteuren verhandelt wird,
in den meisten Fällen wissenschaftliches Wissen. Auch in der Wissenschaft ist,
trotz unterschiedlicher Nichtwissenskulturen (vgl. Wehling/Böschen 2015), die

Bewertung als Noch-Nicht-Wissen bestimmend – gerade in den naturwissen-schaftlichen und technischen Disziplinen. Dem wissenschaftlichen Wissen wird gesellschaftlich weiterhin eine hohe und in der Regel höhere Qualität sowie Über-zeugungskraft zugeschrieben als anderen Wissensformen (vgl. Krohn 2009). Das scheint auch für seine andere Seite, das *wissenschaftliche Nichtwissen* zuzutreffen. Dies hilft, die Omnipräsenz dieses Wissens und Nichtwissens zu erklären. Auch wenn in den Interviews und Dokumenten auf außerwissenschaftliche Wissensbe-stände Bezug genommen wird, so sind diese Bezugnahmen quantitativ weniger bedeutsam.

Zwar sind, wie in Kapitel 2 dargelegt, Konflikte heutzutage nur sehr selten unter alleinigem Rekurs auf wissenschaftliches Wissen zu schlichten, nichts-destotrotz bleibt der Bezug darauf nahezu unabdingbar, um sich diskursiv zu behaupten. Wissenschaftliches Wissen ist allgegenwärtig, seine Formen und Erzeuger sind heterogen wie nie (vgl. Keller 2005: 175 f). Selbst in Zeiten, in denen Begriffe wie *postfaktisch* oder *fake news* in aller Munde sind, ist dies nicht weniger zutreffend. So gibt es sowohl von Kreationisten als auch von Klimageg-nern und jenen, welche die Erde für eine Scheibe halten, immer wieder ernsthafte Bemühungen, ihre jeweiligen Weltdeutungen auch wissenschaftlich abzusichern. Selbst wenn es nur die Anmutung hat, so ist wissenschaftliches Wissen als argumentative Ressource noch immer legitimitätsstiftend. Dementsprechend wird wissenschaftliches Wissen auch von allen Interviewten herangezogen, um Gehör zu finden und Anliegen zu legitimieren. Auch dem wissenschaftlichen Nichtwis-sen wohnt eine legitimitätsstiftende Kraft inne, die nicht umstandslos in anderen gesellschaftlichen Bereichen reproduziert werden kann. Dem Bedeutungszuwachs von Nichtwissen gemäß (vgl. Wehling 2006a: 9 f) ist es daher wenig ver-wunderlich, dass auch die andere Seite des wissenschaftlichen Wissens – das wissenschaftliche Nichtwissen im untersuchten Feld – als diskursive Ressource von zentraler Bedeutung ist. Die Auseinandersetzung um die nukleare Entsorgung ist im Wesentlichen eine Auseinandersetzung um wissenschaftliches Nichtwissen.

3) Zuletzt scheint es so, dass dieses Nichtwissen von den Akteuren deshalb *en gros* als etwas Auflös*bares* und oftmals Auf*zulösendes* artikuliert wird, weil der Großteil der Interviewten ein Hochschulstudium in einem für die Problematik relevanten Bereich abgeschlossen hat. Selbst wenn nicht alle der Interview-ten tatsächlich als Wissenschaftler*innen arbeiten, so ist zu vermuten, dass die wissenschaftliche Sozialisation innerhalb einer Nichtwissenskultur länger nach-wirkt. Der Hintergrund der Akteure trägt meines Erachtens dazu bei, dass eine in der wissenschaftlichen Praxis verankerte Konzeption von Nichtwissen als

Noch-Nicht-Wissen gerade von ihnen propagiert wird. Trotz aller Schwierigkeiten ist es noch immer das Geschäft der Wissenschaft, Nichtwissen aufzulösen. Dementsprechend scheinen Nicht-Wissen-Können oder Niemals-Wissen-
Können – Bewertungen, die in enger Verwandtschaft mit dem von Luhmann
eingeführten unspezifischen Nichtwissen stehen – für die Interviewten weniger
relevant, wenn überhaupt existent. Befördert wird dies dadurch, dass die meisten wissenschaftlich ausgebildeten Akteur*innen einen naturwissenschaftlichen
und/oder technischen Hintergrund haben, also vermehrt aus Disziplinen stam-
men, deren Nichtwissenskulturen Nichtwissen vorrangig als Noch-Nicht-Wissen
konzipieren und weniger Kontakt mit erkenntnistheoretischen Vorstellungen zu
einem unhintergehbaren Nichtwissen haben.

Welche Konsequenzen hat die dominante Konzeption von Nichtwissen als
Noch-Nicht-Wissen? Zunächst richtet sie den Blick in die Zukunft – das tem-
porale Moment ist bereits im Namen angelegt – *noch* nicht, aber irgendwann
potenziell doch:

> „I've been here for four years now, and I had to face so many
> problems. I'm actually still working at my first problem.
> {lacht} It has to do with material science, and the biggest
> issues we have is how to prove that something is safe." (SKB)

Hier in der Gegenwart sei es weiterhin Noch-Nicht-Wissen, aber in der Zukunft
werde es nach dieser Auffassung Wissen sein. Die Zukunft taucht als Grenze
auf, die uns von Wissen trennt. Die Vorstellung von Noch-Nicht-Wissen als
temporärem Sachverhalt wird dabei sowohl prospektiv als auch retrospektiv verhandelt: Als Nichtwissen, das einmal Wissen sein wird, sowie als vergangenes
Noch-Nicht-Wissen, das bereits zu Wissen wurde.

Die prospektive Komponente beinhaltet also stets den Verweis auf zukünftiges Wissen und damit das Versprechen bzw. die Gewissheit, dass die zu lösende
Herausforderung auch tatsächlich lösbar ist. Eine solche Auflösbarkeitsvorstel-
lung kann allerdings nicht auf jedes Nichtwissen projiziert werden – oder anders
ausgedrückt: Nur solches Nichtwissen kann als Noch-Nicht-Wissen bewertet werden, welches tendenziell auflösbar scheinen kann. Auch dies trägt zur Dominanz
dieser Nichtwissensform bei, beachtet man, dass die Lösbarkeit der Aufgabe
Endlagerung im Interesse der meisten Akteure liegt. SKBs Wissenspraxis ist
in weiten Teilen durch eine ausgeprägte Bearbeitungsgewissheit gekennzeichnet.
Noch-Nicht-Wissen, das bis zur Realisierung des Endlagers transformiert werden
soll, wird lediglich als *Detail* bewertet:

„So there are still things to be proven until we… (Such as
what?) It's all these small scientific questions that have
to be sorted out before… It's not like we have to change the
design. It's all the small details that have to be sorted out.
Well, all the details." (SKB)

Die in den Konzeptionen von Noch-Nicht-Wissen angelegten Auflösbarkeitsvor-
stellungen lassen sich auf unterschiedliche Arten strategisch nutzen: Zunächst
kann das ‚noch nicht' zur Beruhigung eingesetzt werden, wenn ihm ein (impli-
zites) ‚aber bald' hinzugefügt ist: „It's not like we have to change the
design." (ebd.) Auch ein hinauszögerndes ‚noch nicht' ist auffindbar, das zwar
nicht versucht Relevanzbehauptungen zu widerlegen, aber auf Zeit spielt und
somit Pfadabhängigkeiten das Wort redet sowie Narrativen der Dringlichkeit
entgegensteht:

„(Do you think that some important questions still need to be
answered?) Yes. However, I think we might not get these answers until we have decided on a final site. So I think we might
not get any more answers today but would need to proceed with
the process to get these answers." (Gemeinde Östhammar)

SKB macht diese Bewertung in vielen Fällen strategisch für sich nutzbar. Jedoch
wird die prinzipielle Bearbeitbarkeit von Nichtwissen nicht von allen Akteuren
als ausreichend empfunden. Es wird problematisiert, eine Entscheidung zu treffen,
ohne über das als notwendig verstandene Wissen zu verfügen:

„(Has the problem that KBS 3 should present an answer to
been sufficiently comprehended?) I don'tknow. SSM is talking
about the process proceeding step by step. Right now, they
don'thave the answers, they come later in the process. That
may be a problem." (Gemeinde Östhammar)

Der retrospektive Aspekt hingegen legitimiert die eigene Arbeit mit erfolgreichen
Beispielen aus der Vergangenheit und suggeriert so weiterhin Sinnhaftigkeit des
Unterfangens. Die Nichtwissenskonzeption des Noch-Nicht-Wissens unterstellt
somit zum einen Bearbeitungsgewissheit und liefert dieser zum anderen durch
den Verweis auf eine Erfolgsgeschichte ihre Rechtfertigung:

„When KBS 3 was first presented and established, it was more
or less an assumption that we could do the appropriate welding
of the lid. Then it actually took ten years to really develop

```
the welding technology and to be able to demonstrate in full
scale that we could do it." (SKB)
```

Aufgrund ihrer inhärenten Zukunftsausrichtung bietet sich eine Bewertung als Noch-Nicht-Wissen an, um Fortschrittserzählungen durchzusetzen. Sowohl die Vorstellung von Auflösbarkeit als auch die Allgegenwart von Nichtwissenserzählungen als Erzählungen von Noch-Nicht-Wissen tragen dazu bei, Noch-Nicht-Wissen zudem zu entdramatisieren.

In diesem Zitat, wie auch an vielen anderen Stellen in den Interviews taucht der Untergrund – das Wirtsgestein, in das die Abfälle verbracht werden sollen – als Hort des Noch-Nicht-Gewussten auf. Gemäß der bergmänn*fräuischen Weisheit „Vor der Hacke ist es duster" wird der Untergrund als ein Ort des Nichtwissens konzipiert, als physisches Reservoir an potenziellem Wissen. Diese Grenze muss nach dem Dafürhalten von SKB und anderen Befürwortern erst durchbrochen werden, um im Prozess voranzukommen und neue Fragen und Probleme zu generieren. Deren Bearbeitung ermögliche dann das Gelingen der Endlagerung:

```
„I think we have to start building the repository. Because
I think that the new questions we might ask will not really
appear before we have come in touch with the concrete problems
while doing the excavation and building the repository."
(Gemeinde Oskarshamn)
```

Der Blick schweift nicht nur Richtung Zukunft, wenn es um die Auflösbarkeit von Nichtwissen geht. Eine Vorstellung, die sich in der Zukunft realisieren könnte und von allen Akteursgruppen problematisiert wird, ist die *Möglichkeit des Vergessens*, eines *Nicht-Mehr-Wissens*. Dieses ist schon sprachlich ein Pendant zum Noch-Nicht-Wissen und kann zudem mit ähnlichen Konzeptionsaspekten aufwarten: Auch hier ist die Stabilität angesprochen, zwar die von Wissensbeständen und nicht die des Nichtwissens, jedoch schwingt bei beidem die Bearbeitungsgewissheit mit. Die Gegenwart wird entproblematisiert und entdramatisiert, indem die Zukunft zum relevanten Ort wird: Einmal wird eine gegenwärtige Zukunft (vgl. Luhmann 1984: 399 ff) durch die Konzeption des Noch-Nicht-Wissens als Ort gedacht, an dem von mehr Wissen auszugehen ist. Zudem ist sie der Ort, an dem das heutige Wissen vergessen sein könnte:

```
„So what we started to discuss is that people might quite soon
lack competence in terms of both nuclear radiation and nuclear
waste. So what would be very scary in the future, that in 100
```

```
years we might have lost all the knowledge we have now. Because
there wouldn'tbe anyone left who takes the responsibility to
educate people. And we should think about what we are educa-
ting them for. Someone spends four years at university, but
where should he work? Those kinds of issues are increasingly
in discussion, and I think that could become a real problem in
the future: that we won'tremember anything." (SNC)
```

Die gegenwärtige Wissensaneignung scheint allenfalls die Langzeitprognose und Komplexität als Herausforderung zu kennen. Problematisch sei vielmehr die Bewahrung des Wissens. Technische Machbarkeitsvorstellungen treffen erneut auf das Diffizile des Sozialen. Dass einmal gemachte Beobachtungen nicht mehr der Beobachtung zweiter Ordnung zugänglich sein werden, wird als zentrales zukünftiges (Nicht-)Wissensproblem diskutiert. Hier schließt auch vorrangig die phantasmatisch aufgeladene, ästhetische Auseinandersetzung mit der Entsorgungsthematik an: Filme wie „Die Reise zum sichersten Ort der Erde" (Hagen 2013) oder „Containment" (Galison/Moss 2015) beschäftigen sich in Teilen oder in Gänze mit der Frage nach dem Danach und wie das Vergessen verhindert werden solle oder könne.

5.2.2 Entscheidung trotz Nichtwissen? Die Diagnosen von Genug-Wissen

Allison M. Macfarlane und Rodney C. Ewing (2006) fragen in „Uncertainty Underground: Yucca Mountain and the Nation's High-Level Nuclear Waste": „Is the Earth system understood well enough to make predictions about the future behavior of radioactive waste emplaced into rock? And can the models that provide these predictions be verified or validated?" (ebd.: 393) Daraus ergibt sich für sie die zentrale Problemstellung, die in die Frage mündet: „[I]f the answer to these two questions is no, then how can a nuclear waste repository site be evaluated?" (ebd.) Macfarlane und Ewing nehmen aufgrund ihrer kritischen Haltung zur Möglichkeit von Prognostik und im Popper'schen Geist an, dass die Antworten ‚Nein' lauten müssten. Doch wie lautet die Antwort von SKB, deren Selbstverständnis nicht lediglich eine Evaluation des Standorts Forsmark beinhaltet, sondern die Errichtung eines sicheren – sogar ‚absolut sicheren' – Endlagers? Es besteht in SKB zunächst Einigkeit darüber, dass sich das Unternehmen aus Verantwortungsgründen seiner Sache gewiss sein muss und dass dies nicht immer einfach war oder ist:

„And you can base that only on being absolutely sure that
things remain stable. E.g., you have to be sure that the corrosion mechanisms that could corrode the canister are limited.
This has been one of the longest discussions." (SKB)

Nichtsdestotrotz besteht ebenfalls Einigkeit darüber, dass es nun an der Zeit sei,
den Prozess weiter voranschreiten zu lassen. Nicht alle interviewten Akteure
von SKB behaupten, das gesamte relevante Nichtwissen in Wissen transformiert
zu haben. Aber alle Befragten sind sich einig, dies zumindest für die nächste
Prozessphase – den Baubeginn – getan zu haben:

„(So are there still any questions, doubts or fears left in
the public?) No. Not many. No. The questions they ask now is
what the Environmental Court will say. Because SSM has said:
This is okay. We can start implementing this project. So there
are no doubts in that respect. As I said earlier, the research
wouldn't stop, the work wouldn't stop. But what the municipa-
lity is now at is listening to the safety authority. Anyway,
this is now safe enough to start the project." (SKB)

Sie behaupten genug Wissen zu haben und vollziehen damit eine Bewertung
von Nichtwissen. Das Konzept des *Genug-Wissens* als ein Ergebnis der Analyse
des empirischen Materials erweitert die theoretische Diskussion zu Nichtwissen dahingehend, dass es Wehlings Bewertungsdimensionen (vgl. Wehling 2004)
sinnvoll ergänzt. Zwar stellt Genug-Wissen zunächst einen Verweis auf Wissen – oder zumindest auf dessen Ausreichen hinsichtlich des zu bearbeitenden
Problems – dar. Gleichwohl ist damit eine spezifische Form des Zugriffs auf
Nichtwissen verbunden, bei dem dieses entweder komplett negiert oder als voll-
kommen irrelevant abgeschrieben wird. Die seltenere Deutung, dass es gar kein
Nichtwissen gäbe, ist eine, die vor dem Hintergrund von Luhmanns Einsicht, dass
Nichtwissen stetig mit Wissen einhergeht und es sogar immer weiter übersteigt
(vgl. Luhmann 1992: 155 ff), fraglich scheint.

Als irrelevant wird das bestehende Nichtwissen deswegen angenommen, weil
es dies entweder schon immer gewesen sei oder das relevante Nichtwissen in seiner Gesamtheit bereits bearbeitet und in Wissen transformiert worden sei. Damit
treten Bewertungen dieses Nichtwissens auf den von Wehling vorgeschlagenen
Dimensionen in den Hintergrund, die Bewertung auf der Relevanzdimension hingegen in den Vordergrund. Die in Kapitel 2 eingeführte Dimension der Relevanz
ist unabdingbar dafür, die von den Akteuren vorgebrachte Bewertung als Genug-
Wissen zu beschreiben. Die einzelnen, durch den Verweis auf Genug-Wissen

verdrängten Nichtwissensinhalte, mögen in den Dimensionen Wehlings jeweils
eigene Bewertungen erfahren. Dadurch, dass der ganze Nichtwissensinhalt jedoch
als irrelevant gekennzeichnet wurde, spielt es keine Rolle mehr und muss auch
nicht mehr thematisiert werden, wie viel Wissen über den Inhalt existiert oder in
welchem Grade er auflösbar wäre. Festzustellen bleibt weiterhin, dass die Frage
nach der Intentionalität, also ob der Nichtwissensinhalt gewollt ist und sich demgemäß mit Auflösungsansprüchen konfrontiert sähe, durch die Kennzeichnung als
irrelevant abgewiesen werden kann. Auch die Legitimität der Auflösungsansprüche wird durch diese Kennzeichnung negiert. *Das originelle an einer Proklamation*
von Genug-Wissen ist also, dass es die anderen Dimensionen (Wissen über Nicht-
wissen, Intentionalität, Stabilität) irrelevant stempelt, indem es das Nichtwissen
allgemein als irrelevant konzipiert.

Wenn man von Genug-Wissen spricht, muss man auch die Frage stellen
‚Wozu genug?'. Genug-Wissen bedeutet in diesem Zusammenhang eine als
entscheidungsbefähigend wahrgenommene temporäre Stabilisierung des Verhältnisses zwischen Wissen und Nichtwissen sowie zwischen handlungsrelevantem
und nicht-handlungsrelevantem Nichtwissen. Die Antwort lautet also: ‚Um zu
entscheiden!':

„So of course, this is a very rare case. It is almost philoso-
phical what is happening and what the society will look like
in thousands of years. But we still have to make a decision and
deal with the knowledge we have at the time. Of course, a lot
is about the technical aspects, and we can assess that. And we
have to make a decision from the knowledge that is possible to
have right now." (Umweltgericht Nacka)

Doch in welchen Zusammenhängen werden Zugriffe auf Nichtwissen, die als
Auseinandersetzung mit Genug-Wissen auftreten, im Feld besonders wirksam?
Zunächst ist Genug-Wissen etwas, auf das alle Akteure Bezug nehmen. Die
NGOs und andere eher kritische Akteure ziehen zwar in Zweifel, dass es
erreicht wurde, bedienen sich dieser Konzeption des Verhältnisses von Wissen
und Nichtwissen aber ebenso:

„[T]hey primarily said: There is no alternative to the KBS-
3 method, that's it. That was not agreed to by the court and
the regulatory body. And the regulatory body has driven SKB
in this case to do some extra work on deep boreholes in order
to modernize the texts which were not up to the best available
standards when they made the application. Of course, the regulatory body has been asking SKB a lot of questions on a number

of issues, and there was a lot of exchange about this. They can
only get this much information. If SKB is not going to answer,
if they don'twant to make any research, that's it, because the
regulatory body cannot force them to do so. All it can do is
say: Well, then we don'tgrant you the license. But then the
people will say: We've worked on this for 35 years, how can
we stop it now? Then you have political instead of scientific
decision-making." (NGO)

Eine prinzipielle Unerreichbarkeit im Sinne der unmöglichen Transformation
allen Nichtwissens in Wissen, wie sie Luhmann beschreibt (vgl. 1992: 155 ff),
wird zwar von nahezu allen Akteuren anerkannt:

„(Do you think there are important questions that still need
to be answered?) That depends on how deep you want to dig. If
you put a bunch of scientists together to look at something,
they always dig deeper and deeper and deeper., I want to look
at this, too. This could be something.'" (SKB)

– *You can always dig deeper.* Jedoch gibt es Akteure innerhalb von SKB, die
zumindest das relevante Nichtwissen als soweit inexistent annehmen, dass sie
sich zu Aussagen wie dieser hinreißen lassen: „There is absolutely no risks
involved in KBS." Die Aussage wurde von einem SKB-Mitarbeiter auf der
Abschlusskonferenz des deutschen, vom BMBF geförderten, Projekts ENTRIA
(Entsorgungsoptionen für radioaktive Reststoffe: Interdisziplinäre Analysen und
Entwicklung von Bewertungsgrundlagen) getätigt. Es entbehrte nicht einer gewissen Ironie, dass die zuvor Vortragende sich explizit über die Unmöglichkeit
solcher Absolutheitsaussagen geäußert hatte und dass andere SKB-Kolleg*innen
sich in den Interviews wesentlich verhaltener zeigten:

„[T]he biggest issues we have is how to prove that something
is safe. Or how do you prove that you can disregard an effect of
something? Because in science, you can'tprove anything. You
can disprove things." (SKB)

Auch wenn sie dies an anderer Stelle wieder zurücknahmen:

„The biggest things we do is sort of analysing and trying to
prove that the copper lasts for the whole long time. Then there
are safety margins. (In the beginning, you said you cannot

```
prove anything, you can just disprove things.) That's a scien-
tific principle. But of course, what we do is to put up models
which help us assess this." (SKB)
```

Hier scheint auf, dass es innerhalb von SKB sehr unterschiedliche Wahrnehmungen dazu gibt, *wofür* oder *worüber* denn Genug-Wissen bestehe. Während
mindestens eine*r der Akteur*innen auf einer öffentlichen Konferenz absolute
Risikofreiheit behauptet, zeichnet die Mehrheit in den Interviews ein konserva-
tiveres Bild, das Genug-Wissen für den Übergang in die nächste Prozessphase
annimmt.

Relevant ist die Bewertung als Genug-Wissen für die aktuelle Prozessphase:
Mit ihrer Zustimmung oder Ablehnung von KBS haben die untersuchten Akteure
signalisiert, ob sie die Genug-Wissen-Diagnose SKBs und SSMs teilen. Für das
Umweltgericht in Nacka traf dies nicht zu (vgl. MKG 2018c) und auch der
SNC äußert sich kritisch. Die Gemeinde Östhammar und die Regierung hingegen
haben sich für KBS ausgesprochen. Wie weit die Meinungen dazu, was *genug*
sei, auseinandergehen, wird besonders im Hinblick auf die Kupferkorrosions-
Kontroverse gegenwärtig. SKB sieht diese Kontroverse als etwas Vergangenes an,
die kritischen Stimmen jedoch sehen das letzte Wort hier noch nicht gesprochen.

Ein weiterer Aspekt für den SKB Genug-Wissen annimmt, ist jener der
alternativen Konzepte. Von besonderer diskursiver Relevanz scheint hier die
Alternative der Tiefenbohrlochlagerung, die von den NGOs verstärkt in die
Diskussion eingebracht wird und beispielsweise von den USA weiterhin als Möglichkeit beforscht wird. SKB meint, man habe ausreichend genug geforscht, um
diese Alternative auszuschließen:

```
„So that's something that is misunderstood sometimes- that
KBS is something SKB developed in the mid-70s, that they are
stuck with it. That's due to their lack of imagination. But
it's not true. And also that before we put a lot of effort into
KBS 3, we had a very broad alternatives study. Deep boreholes
were one of them. And this regarded all issues that were cou-
pled with difficulties we considered to be not acceptable for
handling such waste. Hence the rejection of deep boreholes."
(SKB)
```

Die NGOs hingegen nehmen an, dass das relevante Wissen fehle, um zu einer
solchen Entscheidung zu kommen. Die Akteure sind sich einig, dass das Problem
der nuklearen Entsorgung gelöst werden muss, trotz bestehenden, vielleicht niemals in Wissen überführbaren Nichtwissens. Wann oder ob bereits genug Wissen

vorhanden ist, um den Entsorgungsprozess weiter voranschreiten zu lassen und irgendwann zu einem Ende zu führen, darüber besteht keine Einigkeit. Das Fehlen diesbezüglicher Kriterien scheint ein essentielles Manko der schwedischen Entsorgung.

Ein in der theoretischen Diskussion vernachlässigter Aspekt dieser Problemlösung ist das *Verhältnis der Akteure zur Möglichkeit oder Unmöglichkeit der Revidierbarkeit ihrer Entscheidung*: Welche Rolle spielt Genug-Wissen hier? An dieser Stelle kommt das Konzept des Monitorings als kontrollierte Überwachung der Endlagerung vor und/oder nach dem Verschluss der Anlage zum Tragen. Zwar wird Monitoring in seiner Beziehung zum Konzept des Genug-Wissens aktuell in Schweden nicht offensiv diskutiert, aber da nicht ausgeschlossen ist, dass sich dies zu einem späteren Zeitpunkt ändern könnte. Monitoring oder der Verzicht darauf erscheinen als wichtige Problemstellungen mit großer Relevanz für die künftige Forschung zu Nichtwissen sowie für das empirische Feld des Endlagerkonflikts. Der Verzicht auf Monitoring bedeutet einen Verzicht auf Wissen, als auch Akzeptanz von Nichtwissen, welches als nicht notwendigerweise wissenswert bewertet wird.

Wie also sehen bei den Akteuren die Positionierungen zum Wissensverzicht aus und verlangt das Problem nuklearen Abfalls nach einer nicht revidierbaren Entscheidung, obschon es selbst das höchst problematische Ergebnis einer solchen ist? Wobei bei der Beantwortung dieser Frage besonders das Vorgehen *nach* Verschluss interessant ist, da es, wie angedeutet, andere technische Herausforderungen beinhaltet. Diese Form des Monitorings ist nicht in allen Ländern vorgesehen, so z.B. nicht in Schweden, in Deutschland hingegen schon. In Deutschland war und ist die Frage nach dem Danach und der möglichen Rückholbarkeit oder Bergbarkeit des Abfalls ein bestimmender Diskursgegenstand. Obwohl hier, wie auch in Schweden, Monitoring selbst als Risikofaktor diskutiert wird, riet die deutsche Endlagerkommission (2016) dazu, über die nächsten 500 Jahre Daten über den Zustand des nuklearen Abfalls zu erheben. Dies kann als ‚Ja' zum Wissen, als eine Präferenz für Wissen gegenüber Nichtwissen gedeutet werden. Schweden hingegen hat seine Prioritäten anders gesetzt und will anders vorgehen:

> „(What happens if new findings come up and change anything?) Technically, you could retrieve the waste if you want to. This is not the intention in the Swedish programme. By law, we have to develop a concept of a final repository that would not need societal monitoring. But we don'twant to make it harder for future generations. If for any reason- and we don'teven have to speculate- they would like to retrieve that waste,

```
we don'twant to make it impossible for them. At a certain
cost, they should be able to do that- with a lot of planning
and effort. But it should be possible. And KBS 3 offers that
possibility. That's possible." (SKB)
```

Während also in Deutschland Monitoring eine nicht zu vernachlässigende Rolle bei der Planung spielt (vgl. BMU 2010), ist ein derartiges Verfahren für Schweden nicht angedacht. Zwar richtet sich SKB nicht explizit gegen Monitoring, sieht es jedoch auch nicht als Teil ihres Auftrags zur Entwicklung eines Entsorgungskonzepts – auch in diesem Bereich gibt es aus dem Umfeld der NGOs divergierende Meinungen. In der deutschen Endlagerkommission betont man hingegen: Die „Option ‚Endlagerbergwerk mit Reversibilität' erlaubt hohe Flexibilität zur Nutzung neu hinzukommender Wissensbestände. Ein Umschwenken auf andere Entsorgungspfade bleibt über lange Zeit im Prozess möglich. [S]ie ermöglicht das Lernen aus den bisherigen Prozessschritten und die Korrektur von Fehlern, etwa durch Monitoring." (Endlagerkommission 2016: 34)

Ähnlich wie auch im vorhergehenden Teil spielt der Untergrund als Wissensgrenze und Hort von Nichtwissen eine bedeutsame Rolle: Er beherberge Nichtwissen, das durch die Installation von Überwachungsstrecken in Wissen transformiert werden könnte, ebenso wie Nichtwissen, das in seiner Transformation eben dieses Wirtsgestein unbrauchbar machen könnte. Man wüsste dann zwar etwas über die Beschaffenheit der Risse im Granit, als Endlager könnte es, gerade wegen dieser, dann aber nicht mehr dienen. Wissen ist also nicht zwingend nutzbar und Nichtwissen mitunter notwendig oder gar vorzuziehen.

SKB und die Gesetzgebung gehen davon aus, dass ein Verzicht auf Monitoring ein Verzicht auf – vielleicht sogar interessantes – Wissen ist, aber auch, dass es vor dem Hintergrund der Entscheidung über KBS zu vernachlässigen sein wird. Wäre dem nicht so, müssten sie für Monitoring votieren, aber sie gehen allem Anschein nach davon aus genug zu wissen. Eine Reflexion zu den demokratietheoretischen Konsequenzen der schwedischen Entscheidung gegen Monitoring und Rückholbarkeit findet sich in Kapitel 7.

5.2.3 Geheimnisse als Nichtwissenskonzeptionen

Eine Bewertung von Nichtwissen, die besonders von den NGOs vorgenommen wird, ist die der Vermeidbarkeit von Nichtwissen. Als Akteure, die meist nicht direkt in die wissenschaftliche Wissensproduktion eingebunden sind, stehen ihnen weniger Möglichkeiten offen, das diskursive Feld, welches sich aus Deutungslinien und Unterscheidungen zwischen Wissen und Nichtwissen zusammensetzt, zu strukturieren. Eine Konzeption des Nichtwissens, welche sie vornehmen, bezieht sich daher auf potenzielles Wissen, das den Diskurs in ihrem Sinne formieren könnte. In Ermangelung eines Zugangs zu diesem Wissen, wird ein Zugang über das Nichtwissen gewählt – *das Geheimnis*[13]:

Im Geheimnis wird eigenes Nichtwissen über einen Sachverhalt als theoretisch vorhandenes Wissen konzipiert, welches anderen Akteuren (hier vor allem SKB) vorliege, von diesen jedoch nicht öffentlich gemacht werde. Der Akteur, der den Claim in den Raum stellt, es bestünde ein Geheimnis, stellt sich selbst als wissend bezüglich der Existenz eines Geheimnisses, aber als nicht-wissend bezüglich dessen Inhalts dar:

> „If the implementer has control over the money, it has no need to inform others because it's a private company. When going to the regulatory body, we can get all the information they have. As soon as SKB sends something to the regulatory body, we can read it. But they have to ask SKB to do so." (NGO)

Durch derartige Claims können Wissensinhalte behauptet oder zumindest vermutet werden, ohne diese zwingend nachweisen zu müssen. *Diese Wissensinhalte können als Ressourcen zur diskursiven Positionierung aktiviert werden, ohne dabei allzu große Spezifikationsverpflichtungen eingehen zu müssen* – es muss nicht ausbuchstabiert werden, welches Wissen genau geheim gehalten wird. Es reicht potenziell aus, darauf zu verweisen, dass Wissen existieren könnte, welches wichtigen Einfluss auf den Diskurs haben könnte.

Das Geheimnis ist dabei eine mögliche Projektionsfläche sowohl für Claims zu Wissen als auch Nichtwissen: Es könnte Wissen sein, das den vom Geheimnis ausgeschlossenen Akteuren fehlt, es kann aber auch Wissen über Nichtwissen sein, dass potenziell relevant wäre, aber aus strategischen Gründen nicht mitgeteilt wurde. Genauso bleibt möglich, dass die Geheimnisbewahrenden gar kein zusätzliches Wissen bzw. spezifiziertes Nichtwissen haben, sondern es sich bei dem Geheimnis um einen reinen Claim ohne faktische Grundlage handelt:

---

[13] Eine anders gelagerte, aber für die (Nicht-)Wissenssoziologie wegweisende Deutung des Geheimnisses findet sich bei Georg Simmel ([1908] 2013). Für seine Analyse des Geheimnisses als konstitutiv für die öffentliche und private Sphäre vgl. das Kapitel „Das Geheimnis und die geheime Gesellschaft" (ebd.: 267 ff). Weiterführende Analysen zu Simmels Deutung des Geheimnisses finden sich bei Groß (2009) und Meyer (2009).

„What SKB publishes on their website and what happens to all
the other reports that are not available: Idon'tknow. Are they
completely irrelevant, did those projects fail? Or were their
results actually good?" (NGO)

Allein die Andeutung eines Geheimnisses stiftet Relevanz für den wie auch
immer gearteten unterstellten Inhalt. *Diese Relevanz speist sich daraus, dass ein
Geheimnis als intentionales Nichtwissen konzipiert wird. Das Geheimnis stellt
sich als soziale Beobachtungsgrenze dar, deren Sozialität auch ihre Vermeidbarkeit begründet* – es müsste keine Grenze geben, wenn sich alle Akteure
auf einen transparenten Austausch über das Wissen und Nichtwissen im Feld
verpflichten würden. So können diejenigen die Geheimhaltung vermuten, überzeugend darstellen, dass das intentionale Nichtwissen einzelner Akteure nur
deshalb als solches verbleibe, *weil* es relevant sei: „Unbeabsichtigtes Nichtwissen erscheint in wissens-orientierten modernen Gesellschaften als der nicht weiter
begründungsbedürftige Normalfall, der durch mehr und besseres Wissen ‚beho-
ben' werden kann, während intendiertes Nichtwissen, sei es gewolltes eigenes
Nichtwissen oder gewolltes Nichtwissen anderer, schnell unter Legitimationsdruck geraten wird." (Wehling 2004: 72 f). Demgemäß formuliert einer der
interviewten Mitarbeitenden von SKB, wenn er das Bestehen geheim gehalte-
ner Wissens- oder Nichtwissensbestände ausschließt, Geheimhaltung sei allein in
Anbetracht der Dauer des Unterfangens Endlagerung nicht praktikabel und könne
dem Legitimationsdruck nicht standhalten:

„And again, since such a long time is involved for this, you
have to be transparent. You have to put everything on the table
because otherwise, it will be uncovered anyway." (SKB)

Des Weiteren impliziert die Konzeption als Geheimnis die Existenz von Gründen
für die Geheimhaltung. Dies lässt die Vermutung entstehen, dass ein Bekannt-
werden der unterstellt geheim gehaltenen Wissensinhalte nachteilige Wirkung für
die Geheimhaltenden hätte. Über ein Experiment, dessen Ergebnis anscheinend
für alle Akteure nicht wissbar ist, da es von SKB nicht zu Ende geführt wurde,
sagt daher ein NGO-Mitglied:

„The conclusion we draw from this is that SKB is extremely con-
cerned that if they dig up this package, there will be so much
corrosion that they cannot explain it in the safety analysis.
So that's where we are now. And because of this responsibility

```
by SKB, together with a weak regulatory body, there is nobody
who forces SKB to do their work properly." (NGO)
```

Vermutet wird hier also, dass die Praxis, die zu der Transformation von Nichtwissen in Wissen führen sollte, ein Ergebnis produzieren würde, das nicht den
Erwartungen SKBs entspräche. Diese vermiedene Produktion potenziell unerwarteten Wissens, das die Wissenskultur SKBs zu irritieren vermöge, werde gerade
deshalb als Nichtwissen aller anderen Akteure zementiert.

In der Zuschreibung von Intentionalität schlägt sich die politische Dimension
des Nichtwissens besonders stark nieder. Jemandem vorzuwerfen, Wissensbestände so abzusichern, dass sie der Beobachtung durch andere unzugänglich sind
und damit Wissenshierarchien zu etablieren und/oder zu manifestieren, ist nur
in wenigen Fällen gesellschaftlich legitim. Ein Beispiel für Fälle, in denen die
Legitimität dieser Praxis kaum oder weniger begründungspflichtig scheint, sind
solche, die Betriebsgeheimnisse und Patente betreffen. Hier setzt auch eine Kritik der Befragten aus den NGOs an – es wird darauf verwiesen, dass SKB keine
staatliche Behörde sei und damit anderen gesetzlichen Regelungen unterliege:

```
„The industry has a very strong influence on this. They even
allow for the loss of knowledge in experiments. What SKB choo-
ses to publish is clear. […] But for us, they lost their value,
because we know that they don't have to publish everything they
know. They only need to publish what they want to. It's up to
their mandate. They are an industry in Sweden. There is no
freedom of information act, which allows us to go in and check
what they have done. And whenever the regulatory body has gone
to check, they keep on fighting: Why do we have to report this?
We only write into our report what we think are the correct
results. It's completely unscientific in that respect. We see
that as very problematic." (NGO)
```

Als quasi privatwirtschaftliches Unternehmen gilt für SKB der Grundsatz des
öffentlichen Zugangs zu Informationen nicht, auch wenn sie einen gesellschaftlich bedeutsamen Auftrag haben. Gerade vor dem Hintergrund dieses Auftrags,
der kein Scheitern erlaubt, wird die unterstellte Geheimhaltung problematisiert.
Die von den NGOs formulierte Annahme, dass im Geheimnis verwobene Nichtwissen sei intentional und damit auch relevant (vgl. MKG 2019), legt den Schluss
nahe, dass es vermieden werden müsse. Transparenz als Wert werde mit dieser Praxis verletzt und die Stabilität des Geheimnisses scheint ohne rechtliche
Handhabe, ohne den Druck durch andere Akteure und ohne das Entgegenkommen SKBs gesichert. Das hier beschriebene Nichtwissen wird zwar als einfach

umwandelbares Noch-Nicht-Wissen konzipiert, welches aber aufgrund politischer Erwägungen eine beachtliche Stabilität bekommt. Diese könnte, sollte sich an den rechtlichen Rahmenbedingungen nichts ändern, dazu führen, dass es faktisch Niemals-Wissen bleibt. Ein Geheimnis ist solange stabil, wie es nicht offenbart wird. Dementsprechend kann die *Behauptung* eines Geheimnisses als Versuch interpretiert werden, das Nichtwissen, das es bezeichnet, instabil werden zu lassen.

Eine Argumentation, die von Seiten der NGOs nicht vorkommt, aber durchaus eine gangbare Erweiterung ihrer Fokussierung auf Geheimnisse darstellen könnte, ist die, dass die von allen Akteuren problematisierte Option des *Vergessens* von Wissensinhalten zu eng gedacht ist. Vergessen werden Wissensbestände, aber was ist mit dem Nichtwissen und mit Geheimnissen? Wissenserhalt allein scheint problematisch, doch was ist mit den Optionen, die angedacht oder direkt verworfen wurden? Wenn das Vergessen ein dermaßen relevantes Problem darstellt, wie es übereinstimmend artikuliert wird, so sind nicht nur die vergessbaren Wissensbestände interessant; ein Katalog des (spezifischen) Nichtwissens der beteiligten Nichtwissenskulturen könnte sich als ebenso erinnerungswürdig herausstellen. Der Forderung nach vollständiger Transparenz könnte so auch im Sinne der viel diskutierten Generationengerechtigkeit Nachdruck verliehen werden. Der Prozess der Standortauswahl macht anschaulich, wie das Vergessen von SKB strategisch genutzt werden konnte (vgl. Abschnitt 5.1.2).

Eine weitere spezifische Konstellation des Feldes, die von Akteuren der NGOs als faktische Wissensgrenze formuliert wird und Ähnlichkeit zur Nichtwissenskonzeption des Geheimnisses aufweist, ist die des *Überangebots an Wissen:*

„We find a new question, and then somebody says: I think something has been written about that 15 years ago. {lacht} So we go back and see that. Have you seen the KBS-3 documentation? (Yes, it's a lot.) It's tremendous. I don't know how many thousands of pages and thousands of reports on it. That is a problem for us. The whole application is written in a way that it is not so easy to go through and find things. Nowadays, in a pdf document, every reference just has to be clicked on to get another document. But it doesn't work like that. We have to go back to that annex and to look. If I wanted to have this document, I just click on it, and next time, I click again and get the page. With thousands and thousands of that, it is not transparent anymore. It's not up to today's technology. […] They should invest money and resources into making

```
it easier to go through it in detail, so as to be able to find
each document." (SNC)
```

Das in den angesprochenen Dokumenten enthaltene Wissen oder Nichtwissen ist als ‚hiding in plain sight‘ zu verstehen. Wissen wird zu Nichtwissen, weil zumindest ein menschlicher Zugriff auf ein Überangebot von Beobachtungen erster Ordnung die sinnvolle – oder als solche verstandene – Beobachtungen zweiter Ordnung verkompliziert. Zudem wird durch die Akteure problematisiert, dass nicht jede Information jedem Akteur in gleicher Weise verständlich ist:

```
„Journalists often said that it's so complicated. That makes
it a problem. We say: Okay, it doesn'twork, let's get into the
details. But if we do that, it gets too complicated. And SKB
can certainly argue there: You don'tunderstand the details,
but the KTH findings are definitely wrong. End of discussion.
In that respect, it's not easy." (KTH)
```

Auch diese Wissenshierarchie lässt sich als faktische Wissensgrenze verstehen. Dieses Problem stellt die Akteure gerade in Bezug zu Vorstellungen von Demokratie und partizipativer Teilhabe vor Herausforderungen, die auch in der theoretischen Diskussion zu Nichtwissen noch unterbelichtet sind. Zwar sind dies beides keine Geheimnisse im oben dargestellten Sinne, jedoch werden sie in ähnlicher Weise als Beobachtungsgrenzen gewertet und als solche problematisiert, wodurch ihnen ebenso Relevanz zukommt.

5.3 Umgang mit Nichtwissen

In den vorherigen Abschnitten wurde dargestellt, wie Nichtwissen durch die Akteure bewertet wird und welche Bewertungen sich als besonders relevant für den Entscheidungsprozess herausgestellt haben. Dies bildet, gemeinsam mit der vorhergehenden Betrachtung der Konstruktionsbedingungen von Nichtwissen, die Grundlage für den Umgang mit Nichtwissen. Wie die Akteure nun mit dem konstruierten und bewerteten Nichtwissen umgehen und es auch strategisch einsetzen, um sich im Diskurs zu positionieren, wird im Folgenden dargestellt und ebenfalls theoretisch eingeordnet. Auch in diesem Abschnitt werden Formen des Umgangs mit Nichtwissen vorgestellt, die besonders relevant scheinen, sich aber prinzipiell auch in den vorherigen Abschnitten theoretisch fruchtbar machen ließen. Der Umgang umfasst, neben der Darstellung von Strategien, auch die diskursive und institutionelle Bearbeitung von Nichtwissen. Eine tabellarische Übersicht aller, auch in den vorherigen Abschnitten und in Kapitel 6 angerissenen, strategischen Umgangsweisen findet sich in Abschnitt 5.3.4.

5.3.1 Prozessualisierung: Nichtwissen handhabbar machen

Die ursprüngliche Forderung nach *absoluter Sicherheit* über eine Million Jahre der schwedischen Regierung 1977 (vgl. Daoud/Elam 2012: 4) wirkt aus dargestellten Gründen anmaßend (vgl. Abschnitt 5.1.1). Absolute Sicherheit einzufordern oder zu behaupten, scheint einer Hybris zu entspringen, die man am ehesten dem bis in die 60er- und 70er-Jahre virulenten Forschungsoptimismus zuordnen würde. Wie dargelegt, ist jeglicher Anspruch auf Sicherheit als der Wunsch eines „Nichteintreten[s] künftiger Nachteile" (Luhmann 1993: 142) eine soziale Fiktion. Gerade deshalb benutzten nach Luhmann „Sicherheitsexperten den Risikobegriff, um ihr Sicherheitsbestreben rechnerisch zu präzisieren" (ebd.). Auch wenn im schwedischen Fall kaum jemand mehr absolute Sicherheit versprechen möchte, besteht von Regierungsseite der Anspruch, Sicherheit zu garantieren sowie vonseiten SKBs der Wille, diesem Anspruch zu genügen. Eine der bedeutsamsten Umgangsformen mit der Komplexität des Unterfangens der Entsorgung des radioaktiven Abfalls und dem daraus erwachsenden Nichtwissen, welche sich maßgeblich aus dem Ewigkeitsanspruch an die Sicherheit eines Endlagers ergibt, ist die *Installation eines rechtlich festgeschriebenen Prozesses*. Wie sich in der Analyse des Datenmaterials herausstellte, ist diese Umgangsform weit mehr als die Garantie von Klagerechten durch einen Rechtsstaat.

Auf mindestens vier Ebenen schafft es die Konstitution der Entsorgung als stufenweiser Prozess, den Zugriff auf Nichtwissen so zu gestalten, dass sie eine Lösung im Sinne des sich real vollziehenden Prozesses sinnvoll erscheinen lässt: 1) Die *Entdramatisierung der Komplexität*, 2) die *Institutionalisierung von Nichtwissensdeutungen*, 3) die *Suggestion von Kohäsion in Anbetracht eines gemeinsamen Ziels*, und schließlich 4) die *Proklamation von Ergebnisoffenheit*. Bevor ich mich der Darstellung der diesbezüglichen Analyseergebnisse widme, stelle ich vor, was die rechtliche Dimension des Prozesses ausmacht und wie diese von den Akteuren aufgegriffen wird.

Der Beschreibung als Prozess schließen sich alle Akteursgruppen an. Dies ist erwartbar, da die schwedische Bearbeitung der Endlagerproblematik als Untergliederung in verschiedene Prozessphasen[14] rechtlich festgeschrieben ist: „The

---

[14] Die deutsche Endlagerkommission differenziert in ihrem Abschlussbericht nach Etappen, Phasen und Schritten und meint damit jeweils kleinteiligere Elemente des Gesamtprozesses (vgl. Endlagerkommission 2016: 33). Eine derartige Ausdifferenzierung konnte für den

main legislation regulating the industry's work on nuclear waste is the Nuclear Activities Act [...] and the Nuclear Activities Ordinance [...]. These regulate the way in which applications for licences should be reviewed." (Kåberger/Swahn 2015: 216). Der Eintritt in die jeweils nächste Phase geschieht nur nach Genehmigung. Aktuell versucht SKB die Lizenz für den Baubeginn des Endlagers zu erhalten, aber auch für die nachfolgende Inbetriebnahme ist ein erneutes Genehmigungsverfahren vorgesehen. Eine derartige Untergliederung des Entsorgungsprozesses wird auch in Deutschland angestrebt und wurde von der Endlagerkommission 2016 in ihrem Abschlussbericht empfohlen (vgl. Endlagerkommission 2016: 33 ff). Die in den Interviews über die verschiedenen Akteursgruppen hinweg dominierende Vorstellung ist die vom Prozess als rechtlich vorgegebenem Genehmigungsverfahren, das sich ,step by step' vollziehe (vgl. SSM 2022).

1) Die Formulierung der angestrebten Problemlösung als Prozess – als gerichteter Ablauf, der sich in einem Schaubild darstellen lässt und über klar erkennbare Akteursgruppen, Zuständigkeiten sowie Prozess*schritte* verfügt – vermag es zwar nicht, die Paradoxie des Endlagerproblems aufzulösen, jedoch bietet eine solche Deutung einige Entlastungsfunktionen. Das Problem wirkt *handhabbar/er* und trotz seiner Komplexität weniger dramatisch – eine *Entdramatisierung der Komplexität* wird ermöglicht.

Auch wenn die Dramatik des Problems mitunter gerade von SKB hervorgehoben wird –

„That is the reason: the complexity of the issue to solve and not being… We don'thave anything to fall back onto. We cannot copy somebody else's solutions because we are at the forefront." (SKB)

– so scheint das Selbstbewusstsein der Befragten aus SKB, das Problem Entsorgung trotzdem sicher lösen zu können, essentiell damit zusammenzuhängen, dass das Unterfangen als ein Prozess beschrieben wird:

„(Is the KBS-3 concept accepted and just has to be carried out? If so: how?) First of all, the immediate test is now to complete the licensing process. And I'm quite convinced that we will get the necessary decisions. That is the first or perhaps most important step that the society represented by the

---

schwedischen Kontext nicht beobachtet werden, die Begriffe werden daher synonym verwendet.

government and the municipalities has a belief in that we know
how to proceed. But then it works in a way that before we really
start construction works by going underground to 500 metres,
we have to demonstrate to the safety authorities and answer
some remaining questions, having updated safety assessments
etc. Once we have asked that, we cannot take the facility into
trial operation before we have updated many of our studies,
showing that we have built it according to specifications,
and yes, it will still meet the safety requirements. So we
have many steps in front of us before we actually start real
operations. […] And then it's important not only to have this
renewed scrutiny by the regulator, but also to maintain the
relationship and dialogue with the local municipal politicians and authorities, because we have to meet their requirements and expectations. But I don'tthink that will be a big
deal." (SKB)

‚Not a big deal' – nicht zuletzt dieses Selbstvertrauen und das Wissen um ‚how
to proceed' können vertrauensstiftend wirken.

Die Zergliederung des immensen Zeitraums, für den das Endlager sicher sein
soll, also bis zu eine Million Jahre, bietet der Prozess nur bedingt an – die Befragten sprechen von maximal 100 Jahren, bis das Endlager verschlossen sein soll.
Die Zergliederung ist also nur für diesen Abschnitt kleinteilig, nach Verschluss
ist die verbleibende Phase nach bisheriger Vorstellung SKBs ohne menschliche
Eingriffe vorgesehen. Auch ein Monitoring der Abfälle ist, anders als in Deutschland, nicht vorgesehen. Ein 2021 noch einmal nachinterviewter Vertreter einer
NGO macht aber deutlich, dass dies nicht dem Wunsch seiner Organisation ent-
spreche und man diesbezüglich ggf. noch auf den Prozess einwirken könne, um
Monitoring zu ermöglichen.

Die durch diese Einteilung erzeugte Zeitstruktur scheint gerade dadurch dazu
dienlich zu sein, dass sie eine – im Kontrast zu den sonst im Entsorgungsdiskurs vorkommenden Ewigkeitsmetaphern – verhältnismäßig nahe Zukunft
beschreibt. Diese ist leichter vorstellbar und somit wirkt das Nichtwissen diese
Zukunft betreffend weniger bedrohlich und die Bearbeitungsgewissheit für dieses Nichtwissen scheint größer. Gerade das irreduzible Nichtwissen, welches im
Zusammenhang mit der Gesamtlänge der Entsorgung immer wieder aufscheint,
wird damit weiter aus dem Bewusstsein verdrängt. SKB unterstützt diese Deutung, indem sie an prominenter Stelle auf ihrer Website betont, „[o]ur generation
must take care of the Swedish nuclear waste" (SKB 2021b) – obschon der Prozess
bereits seit über 40 Jahren andauert. Mit der Betonung der Verantwortung unserer

Generation wird das Zeitdruck-Narrativ SKBs weiter unterstützt. Das Unterfangen Entsorgung müsse demnach so bald als möglich zum Ende kommen, um das Endlager zu verschließen und unserer Verantwortung gerecht zu werden (vgl. Abschnitt 5.1.3; Wärnbäck 2013: 2216 f).

Der Prozess, so wie er rechtlich festgeschrieben ist und von den Befragten gedacht wird, beschreibt nicht nur den Verlauf der Zeit seit den ersten Überlegungen zur Entsorgung des nuklearen Abfalls bis hin zur Realisierung dieses Ziels. Vielmehr ist damit gerade die *Untergliederung in Prozessphasen* gemeint, deren erfolgreiche Überwindung eine Voraussetzung für das Eintreten in die nächste Phase ist. Zum finalen Ziel des Verschlusses des Endlagers treten demnach Etappenziele hinzu, deren Erreichen die Voraussetzung dafür darstellen, auch dieses letzte Ziel erreichen zu können. Die Entscheidung für KBS wird damit letztlich zur Summe vieler Entscheidungen. Entschlüsse die Langzeitsicherheit des Endlagers betreffend, wirken dadurch weniger einschüchternd, weil sie suggerieren, *nur* Abschnitte des Prozesses zu betreffen. *Durch die Etablierung von Prozessphasen wird sowohl Komplexität bezüglich des zu bearbeitenden Nichtwissens reduziert als auch Verantwortungsdistribution bezüglich der Entscheidungen erreicht.* Die Verantwortung verteilt sich dabei nicht nur auf die einzelne Entscheidung, sondern in Anbetracht der Dauer des Prozesses, auf Generationen von Akteuren[15]. Zudem werden durch die Prozessphasen die jeweiligen Etappenziele als *Prüfungen der Entscheidungen* konzipiert. *Wobei der Erhalt der Genehmigung für die nächste Stufe mit der Sicherstellung von Sicherheit gleichgesetzt wird:*

> „If the government finds it is permissible, they will send the case back to us here in the next step. And then we will decide on what kind of preconditions… We will have to say more in detail: You will have to do this and that. We will fill the permissibility with lots of requirements in more detail, regarding technical issues and so on. That is necessary to protect the environment and so on. So the government's task is to say whether or not this is okay. So this is the process."
> (Umweltgericht Nacka)

Das hier dargelegte Verständnis von Prozess betont die Regelhaftigkeit als Grundlage des Voranschreitens. Dies wirkt entlastend und kann Systemvertrauen (vgl. Luhmann 2014) schaffen.

---

[15] Es bleibt zu untersuchen, inwieweit die Faktoren Berufsende und unvermeidliches Lebensende dazu beitragen, von Entscheidungsverantwortung zu entlasten.

Noch bestehendes Nichtwissen wird durch die Existenz von Prozessschritten, die als Sicherheitsschleusen fungieren sollen, ebenfalls entdramatisiert: Sie suggerieren, dass das Nichtwissen ausreichend bearbeitet werde, sofern es in der Phase relevant sei. In jeder Phase werde es auf seine Bedeutung hin evaluiert und im Falle eines Fortschreitens im Prozess als in Wissen transformiert oder zumindest als verbleibender irrelevanter Rest konzipiert. Auch die Entproblematisierung von Nichtwissen für eine aktuelle Prozessstufe unter Verweis auf deren implizierte Bearbeitung in der *nächsten* findet sich als Argument SKBs. Dies soll dazu dienen, im Prozess voranzuschreiten. Mitunter wird bestehendes Nichtwissen *sogar als Begründung für den Übergang* zum nächsten Prozessschritt angeführt: Beispielsweise die Undurchschaubarkeit des geologischen Untergrunds, als Argument mit dem Bau zu beginnen, um endlich auf neues Nichtwissen zu stoßen und somit den Prozess voranzutreiben (vgl. Abschnitt 5.2.1). In diesem Fall wird die Wissensgrundlage für Entscheidungen in die Zukunft verlegt und damit die klassische Deutung von Nichtwissen als potenzielles Wissen forciert. Entscheidungen auf einer solchen (Noch-)Nichtwissensgrundlage werden damit zur Entscheidung für neues Wissen stilisiert. Diese Wendung, die durch den projizierten Verlauf des Prozesses möglich wird, erlaubt einen produktiven Umgang mit Nichtwissen. Wo es vormals einer schnellen und eindeutigen Entscheidung im Weg stand, wirkt es nun als die Entscheidung ermöglichendes Element.

2) Am Übergang zwischen zwei Prozessphasen steht jeweils ein Genehmigungsverfahren, in welchem über die Sicherheit des Endlagers und die Einhaltung der Vorgaben von Seiten der Betreiber entschieden werden muss. Das Ergebnis dieses Verfahrens ist damit gleichzeitig eine Validierung der bisherigen Arbeit SKBs in Bezug auf das Endlager. Wie hier gezeigt wird, besteht diese Arbeit zu einem nicht unerheblichen Teil aus Nichtwissensarbeit, das heißt der Hervorbringung, Bewertung und schließlich dem Umgang und damit u.a. dem strategischen Einsatz von Nichtwissen. Die Genehmigung der Regierung legitimiert den von SKB vorgenommenen Zugriff auf Nichtwissen. Es findet eine *Institutionalisierung von Nichtwissensdeutungen* statt, bei der davon ausgegangen werden kann, – vor allem unter Berücksichtigung der Erkenntnisse zur Rolle von Vertrauen im schwedischen Endlagerprozess – dass diese Deutungen für die nächste Prozessphase nicht mehr in gleichem Umfang zur Diskussion stehen und gestellt werden können. Dies *unterstützt die diskursive Etablierung von Pfadabhängigkeiten*. Herausforderungen der etablierten Deutungen können stets mit dem Verweis auf die Legitimierung durch die demokratisch gewählte Regierung abgewiesen werden. Bereits etablierte Wissen-Nichtwissen-Verhältnisse werden also durch den Demokratiebezug aufgewertet. Die derartig prozessförmig organisierte Endlagerung

macht Widerspruch schrittweise immer schwieriger und damit die letztendliche Umsetzung von KBS-3 immer wahrscheinlicher.

Das Ende des Prozesses ist mit seiner Untergliederung in Phasen immer schon mitgedacht: Wenn alle Genehmigungen erteilt werden, wird das Endlager gebaut, befüllt und verschlossen. Über den Prozess zu sprechen, legt damit immer schon die Verwendung der Metaphern eines Weges nahe, der mit festem Ziel zu Ende zu gehen ist. Dies impliziert des Weiteren, dass an diesem Ende feststeht, dass alles Nichtwissen entweder aufgelöst oder irrelevant sei. Wie dargelegt, können positive Bescheide bspw. durch die Regulierungsbehörde dazu führen, das Vertrauen in den Prozess und damit in die Kontrollierbarkeit des nuklearen Abfalls zu erhöhen. Die von der Regierung bestätige Kontrollierbarkeit des Nichtwissens in der ersten Prozessphase suggeriert also die Kontrollierbarkeit des Nichtwissens in der gesamten Zeit des Einlagerungsprozesses von 100 Jahren. Wenn mit dem Verschluss der Eindruck entsteht, dass alles relevante Nichtwissen aufgelöst oder beherrschbar sei, wird vermittelt, dass auch die Sicherheit für den kompletten Zeitraum von 100.000 oder sogar einer Million Jahre etabliert sei. In Anbetracht der Gesamtzeit ist der geplante Zeitraum menschlicher Zugriffsmöglichkeiten sehr kurz. Er wird wahrscheinlich keine 100 Jahre betragen. Jedoch leistet die Prozessualisierung dieses Zeitraums einen Beitrag dazu die Gesamtzeit zu kolonisieren, Nichtwissensdeutungen zu verstetigen und das Problem Entsorgung bearbeitbarer erscheinen zu lassen.

3) Obschon die formale Gleichheit der ins Verfahren eingebunden Personen allseitig hervorgehoben wird, sehen sich die Akteur*innen ohne einen technisch-naturwissenschaftlichen Hintergrund in einer schwächeren Position gegenüber den Claims von SKB zu Wissen und Nichtwissen im Prozess – „No other actor in the Swedish society has as much knowledge about the technically engineered barriers as SKB itself. Most of the knowledge is controlled by the company." (Sundqvist 2002: 17) Daher sind Akteur*innen ohne diesen Hintergrund oftmals auf SKBs Einschätzungen und Forschungsergebnisse angewiesen und selbst wenn sie eigene Expert*innen hinzuziehen, ist ihre Auseinandersetzung mit den vorgelegten Wissensbeständen vorrangig reaktiv[16]. Umso wichtiger scheint es SKB, die Öffentlichkeit und insbesondere die Gemeindemitglieder aus Oskarshamn und Östhammar als Mitwirkende an einem gemeinsamen großen Ziel darzustellen.

---

[16] Diese Analyse hebt auf das Machtgefälle zwischen SKB und anderen Akteuren ab. Sie soll in keiner Weise die Rolle der Gemeindemitglieder als Wissensakteure marginalisieren. Diese haben sich mitunter über Jahrzehnte komplexeste Wissensbestände erarbeitet. Die Kongruenz der Ziele dieser Gruppe mit denen SKBs sowie SKBs Rolle als Stichwortgeberin sind jedoch ebenfalls nicht von der Hand zu weisen.

Zwar trage SKB die Hauptverantwortung im Prozess, jedoch ist für das Unternehmen ein großer Legitimationsgewinn aus der Prozessgestaltung zu ziehen, da die Gemeinden nach all den Anhörungen und trotz ihres Vetorechts zustimmen. Hiermit legitimieren sie auch SKBs Claims zu Wissen und Nichtwissen. Auch wenn sich dem Prozess eher kritisch gegenüberstehende Akteure äußern, so ist meist nicht die phasierte Verfasstheit des Prozesses selbst Ansatzpunkt ihrer Kritik, sondern ihr jeweils eigener Zugang und ihre Wirkmächtigkeit im Prozess:

„They had to prepare the environmental impact study. That started in 2003. Then the regulatory body was really formed in 2007 when they merged two of them together into one. [...] But at this time, we were in the consultation process. So there was no influence on SKB anymore. All the time we had had the possibility to influence SKB, it didn'thappen. So SKB came into the consultation and application process with a huge number of issues that had not been dealt with, because they said: We don'thave to do any more research on corrosion or on deep boreholes. We don'thave to examine other sites, and we won'tdo so because it's not our responsibility." (NGO)

Der Zugang zum Prozess im Sinne einer Bearbeitung der durch die NGOs vorgebrachten Nichtwissensspezifizierungen werde verweigert. Aber das Einlassen auf den Prozess erschwere es den Beteiligten, den Prozessverlauf *fundamental* zu kritisieren. Ein Einlassen auf den Prozess scheint quasi gleichbedeutend mit einem ‚Ja' zum von SKB propagierten Endlagerungskonzept. Es trifft zu, was Ulrich Bröckling zur Einlassung auf Mediationsverfahren darlegt:

„Wer [...] teilnimmt und am Ende einer Vereinbarung zustimmt, lässt diese Asymmetrien unangetastet und verschafft ihnen obendrein die Legitimation des Konsenses. Die Stärkeren profitieren davon, die Schwächeren vertraglich einzubinden, auch wenn sie ihnen dafür in einigen Punkten entgegenkommen müssen. Die Schwächeren wiederum mögen zwar Zugeständnisse heraushandeln, verzichten dafür aber auf die Option, den Konflikt eskalieren zu lassen und die Kräfteverhältnisse möglicherweise so nachhaltiger zu ihren Gunsten zu verschieben." (Bröckling 2015: 184 f)[17]

4) Zur Zeit der Erstbefragung (2015–2016) war der 2011 von SKB eingereichte Antrag zum Bau des Endlagers gerade im Review, d.h. er wurde von SSM und dem Umweltgericht Nacka auf seine Zulassungsfähigkeit geprüft. SSM führte

---

[17] Vgl. hierzu auch Wagner (2014) „Die Mitmachfalle: Bürgerbeteiligung als Herrschaftsinstrument".

diese Prüfung auf Grundlage des Nuclear Activity Act durch, das Umweltgericht auf Grundlage des Environmental Codes, der Umweltgesetzgebung. Beide
kamen zu unterschiedlichen Ergebnissen: Das Umweltgericht betonte, dass Nichtwissen bestehend und handlungsrelevant sei. SSM hingegen folgte SKB in der
Annahme von Genug-Wissen, bestätigte also, dass selbst wenn es noch handlungsrelevantes Nichtwissen gäbe, dieses auch oder überhaupt erst in der nächsten
Prozessphase aufgelöst werden könne. Mehrere Interviewpartner*innen außerhalb
von SSM ließen jedoch anklingen, dass es laut Hörensagen bezüglich dieses
Urteils zwischen der Leitungsebene von SSM und den forschenden Personen
Meinungsverschiedenheiten gäbe.

Das divergierende Ergebnis zweier sich bezüglich der Genehmigung uneini-
ger Reviews könnte als Argument dafür gesehen werden, dass das Ende des
Prozesses offen sei. Die *Proklamation von Ergebnisoffenheit* ist ein zentrales
Prozesselement. Gerade von SSM wird dieser Aspekt betont:

> „One way to go will be that the implementer provides argu-
> ments for the authorities to come to a positive decision.
> But another way could be that the implementer for some reason
> manages to get the evidence. So there is also a possibility of
> stopping the process. During the operation of the facility,
> there are requirements for reversing some of the operations,
> which makes it theoretically possible to reverse the whole
> process." (SSM)

Dieses Moment der Offenheit wirkt in Bezug auf die gewichtigen Entscheidungen ebenfalls entdramatisierend: Es suggeriert, der Prozess könne jederzeit
angehalten werden. Gesteigert wird diese Argumentation dadurch, dass nicht nur
das Unterbrechen des Prozesses als Möglichkeit angeführt wird, sondern seine
prinzipielle Beendigung und die Umkehrbarkeit bereits getroffener Entscheidungen. Neu aufscheinendes Nichtwissen sowie falsch eingeschätzte Wissens- und
Nichtwissensbestände werden damit vorwegnehmend entproblematisiert. Nichtsdestotrotz kommt man nicht umhin, das teleologische Moment der prozesshaften
Organisation anzuerkennen. Die Entscheidung für oder gegen den Bau eines
Endlagers wird in kleinere, weniger weitreichende Entscheidungen zerlegt, bis
letztendlich das subjektive Sicherheitsempfinden so groß geworden sein könnte,
dass ein Zustimmen zur Versiegelung sehr wahrscheinlich geworden ist. Inwieweit ein Abbruch oder eine Umkehr des Prozesses wirklich realisiert werden
würde, bleibt in Anbetracht der existierenden Pfadabhängigkeiten, der Dauer des
bisherigen Unterfangens, des von SSM unterstützten Zeitdruck-Narrativs SKBs
sowie der bereits investierten Milliarden fraglich. Eine befragte Person aus einer

NGO bleibt jedoch zuversichtlich, dass die Ergebnisse eines der Experimente mit
den Kupferkanistern den Prozess doch noch aufhalten können:

> „We still don'tknow the result of the copper corrosion- whe-
> ther it could stop the whole project. It is possible that if
> we dig up those copper experiments after 15 years, everything
> will be nice and flashy. And if it does, I will say: Wow, okay,
> we were wrong. I don'tthink that is going to happen. But it
> could, of course, and then they should be able to continue with
> the project. Otherwise it should be stopped."(NGO)

Die Deutung des Unterfangens als Prozess schafft es also, sowohl regelhaf-
tes Ablaufen mit einer offensichtlichen Pfadabhängigkeit zu suggerieren, als
auch durch das diskursive Offenhalten von Entscheidungen Revidierbarkeit zu
vermitteln. Das dezisionistische Moment wird durch die Betonung des Prozess-
fortschritts zugleich abgeschwächt (der Prozess läuft, es geht voran) und betont
(es ginge immer auch wieder anders). Dadurch werden Nichtwissen-Claims
sowohl stabilisiert als auch (scheinbar) demokratisch veredelt.

5.3.2   SKBs Einhegung des Sozialen in Forschung und Beteiligungspraxis

Im Folgenden stelle ich den strategischen Gehalt der wissenschaftlichen Praxis SKBs und der Einbindung der Öffentlichkeit in Bezug auf Nichtwissen
dar. Ich zeige, dass SKBs Forschung im Bereich der Geistes- und Sozialwissenschaften deshalb so überschaubar geblieben ist, weil die aus diesen
Bereichen für SKB relevante Fragen vorrangig Akzeptanzfragen sind; es geht
darum KBS durchzusetzen. In diesem Sinne wird auch die Fokussierung
naturwissenschaftlich-technischer Nichtwissenskulturen als Strategie der Ermöglichung des Entsorgungskonzepts gedeutet. Diese Nichtwissenskulturen verstehen
Nichtwissen noch immer primär als prinzipiell auflösbar und damit temporär.
SKB kann an diese Überzeugung anknüpfen und mit der Fokussierung dieser
Kulturen die Machbarkeit des Entsorgungskonzepts hervorheben. Ich stelle weiterhin dar, wie der Öffentlichkeit der Bereich der Alltagsexpertise zugewiesen
wird, um SKBs Position und Nichtwissensdeutungen weiter zu stabilisieren.
     Darin, dass die Entsorgung radioaktiven Abfalls keine *allein* wissenschaftlich-
technische Herausforderung darstellt, ist man sich über alle befragten Akteursgruppen hinweg einig. Ebenso einig ist man sich darin, dass es zwei Seiten der

Problembearbeitung gebe und diese jeweils eigene Spezifizierungen von Nichtwissen hervorbringen können – eine wissenschaftlich-technische und eine soziale. In der Außenbetrachtung des schwedischen Vorgehens durch die internationale Presse wird das starke partizipative Element des Prozesses hervorgehoben und nicht selten als Grund für den wahrgenommenen Erfolg angegeben. Der *participatory turn* der 1990er gilt als Ausgangspunkt dieser Wende, weg von einer technokratisch orientierten Standortauswahl hin zu eher deliberativen Vorgehen (vgl. Bergmans/Sundqvist 2015). Die zunehmende Bedeutung sozialer Aspekte in den letzten Jahren zeigt sich auch in der deutschen Diskussion. Die deutsche Endlagerkommission äußert sich diesbezüglich folgendermaßen:

„Die Kommission sieht in der sicheren Lagerung hoch radioaktiver Abfälle nicht allein eine technische Aufgabe. Eine bestmögliche Lagerung muss auch die soziale und kulturelle Dimension der Herausforderung berücksichtigen, damit die Kriterien und Vorschläge eine breite Zustimmung in der Gesellschaft finden und zukunftsfähig im Sinne des Prinzips Verantwortung sein können. Der von der Kommission empfohlene wissenschaftsbasierte Auswahlprozess beachtet deshalb beide Seiten" (Endlagerkommission 2016: 61)[18].

Zwar stellt auch SKB auf ihrer Homepage die Bedeutung von Wissenschaft heraus, die nicht zum Gebiet der ‚hard sciences' gehöre, also zu den Sozial- und Geisteswissenschaften:

„Creating a final repository for spent nuclear fuel not only involves hard science in, for instance, the choice of method, technological development and environmental impact assessments. Such an extensive project also affects society at large. This is why SKB funds research with a social science or humanistic focus." (vgl. SKB 2015)

Jedoch ist die sozial- und geisteswissenschaftliche Forschung der technisch-naturwissenschaftlichen von SKB allein zeitlich in keiner Weise ebenbürtig. Wird letztere seit 1977 durchgeführt, findet sich auf der SKB-Homepage für erstere nur der Zeitraum von 2004 bis 2015 (vgl. ebd.). Dies kann zunächst als Vermeidung

---

[18] Zum Projekt ENTRIA, in dem die vorliegende Dissertation entstanden ist, findet sich diesbezüglich im Abschlussbericht der Endlagerkommission folgender Kommentar: „In Deutschland hat das Projekt ENTRIA Neuland in interdisziplinärer Kooperation betreten und baut entsprechende Forschungskompetenz auf. Im Rahmen der europäischen Forschungsförderung sind mehrere interdisziplinäre Verbundprojekte durchgeführt worden. Der Aufbau interdisziplinärer Kooperation zwischen Sozial-, Natur- und Technikwissenschaften, wie sie der sozio-technischen Natur der Herausforderung der Endlagerung angemessen ist, ist erst in den letzten Jahren voran gekommen [sic] und steht immer noch eher am Anfang." (Endlagerkommission 2016: 315)

kostenintensiver Transformationsbemühungen sozial- und geisteswissenschaftlich formulierten Nichtwissens gedeutet werden. Irritierend ist dies im Kontext der durch SKBs Executive Director Sten Bjurström 1996 verkündeten Überzeugung: „[S]o far we have made strong efforts and succeeded well in the field of science and technology. This side of the process we are able to control, our experiments etc, but the social process will take time. Processes in society are much more unpredictable." (Sundqvist 2002: 17) Obschon das Nichtwissen in Bezug auf Soziales als umfassender und komplizierter zu bearbeiten eingeschätzt wurde, wurden weitere acht Jahre nach dieser Verlautbarung keine Forschungsbemühungen unternommen. Diese Art der Forschung wurde aber nicht nur wesentlich später begonnen, sie wurde auch bereits wieder beendet:

> „Even though SKB considers that this research has helped to deepen understanding of the historical and economic aspects relating to the final disposal of nuclear waste as well as public opinion on the issue, it does not at the moment intend to fund new research programmes of the same kind." (vgl. SKB 2015)

Hatte SKB noch für den Fall der Standortauswahl die Brisanz sozialen Nichtwissens hervorgehoben (vgl. Abschnitt 5.1.2), gestalteten sich die Forschungsbemühungen im sozial- und geisteswissenschaftlichen Bereich mehr als verhalten. Für den technischen Bereich hingegen betont SKB immer wieder seine Forschung fortführen zu wollen, unabhängig davon, ob der Ausgang des Reviews eine Genehmigung ihres Antrags bedeuten würde oder nicht. Was bedeutet dies für den Umgang mit Nichtwissen? Dass sich ein derartiges Ungleichgewicht in der forscherischen Intensität durch die Verfasstheit der jeweiligen Nichtwissensprobleme – technisch-naturwissenschaftliche Probleme hätten sich doch als komplizierter herausgestellt – erklären ließe, mag mit gutem Willen noch anzunehmen sein. Nichtsdestotrotz ist die Absage an jedwede weitere sozialwissenschaftliche Forschung augenfällig und wesentlich strategischer motiviert. *SKB proklamiert damit für den Bereich außerhalb von 'hard science' Genug-Wissen zu haben und alles bis dato relevante Nichtwissen in Wissen umgewandelt zu haben.* Eine eigentümlich wirkende Einschätzung, wenn man sie anderen Äußerungen von Personen aus SKB gegenüberstellt, welche die Technologie als weniger schwierig zu lösendes Nichtwissensproblem darstellen als beispielsweise die Standortauswahl – ein Prozess, bei dem soziale Argumente zu überwiegen schienen. Immerhin waren es lediglich Gemeinden, die bereits nukleare Infrastruktur besaßen, welche sich letztendlich freiwillig auf den Prozess einließen (vgl. DAEF 2016: 26 f; Abschnitt 5.1.2):

„To solve the final repository for spent fuel is actually two
issues: technology and finding the site. The latter has proven
itself to be a more difficult task to complete. So that has
been very much my area of concern in the strategic decision
analysis." (SKB)

Konkret geforscht wurde von SKB zu den Themenbereichen „socio-economic
impact, decision-making processes (governance, opinion and attitudes), psycho-
social impact and changes in the surrounding world" (ebd.) sowie zum Informationserhalt über lange Zeiträume, hierfür insbesondere zur Rolle von Sprache.
Zudem wird auf der Website zur sozialwissenschaftlichen Forschung prominent
ein *archäologisches* Projekt mit dem Titel „A hundred thousand years ahead and
ago – archaeology encounters the Spent Fuel Repository" (SKB 2015) vorgestellt.

Wenngleich unter den schwedischen Befragten Einigkeit über die Relevanz beider von ihnen ausgemachten Forschungsdimensionen herrscht, ist zu
bemerken, dass die Vorstellung SKBs davon, was die sozial relevanten Problemstellungen seien, zumindest in den Interviews von jenen anderer Akteursgruppen
abweicht. In den Interviews mit SKB stellt sich die Bedeutung der Sozialdimension weniger facettenreich dar. Soziale Herausforderungen der Endlagerung
sind aus ihrer Perspektive *vorrangig Akzeptanzprobleme, die sich aus einem
Informationsdefizit ergeben*:

„There are these groups or individuals in modern society who
have a general distrust in science and technology and the evolution of society as such. I don't think you can strive for all
people to be able to stand up and say, yes' to 100% of what we
do. The best we can do with them is that we listen to them and
do our best to show respect to them- that we don't just dismiss
them and say: Well, you don't know what you're talking about.
I think a respectful attitude to those people is the best we
can do. Hopefully, it puts us in a better position that they
find it a little bit easier to accept us and don't see us as evil
anymore." (SKB)

Diese Akzeptanzprobleme zu beseitigen, wird als notwendig für das Gelingen
des Gesamtprozesses artikuliert. Um dies erfolgreich zu tun, sei nach dem Dafürhalten der meisten Befragten Kommunikation vonseiten SKBs – im Sinne von
Informationsvermittlung an die Öffentlichkeit – notwendig. Es muss jedoch fest-
gehalten werden, dass sich eine interviewte Person aus der Leitungsebene von
SKB von der Darstellung von Kommunikation als reine Informationsvermittlung abgrenzt, indem sie dialogische Kommunikationsformen als wichtiger und

zielführender hervorhebt. Zumeist wird Nichtwissen von SKB aber nicht als Nichtwissen bezüglich sozialer Herausforderungen und Forschungsgegenstände konzipiert, sondern stattdessen als ein akteursspezifisches Problem: Diese Vorstellung SKBs entspricht einem „Defizitmodell" (Bogner 2012: 383) nach welchem lediglich eine zu beseitigende Wissenshierarchie zu Ungunsten externer Akteure bestehe, aber Nichtwissen nicht (mehr) existent sei.

Sprechen andere Befragte über die soziale Dimension der Entsorgungsproblematik, so beziehen sie sich etwa darauf, dass diese nicht einfach quantifizierbar sei: Szenarien zukünftiger gesellschaftlicher Entwicklung würden sich ebenfalls nicht überzeugend in mathematische Modelle integrieren lassen. Menschliches Handeln und Entscheiden sei nicht vorhersehbar, die Wünsche und Bedürfnisse zukünftiger Generationen ebenso nicht und daher das, was Generationengerechtigkeit sein könnte, nur eine der schwierigen ethischen Problemstellung im Feld der Entsorgungsforschung. Moniert wird von Seiten des die Regierung beratenden SNC auch die Unterbelichtung der politischen, emotionalen und affektualen Dimension des Entsorgungsproblems. Befragte aus SNC und den NGOs werfen SKB vor, diese Aspekte zugunsten technischer Forschung nicht ausreichend betrachtet zu haben:

> „(Which problems of the conception of KBS 3 were especially challenging for you?) What is happening is that we are discussing KBS 3 in a very technological way. So, every time we discussed it, it needed an awful lot of time to discuss the copper canister or the bentonite or the like. Political issues are also very important in my opinion. That is rarely on the agenda. And I think that's what we should discuss a lot, I think- even at the local level." (SNC)

Dass die Durchsetzung von KBS im ureigenen Interesse von SKB ist, wurde hier und an anderer Stelle deutlich gemacht. Wie lässt sich diese Fokussierung auf technische Fragen aus der Perspektive einer Soziologie des Nichtwissens erklären? SKB gilt den Befragten – und dies ist gesetzlich auch so vorgesehen – als die technologische Instanz im Prozess der Entsorgung. Dies wird durch ihren Fokus auf Aspekte der ‚hard sciences' aufrechterhalten. *Da Nichtwissen in diesen Nichtwissenskulturen meist als Noch-Nicht-Wissen formuliert wird, kann SKB das relevante Nichtwissen vorwiegend überzeugend als auflösbar darstellen.* Dies wiederum kann als Anreiz für SKB gesehen werden, den Fokus auf die technologischen Aspekte des Problems zu setzen. Alle anders bewerteten Nichtwissensbestände, also unspezifisches Nichtwissen, nicht auflösbares Nichtwissen oder solches, das SKB nicht auflösen will, werden durch die Deutung als Genug-Wissen marginalisiert. Als ,soziales Problem' ergibt sich daher für SKB vorrangig die diskursive Durchsetzung dieser Wissens- bzw. Genug-Wissensdeutung, wozu soziale Ressourcen, wie etwa die Anrufung und die Akquise von Vertrauen in der Öffentlichkeit und bei den Kommunen, aktiviert werden können. Dieser Aspekt wird im folgenden Unterabschnitt ausgeführt.

Die Öffentlichkeit als zu informierende Entität, deren Vertrauen in die eigenen Deutungen der Relevanz von Wissen und Nichtwissen gewonnen werden müsse, wird in gewisser Weise auch von den Befragten aus Östhammar und Oskarshamn gespiegelt:

> „Being the laymen we are, we are the public in a way. If we discuss with experts, of course they listen to us and to our arguments." (Gemeinde Östhammar)

Zwar erklären sich die Gemeindemitglieder mit einer solchen Selbstbeschreibung nicht zu Expert*innen des Sozialen, sie verzichten aber weitestgehend auf den Anspruch, bei technischen Belangen mitzusprechen, sofern sie nicht von anderen Expert*innen dabei unterstützt werden. SKB hingegen sieht sie sehr wohl in der Rolle von Expert*innen:

> „The people in those communities are experts in their own municipalities and should be treated accordingly. I think the old-fashioned way is that if you want to have industrial installations in a municipality, in the 50s, 60s, 70s, they considered the citizen as an empty bucket you have to fill with information. If you do so, they will allow and accept it. That's not the way it happens in the people's minds. What happens is that they are experts in their own right. They are other kinds of experts, not in nuclear technology. They might be teachers, doctors and so on. The minimum decency level is that they are experts in life in their community. You don'tknow anything about that, but they do." (SKB)

Durch SKB findet hier eine andere Deutung von Expertise statt als durch die befragten Gemeindemitglieder und andere Akteursgruppen: Sehen sich letztere als Laien, werden sie von SKB als Expert*innen ihrer eigenen Lebenswelt beschrieben. Hier hätten sie einen wertvollen Wissensvorsprung, der für SKB Nichtwissen bliebe, würden sie sich nicht auf einen Dialog einlassen. Obgleich in dieser Rahmung Wertschätzung mitschwingt, zementiert sie doch die Trennung der Sphäre des sozialen und des wissenschaftlich-technischen Bereichs weiter.

Kontrastierend zu einer Deutung von Problemen, wie dem der Entsorgung nuklearen Abfalls durch die STS-Forschung als „*soziotechnisches*"[19]
(Emery/Trist 1969) Problem, – also einem solchen, das durch die Wechselwirkung
der Bereiche bestimmt ist – bemühen sich die Akteure stark, eine *Abgrenzung*
zwischen den als entweder rein sozial oder rein technisch imaginierten Aspekten
des Problems nuklearer Entsorgung vorzunehmen. Dies lässt sich als Grenzar-
beit – „*boundary work*" (Gieryn 1983, 1999) – verstehen: „Boundary-work occurs
as people contend for, legitimate, or challenge the cognitive authority of science –
and the credibility, prestige, power, and material resources that attend such a
privileged position." (Gieryn 1995: 405) Diese Strategien der Grenzziehung zwischen den zwei Sphären tragen dazu bei, bestimmte Sprecher*innen aus dem
Kontext von SKB zu legitimieren und andere zumindest in einem der Bereiche zu
delegitimieren. Statusfragen drücken sich so als Fragen der Zuständigkeit aus. *Die
Rahmung aller am Verfahren beteiligten Personen als Expert*innen ihres jeweiligen Wissensbereichs hilft SKB außerdem gleichzeitig das deliberative Moment eines
Verfahrens auf Augenhöhe zu unterstreichen, ohne dabei (alte) Autoritätsansprüche
aufzugeben.*

Zuständigkeit für bestimmte Wissensbereiche meint dabei nicht nur die faktische Zuständigkeit als Behörde o.ä., sondern auch die auf diskursiver Ebene
relevante Zuschreibung von Sprechfähigkeit zur komplexen Thematik der Endlagerung. In vielen Fällen bemühen sich die Akteure darum, die Unterscheidung
zwischen sozialen und technischen Aspekten der Endlagerproblematik zu mobilisieren. Diese Grenzziehung wird häufig dann vorgenommen, wenn es darum geht,
Zuständigkeiten sowie die Legitimität bestimmter Positionen zu markieren. Dabei
wird oftmals sowohl der Wunsch der Nicht-Wissenschaftsakteure zu sprechen als
auch deren Sprech*fähigkeit* der sozialen Sphäre zugeordnet.

Auch die Relevanz oder Irrelevanz bestimmten spezifizierten Nichtwissens
kann an die von den Akteuren vorgenommene Unterscheidung gekoppelt sein.
Personen außerhalb SKBs werden durch SKB beispielsweise oftmals als nützliche
‚kompetente Fragesteller*innen' imaginiert, deren Input meist in Abhängigkeit
zu dem von SKB bereitgestellten Wissen zu sehen ist; eine Selbstbeschreibung, welche die Gemeindemitglieder mitunter auch selbst vornehmen. In dieser
reaktiven Lesart ist Nichtwissen hier also akteursspezifisch gedacht. Die Figur
‚kompetente Fragensteller*in' kann zwar auf Lücken in deren Forschung hinwei-
sen, die Produktion eigenständigen Wissens, wird aber in dieser Rahmung nicht
mehr thematisiert. Dies verweist auf eine mögliche Schließung in Bezug auf die

---

[19] Zur Geschichte und Systematik des Begriffs soziotechnisch vgl. Nicole C. Karafyllis
(2019).

Einflussmöglichkeiten von Personen, die sich nicht beruflich mit Themen der nuklearen Entsorgung beschäftigen.

5.3.3 Nichtwissensbearbeitung durch Vertrauen

Die Entsorgung von nuklearem Abfall offenbart sich immer wieder als äußerst komplexes Problem. Für diese Komplexität scheint es keine Lösung, im Sinne einer *epistemischen* Reduktion, zu geben. Zusätzliches Wissen kann die simultane Erzeugung von Nichtwissen nicht hintergehen (vgl. Luhmann 1992: 155 ff). Die prinzipielle Unabschließbarkeit von Wissensbemühungen führt dazu, dass die Akteure, wollen sie nicht in Anbetracht von Kontingenz in Stagnation verharren, irgendwann die Deutung als Genug-Wissen vornehmen müssen. Ergo muss das Unternehmen SKB, um erfolgreich seine Version einer sicheren Entsorgung durchzusetzen, zu einem Punkt gelangen, an dem es überzeugend versichern kann, genug Wissen etabliert zu haben. Zwar können mit den Mitteln naturwissenschaftlicher Forschung mathematisch Risikowahrscheinlichkeiten berechnet werden, aber die Entscheidung, welches Restrisiko akzeptabel ist, bleibt eine rein *dezisionistische und folglich eine soziale*: Es ist keine Wissensfrage, sondern eine Entscheidungsfrage, welches Nichtwissen akzeptabel ist.

Für die befragten Akteure (gerade SKB) scheint sich also durch die Etablierung ihrer Bewertung des Verhältnisses von Wissen und Nichtwissen als Genug-Wissen in der Sozialdimension ein Ausweg aus dem Dilemma der epistemischen Unabschließbarkeit anzubieten. Mit der Markierung der Schwelle des Genug-Wissens werden weitere Bearbeitungen von Nichtwissen als nicht notwendig gerahmt. Dies enthält das Versprechen den Entscheidungsmoment ohne Probleme in die Gegenwart verlegen zu können. Sofern sie zustimmen, *vertrauen* die Akteure mit der Einlassung auf die Deutung SKBs darauf, dass SKB den gesellschaftlichen Auftrag der sicheren Entsorgung erfüllen wird.

Die Deutungen als Genug-Wissen vorzunehmen oder zu akzeptieren, heißt darauf zu vertrauen, dass sie angemessen sind. Auch die Durchsetzung dieser Deutung ist im schwedischen Fall wesentlich auf Vertrauen angewiesen. Denn im „Akt des Vertrauens wird die Komplexität der zukünftigen Welt reduziert" (Luhmann 2014: 24). Im Folgenden stelle ich dar, wie aus diesem Grund Vertrauen zur Bearbeitung von Nichtwissen nicht nur von SKB eingesetzt wird, sondern als Sich-darauf-verlassen-müssen auf Seite der Kommunen vorkommt.

Der Begriff Vertrauen (engl.: *trust*) wird in allen interviewten Akteursgruppen verwendet und nimmt insgesamt einen großen Raum ein, besonders dort, wo nach der Realisierbarkeit von KBS aus Bevölkerungssicht gefragt wurde. „Das

Englische unterscheidet klarer, dass sich das Wort Vertrauen unterschiedlich deuten lässt: ‚Confidence' benennt die Erwartung, dass ein System – das der Sonne oder das der Finanzen – ohne eigenes Zutun zuverlässig funktioniert. ‚Trust' hingegen ist das personale Vertrauen, dass einem anderen Menschen das eigene Wohlergehen am Herzen liegt." (Weber 2010) Auch, wenn in den Interviews fast ausschließlich von *trust* gesprochen wird und *confidence* kaum vorkommt, so ist das mit *trust* gemeinte Vertrauen in den häufigsten Fällen als Systemvertrauen zu verstehen. Dies mag daran liegen, dass trotz der ausgezeichneten Englischkenntnisse der meisten Interviewten, diese keine Englisch-Muttersprachler*innen waren. Aber auch die Betonung der persönlichen Ebene, durch die Verwendung von *trust* statt *confidence*, findet sich in den Interviews.

Als Hauptadressaten von Vertrauen werden SKB, die Regulierungsbehörden, also SSM und das Umweltgericht Nacka, die Politik sowie die Wissenschaft oder wissenschaftliches Wissen, häufig vertreten durch Expert*innen, genannt. Selbst KBS als Methode und der Prozess in seiner Abstraktheit werden als Empfänger von Vertrauen benannt. Die Vorbedingung für Vertrauensbildung scheint in Schweden besonders gut: Gemeinhin wird Schwedens politische Kultur als besonders konsensorientiert[20] verstanden (vgl. Sundqvist 2002: 61, 178). Dies war beispielsweise im Forschungsprozess durch den verhältnismäßig leichten Feldzugang erlebbar und spiegelt sich auch in den Selbsterzählungen der interviewten Akteursgruppen wider. Nahezu alle führen die ‚schwedische Kultur' als ursächlich für die Leichtigkeit, mit der vertraut würde, an:

> „[T]hat's something where Sweden is very special: Culturally, there is a very high trust in government agencies, which you don'tfind in other countries." (NGO)

SKB hat die Bedeutung von Vertrauen als Gelingensbedingung diskursiven Erfolgs verinnerlicht und kommuniziert sie offensiv. *Das Unternehmen definiert sich explizit in der Position eines nach Vertrauen strebenden Akteurs und betont die Unabdingbarkeit von Vertrauen für den Prozesserfolg:*

> „Everybody knows about German engineering. That's not where Germany is failing. It is failing because of lacking social and political acceptance. That's why they cannot have Gorleben or a dialogue about it because there is a lack of trust between the municipalities and the people in charge. […] And

---

[20] Zur Differenzierung politischer Kultur nach *consensual'* und *adversial'* vgl. Sheila Jasanoff (1986).

```
the key can be found in a way of engaging people. Times have
really changed. What you could get away with in the 70s or
80s, you cannot get away with at all now, in times when people
can inform themselves very easily with social media and the
internet. It's become very easy to harvest information. So if
you're not out there and genuine- i.e. not just being out there
and doing lip service -, because eventually, you will be wor-
king in those municipalities for 80 years. And you don'twant
to have problems over that whole period. And you want people to
feel secure with that facility. You don'twant people to have
no sleep because they have a final repository in their vici-
nity. If they do, you don'thave a good solution. So you have
to include people into your work." (SKB)
```

Erneut wird an dieser Stelle die technische Seite der Entsorgung durch SKB entproblematisiert, indem der Problemfokus auf die Einbindung von Menschen verlagert wird: Die Probleme Deutschlands und anderer Länder lägen nicht bei den technischen Konzepten. Vertrauen ‚between the municipalities and the people in charge' bedeutet demgemäß das Vertrauen der Menschen in die von SKB ange-botene technische Lösung. Man habe, von SKB aus, auch nicht die Alternative ‚durchzuregieren', da sich die Zeiten, besonders bezüglich der Zugangsmöglich-keiten der Bevölkerung zu Informationen, geändert hätten. Deshalb sei eine auf Vertrauen aufbauende Praxis erforderlich. Erweitert wird diese Begründung durch die zeitliche Dimension: Man sei zu lange vor Ort, um Misstrauensprobleme hinsichtlich der Sicherheitserwartungen der Gemeindemitglieder zu riskieren.

Nach Luhmann ergibt sich ein Vertrauensverhältnis in Situationen, wie der hier beschriebenen, lange andauernden Vor-Ort-Sein SKBs in der Gemeinde, als naheliegende Beziehung:

> „In sozialen Zusammenhängen, die [...] durch relative Dauer der Beziehung, wech-
> selnde Abhängigkeiten und ein Moment der Unvorhersehbarkeit ausgezeichnet sind,
> findet man einen günstigen Nährboden für Vertrauensbeziehungen. Es herrscht das
> Gesetz des Wiedersehens. Die Beteiligten müssen einander immer wieder in die
> Augen blicken können" (Luhmann 2014: 46).

Dass SKB die Etablierung persönlicher Vertrauensbeziehungen ebenso ernst nimmt wie die des Systemvertrauens, lässt sich an ihrer Präsenz in den Kom-munen ablesen: „In the municipalities involved in feasibility studies, SKB has established information offices, in order to construct more positive attitudes towards a final repository of nuclear waste." (Sundqvist 2002: 17) Die Verfasst-heit der von SKB ausgewählten Gemeinden als *Nukleargemeinden*, also solchen

Gemeinden, die bereits über lange Zeit nukleare Infrastruktur besitzen, bedingt
diese Vertrauensbeziehung weiter positiv (vgl. Abschnitt 5.1.2).

Woher kommt nach SKBs Dafürhalten das Vertrauen, das es in sich gesetzt
sieht? Mehrere Befragte aus SKB betonen hier, neben der bereits lange andauernden Zusammenarbeit mit den Gemeinden, die Qualität ihrer wissenschaftlichen
Arbeit:

> „We say something, and trust is not only on the social side.
> Trust also happens in science. If something is very important:
> When we say something, of course we are biased by definition
> since it's our research. But the people who do the research
> have no dog in the fight. You would say they still have to
> get paid. But we had people working for us who did not come
> out with positive results to the question. When these people
> come to the municipalities and present their work, we actually
> gain trust for scientific results. [...] There are these rese-
> archers, they come and discuss. People are not stupid. One
> geologist always refers to himself in all his references, all
> his research. And you have 95 other geologists who have been
> working for 30, 40 years extensively with lots of publica-
> tions- and he is opposing everybody. People are not stupid.
> You don't have to tell them that this is not science. Because
> in science, you have to put your work out there for peers to
> review." (SKB)

Entgegen Robert K. Mertons Charakteristikum des Universalismus als Bedingung
echter Wissenschaft (vgl. Merton 1942), werden hier mit dem Eingeständnis von
,bias' und dem Verweis auf finanzielle Abhängigkeiten direkt Gründe für Miss-
trauenserwägungen vorweggeschickt. Es wird jedoch versucht, diesen Eindruck
mit dem Verweis auf ,people working for us who did not come out with positive
results' wieder aufzulösen. Dieser Versuch für die wissenschaftliche Redlichkeit
SKBs zu argumentieren, wird durch den Kontrast mit einem offensichtlich SKB
kritisch gegenüberstehenden Geologen[21] noch betont.

Von SKB und allen anderen Akteursgruppen wird auf Wissenschaft als
vertrauensstiftende Autorität Bezug genommen. Es ist anzunehmen, dass Wissenschaft ihre Vertrauenswürdigkeit unter anderem dadurch erhält, dass sie zum
einen noch immer als *der* gesellschaftliche Ort der Transformation von Nichtwissen in Wissen wahrgenommen wird und sie zum anderen nicht in dem Ruf steht,

---

[21] Der besagte Geologe wurde in den Interviews auch von Personen aus SSM, SNC und
NGOs als Negativreferenz angebracht.

zu blindem Vertrauen zu neigen, zumindest nicht, wenn sie dem in Mertons Wissenschaftsethos formulierten Postulat des organisierten Skeptizismus (vgl. ebd.) folgt. Nichtsdestotrotz muss SKB sich, im Falle divergierender Wissensbestände und Nichtwissensdeutungen, diskursiv behaupten (vgl. Kapitel 6).

Ein weiterer Grund, der aus den Reihen von SKB als vertrauensbildend angeführt wird, ist effektive Kommunikation von Wissensbeständen, die ohne den Druck überzeugen zu müssen auskommt. Ein Beispiel hierfür sei die Darstellung von Sachverhalten in ,full scale':

„I definitely think that being able to show things in full scale is really important to build confidence both among other specialists and not least among the public." (SKB)

Auch dass SKB der Öffentlichkeit zuhöre, ihr Wissen um die geringen Nachteile von KBS vermittelt hätte sowie der Respekt vor Minderheitenmeinungen, sind angeführte Gründe dafür, dass SKB Vertrauen entgegengebracht werde.

Luhmanns Überlegungen zu Vertrauen wurden mitunter dafür kritisiert, dass sie die Bedeutung personalen Vertrauens gegenüber der des Systemvertrauens in der modernen Gesellschaft unterschätzen würden. Eine Einschätzung, der SKB wahrscheinlich beipflichten würde und die gerade vor dem Hintergrund eines von vielen Seiten diagnostizierten Trends zur partizipativen Einbindung bei Großprojekten an Bedeutung gewinnt. Partizipative Prozesse erfordern in den meisten Fällen auch persönliche Nähe, über einen längeren Zeitraum hinweg. In der Beteiligungspraxis des schwedischen Prozesses scheinen Personalvertrauen und Systemvertrauen immer wieder zu konvergieren:

„They are other kinds of experts, not in nuclear technology. They might be teachers, doctors and so on. The minimum decency level is that they are experts in life in their community. You don't know anything about that, but they do. That has been key to the project in Sweden- also in Finland, but more so in Sweden because here, the dialogue has been more thorough and extensive than anywhere else" (SKB)

Anthony Giddens bezeichnet Situationen, „in denen sich interpersonales und systemisches Vertrauen bzw. Vertrauen in Expertensystemen begegnen, als ,Zugangspunkte'" (Evers 2018: 54): „Die Zugangspunkte abstrakter Systeme bilden den Bereich, in dem gesichtsabhängige und gesichtsunabhängige Bindungen miteinander in Berührung kommen" (Giddens 1995: 107). Diese Zugangspunkte scheinen sowohl in den durch SKB durchgeführten und rechtlich vorgesehenen

Anhörungen der Öffentlichkeit gegeben zu sein, als auch in der lokalen Präsenz
SKBs in den Gemeinden Oskarshamn und Östhammar (vgl. Sundqvist 2002: 17).
Regelmäßig angebotene Fahrten in das rund 30 Kilometer von Oskarshamn ent-
fernte Forschungslabor Äspö für Schulklassen und andere Interessierte sowie der
Besuch und die Besichtigung anderer SKB-Anlagen sind ein weiteres Beispiel
für den Versuch, derartige Zugangspunkte zu schaffen.

Auch wenn eine befragte Person aus SKB das Unternehmen stärker in der
Gunst der Öffentlichkeit sieht als die Regulierungsbehörde SSM und die Politik,
sehen sich andere aus SKB befragte Personen stärker in einem *Vertrauensgefüge*
eingebunden, in dem gerade die Behörde SSM als *Gatekeeper für das Vertrauen
in SKB* fungiert. Da SSM als Regulierungsbehörde die Claims von SKB prüfe,
wirke SSMs Zustimmung vertrauensverstärkend:

> „There are the two municipalities. And they ask questions.
> But they say: We are not experts in scientific issues. So in
> that respect, both of them say: We will rely 100% on the state-
> ment of the safety authority. And they've been saying that the
> whole time. People in the municipalities are very knowledge-
> able about KBS 3 and all the scientific issues connected to
> it. But they wouldn'twant to be the ones to determine whether
> or not KBS 3 is safe. They say their job is to ask questions.
> But they will accept the project if the safety authority and
> the Environmental Court say that KBS 3 should be implemented.
> Then they would say 'yes. So this is the way they reason. (So
> are there still any questions, doubts or fears left in the pub-
> lic?) No. Not many. No. The questions they ask now is what the
> Environmental Court will say." (SKB)

Diese Gatekeeper-Funktion ist besonders im Hinblick auf die diagnostizierte
Konvergenz der Ziele und Vorstellung SKBs und der Regulierungsbehörden
bedenklich (vgl. Wärnbäck 2012; Wärnbäck et al. 2013), da sie einen weiteren verstärkenden Effekt in der diskursiven Durchsetzung der Vorstellung SKBs
darstellen könnte. Die hier aufscheinende Einschätzung der Gemeindemitglieder als gut informierte Laien, die sich in Entscheidungsfragen KBS betreffend
zurücknehmen, deckt sich in großen Teilen mit der Selbstbeschreibung dieser:

> „Well, there hasn'treally been much debate, but there has been
> a lot of information, and a flow of information. Because it's
> not an easy thing to debate whether this or that material in
> the canister is good enough or the welding of the canister, the
> lid for the canister is good enough etc. etc. […] And again,

```
I'm coming back to the role for me and the municipality. We
have to rely on the experts here." (Gemeinde Östhammar)
```

Wie mit der nicht unrealistischen Möglichkeit eines Expert*innendissens umgegangen werden soll, beantwortet die befragte Person aus der Gemeindevertretung
von Oskarshamn folgendermaßen:

```
„Then, of course, you have to dig into the opposition's argu-
ments to see whether they are somehow valid. If you then decide
that their arguments are not correct, then you have to move on.
And you have to trust your method if you feel safe with it."
(Gemeinde Oskarshamn)
```

Die der Öffentlichkeit (durch SKB) zugeschriebene, ungenügende Wissensgrundlage (vgl. Abschnitt 5.3.2) wird im vorherigen Ausschnitt vom interviewten
Gemeindemitglied aus Östhammar als Selbstbeschreibung verwendet. Das Vertrauen, das in das von SKB bereitgestellte Wissensangebot und folglich in
SKBs Relevanzsetzung von Wissen und Nichtwissen gesetzt wird, taucht hier
und an anderer Stelle in der Formulierung ‚have to rely on' auf. Das Sich-
darauf-verlassen-Müssen lässt eine *Alternativlosigkeit in der Vertrauensbeziehung*
aufscheinen, *die dem soziologischen Verständnis von Vertrauen als Willensleistung*
zuwiderläuft (vgl. Luhmann 2014: 38 ff). Das hier konstatierte, eigene Nichtwissen führt dazu, dass Vertrauen als einzig valide Option konzipiert wird: Was
solle man sonst machen? Immerhin wird davon ausgegangen, dass das relevante
Nichtwissen nur für einen selbst Nichtwissen sei, SKB oder die Kontrollbe-
hörden hätten es hingegen als komplexes und kompliziertes Wissen vorliegen.
Damit doppeln die Akteure die Einschätzung SKBs, eines akteursspezifischen
Nichtwissensverhältnisses, in welchem SKB-Externe weniger Wissen hätten. Als
Möglichkeit der Externen, den eigenen Handlungsspielraum wieder zu erweitern, wird die Möglichkeit genannt SSM oder eigene Expert*innen hinzuzuziehen,
deren Urteil man dann allerdings wiederum vertrauen müsse:

```
„(How do you get to the point at which you decide?) We don't,
but it's SKB that has to prove that. As a municipality, we just
have to read the reports and study the material, then decide
with the help of our experts whether or not it's trustworthy."
(Gemeinde Oskarshamn)
```

– Die oben benannte Gefahr der Perpetuierung der Vorstellungen SKBs durch
die Zielkonversion bleibt im Falle von SSM aber bestehen. Wenn zudem bereits

von den Akteuren davon ausgegangen wird, dass all ihr technisches Nichtwissen für SKB als Beobachterin Wissen sei, bedeutet dies gewissermaßen eine Irrelevanzsetzung dieses Wissens für eigene Handlungen – diese können sogleich an die Expert*innen delegiert werden, da eigene Transformationsbemühungen nicht mehr notwendig seien. Aufgrund der Vermitteltheit stellt sich so immer wieder die Frage, inwieweit komplexe Problematiken partizipativ-demokratischen Prozessen überhaupt sinnvoll zugänglich sind.[22] Das ist eine Frage, die sich durch die Zunahme von Beobachtungen zweiter Ordnung (vgl. Luhmann 1991: 235 ff) in der Wissensgesellschaft ganz grundsätzlich stellt. Diese Form der Beobachtung ermöglicht Distanzgewinn, aber stellt Ansprüche an die Gewissenhaftigkeit der vorausgehenden Beobachtenden und verlangt den nachfolgenden Vertrauen ab (vgl. ebd.).

Zwar wird von Seiten SKBs und anderen (auch ausländischen Akteuren) der partizipative Prozess als Erfolgsgarant inszeniert, jedoch scheint, wie dargestellt, der deliberierbare Gehalt des Prozesses gering auszufallen, wenn der zentrale Gegenstand – KBS und das damit zusammenhängende Sicherheitsversprechen – als zu technisch angenommen wird. Sich mit dieser Thematik zu befassen und sich selbst Expertise zu erarbeiten, scheint zumindest für die Partizipierenden also ein steiniger Ausweg aus diesem Dilemma – sofern sie die nötige Zeit und Energie aufwenden können. Aber wenn man der Kritik der NGOs Glauben schenkt, so ist selbst dann der Zugang nicht garantiert: Weil SKB nicht dazu verpflichtet ist, auf Anfragen zu antworten oder einem der Zugang zur Debatte erschwert wird (vgl. Abschnitt 5.2.3). Einen weiteren Ausweg bietet SKB selbst, indem sie, wie im vorherigen Unterabschnitt dargelegt, die Gemeindemitglieder zu Expert*innen

---

[22] Luhmanns Antwort, auf die Frage, ob Partizipation grundsätzlich ein Gewinn sein kann, fällt aus einer anderen Perspektive ernüchternd aus: „Denn es liegt auf der Hand, daß nicht alle an Entscheidungen beteiligt werden können und daß bei begrenzter Eröffnung von Partizipationsmöglichkeiten an wichtigen und folgenreichen Entscheidungen die Risiko/Gefahr-Differenz eher Enttäuschungen und Unzufriedenheit produzieren wird als Einigung. (Die Einigungsmöglichkeiten liegen nur in den Variationsmöglichkeiten der normativen Regulierung und/oder in Verteilungsfragen unter den Bedingungen von Knappheit, also in den traditionellen Orientierungsmustern, aber gerade nicht in der Differenz von Risiko- und Gefahrenperspektiven.)" (Luhmann 1993: 165). Luhmann ergänzt die oben skizzierte Problematik also um die Diagnose, dass Partizipation zwar den Radius der Entscheider*innen erweitere, aber nichtsdestotrotz die Entscheidung Subjekte produziere, für die das sich aus der Entscheidung ergebende Risiko eine Gefahr darstelle. Diese Argumentationen werden zwar als notwendige Problematisierungen gewertet, sollen aber nicht als generelle Absage an Partizipation verstanden werden. Dennoch ist scheint es unabdingbar, sich mit diesen Herausforderungen demokratischer Entscheidungsfindung auseinanderzusetzen.

ihres Alltag stilisieren und die Möglichkeiten der Deliberation somit ausweitet; eine Form der Wertschätzung, die sicher auch Vertrauensarbeit leistet.

In den Interviews zeigt sich, dass die Befragten oftmals dann ihr Sprechen abbrechen, wenn sie über die Komplexität des Unterfangens Endlagerung und den, schon im Wort mitklingenden, Ewigkeitsanspruch reflektieren. Dieser Moment des Abbrechens kann soziologisch als *sacrificium intellectus* – als Opfer des Verstandes – gedeutet werden. Hier scheint es nicht länger nur um Fragen des Wissens und Nichtwissens zu gehen, sondern auch um solche des Glaubens: Ein Opfer des Intellekts, das freiwillig und bewusst erbracht wird, weil man anders nicht weiterkommt. Vertrauen nähert sich in diesen Momenten hier seiner etymologisch bis hinein ins 18. Jahrhundert gebräuchlichen Verwendung als *Gottvertrauen* (vgl. Weber 2010).

Zusammenfassend lässt sich festhalten: Vertrauen komme durch „Überziehen der vorhandenen Information zustande; es ist, wie Simmel notierte, eine Mischung aus Wissen und Nichtwissen" (Luhmann 2014: 31). Nichtwissen, im Sinne fehlender Information, wird substituiert durch Vertrauen (vgl. ebd.: 38). Im vorliegend Fall ergänzt sich dieser Prozess dadurch, dass die ‚Mischung aus Wissen und Nichtwissen' von vielen relevanten Akteuren als Genug-Wissen eingeordnet wird. Eine Alternative, verstanden als Nicht-Entscheidung, wird unter Rekurs auf die gravierenden Schadensmöglichkeiten von nahezu allen beteiligten Akteuren abgelehnt. Auch Misstrauen als funktionales Äquivalent für Vertrauen im Hinblick auf die Fähigkeit zur Komplexitätsreduktion (vgl. ebd.: 82), wird von den Befragten als Strategie im Umgang mit den Nichtwissensproblemen der Endlagerung eingesetzt (vgl. Abschnitt 5.2.3), kann *allein* aber den Handlungsbereich, beispielsweise der NGOs, nicht langfristig sinnvoll erweitern.

5.3.4 Strategischer Umgang: Tabellarische Darstellung der identifizierten Formen

Strategie (Oberbegriff)	Ausprägungsvarianten	Beispiele	Vorrangiger Anwender*in
Klassische wissenschaftliche Auflösungsbemühungen		Forschung	Alle Akteure direkt oder indirekt durch Zugriff auf Expert*innen
Ausschließungsversuch allen Nichtwissens		Rechtliche Einforderung absoluter Sicherheit	Regierung

Strategie (Oberbegriff)	Ausprägungsvarianten	Beispiele	Vorrangiger Anwender*in
Verknüpfung von Nichtwissenstransformation und Prozessfortschritt		Rahmung des Baubeginns als Aufbruch zu neuem geologischen Nichtwissen	SKB
Komplexitätsreduktion	Vertrauen: Systemvertrauen	Zustimmung der Gemeinden zu KBS institutionalisiert SKBs Nichtwissensdeutungen	SKB; SSM
	Vertrauen: Personales Vertrauen	*Sacrificium intellectus* in Anbetracht von Informationsdefizit/Komplexität/unspezifischem Nichtwissen	Gemeindemitglieder; letztlich alle Akteure
	Misstrauen (funktionales Äquivalent)	SKBs Informationspraxis als Ausgangspunkt	NGOs; Opponenten
Thematisierung/ Dramatisierung	Verweis auf bestehendes Nichtwissen	Alternativen zu KBS; Standortgeologie	NGOs; SNC; SSM
	Verweis auf intentionale Intransparenz/Geheimhaltung	NGOs Vorwurf der Geheimhaltung der LOT-Experimente in der Kupferkorrosions-Kontroverse; Vorwurf „undone science" im Bereich Tiefenbohrlochlagerung	NGOs; Opponenten
	Thematisierung von unspezifischem Nichtwissen	Katastrophenkommunikation	Kaum vorhanden
Entdramatisierung	Integration in einen Bearbeitungsprozess	Prozessstruktur mit Phasen; Verteilung von Zuständigkeiten; Proklamation von Ergebnisoffenheit: Nichtwissen erscheint handhabbarer	Regierung; Recht
	Rahmung als Noch-Nicht-Wissen	Technische Probleme; Kupferkorrosions-Kontroverse	Nahezu alle Akteure; Dominant für Technik- und Naturwissenschaft oder in diesen Nichtwissenskulturen sozialisierte Personen; SKB
	Kommunikation von Bearbeitungsgewissheit und –erfolgen	Rasante Konzeption von KBS; Kupferkorrosions-Kontroverse; Betonung jahrzehntelanger ergebnisreicher Forschung	SKB; SSM; Gemeinde Östhammar; letztlich alle, die der Baugenehmigung zustimmen werden

Strategie (Oberbegriff)	Ausprägungsvarianten	Beispiele	Vorrangiger Anwender*in
	Marginalisierung der Aktualität	Dringlichkeit wurde aufgrund von Fortschrittsoptimismus gering eingeschätzt	Regierung; Wissenschaft; SKB
	Rahmung als akteursspezifisches Problem	Wahrnehmung der Bevölkerung nach Defizitmodell	SKB; Gemeinden
	Selbst-Wenn-Argumentation	Kupferkorrosions-Kontroverse: Ergebnisse von Hultquist werden als nicht prozessrelevant gerahmt, selbst wenn sie richtig sein sollten; Selbst, wenn sie doch prozessrelevant seien, wäre das Endlager sicher; KBS als sichere Einheit qua redundanter Barrieren	SKB; SSM
	Behauptung von Genug-Wissen	Antrag auf Baugenehmigung; Endlager ohne Rückholbarkeit und Monitoring vorgesehen; Zeitdruck-Narrativ von SKB und SSM	SKB; SSM; Gemeinde Östhammar; letztlich alle, die zustimmen werden
Eingrenzung des handlungsrelevanten Nichtwissensbereichs	Irrelevanz behaupten/Ignorieren	Alternativen nicht beforscht; Behauptung Standortgeologie zu erheben sei zu aufwendig oder nie umfassend möglich; Kurzfristige sozialwissenschaftliche Forschung	SKB
	Intransparenz/Geheimhaltung	Mutmaßlich LOT-Experiment	Mutmaßlich SKB (durch Verfasstheit als Unternehmen nicht zur Transparenz verpflichtet)
	Auf-/Abblenden von Nichtwissensbereichen	Standortauswahlverfahren; Vergleichsweise oberflächliche Betrachtung von Alternativen	SKB
	Grenzobjekt etablieren	KBS wird der Ausgangspunkt nahezu aller Spezifizierungen von Nichtwissen	SKB; alle anderen Akteure qua Bezugnahme auf KBS
	Pfadabhängigkeiten etablieren	KBS; Prozessstruktur mit Phasen	SKB; Regierung; Recht
	Institutionalisierung von Nichtwissensdeutungen	Übergang in nächste Proessphase als Betätigung der Behauptung von Genug-Wissen; Finale Entscheidung	SKB; Regierung; Recht

Strategie (Oberbegriff)	Ausprägungsvarianten	Beispiele	Vorrangiger Anwender*in
Delegitimierung	SKBs Studien könnten Hultquists Claim nicht reproduzieren, daher sei er laut SKB falsch; Behauptung unwissenschaftlicher Praxis	SKB
Hierarchisierung der Evidenzproduktionsprozesse und resultierender Wissensbestände	Natürliche Analoga werden gegenüber Laborexperimenten als überlegen und repräsentativer gerahmt	SSM; SKB
Zuständigkeit durch Grenzarbeit versichern	Zuschreibung des Status Expert*in des Sozialen/eigenen Lebens an Gemeindemitglieder und Zuschreibung eigener Expertise in Technik- und Naturwissenschaft	SKB; Gemeindemitglieder

Analyseteil II: Zugriff auf Nichtwissen im bedeutendsten Nichtwissenskonflikt

6

6.1 Die Kupferkorrosions-Kontroverse

Obschon der schwedische Umgang mit der Entsorgung radioaktiven Abfalls gerade von ausländischen Beobachtern allzu oft als beispielhaft bezeichnet wird, verlief und verläuft er alles andere konfliktfrei. Ein Konflikt, der den Problembearbeitungsprozess entscheidend zu bestimmen vermochte, ist die Kupferkorrosions-Kontroverse (in der gängigen Literatur zumeist als *Copper Corrosion Controversy* bezeichnet und im Folgenden mit CCC abgekürzt). An ihr wird exemplarisch deutlich, dass gerade bei komplexen Problemlagen das Nichtwissen in seiner Bedeutung oftmals dem Wissen überlegen ist. Ihren Ursprung hatte die CCC 1986[1]. In diesem Jahr veröffentlichte Gunnar P. Hultquist, Professor für Korrosionswissenschaften an der Königlich Technischen Hochschule (KTH), seine Forschungsergebnisse zum Korrosionsverhalten von Kupfer in reinem, anoxischem Wasser. Diese Ergebnisse stellten implizit die von SKB getätigten Aussagen zum Kupferbehälter als sichere Barriere in Frage, sollten jedoch erst mehr als 20 Jahre später auch öffentlichkeitswirksam Resonanz erzeugen.

---

[1] Interessanterweise lassen sich in der untersuchten Literatur zum schwedischen Fall nur wenige Hinweise auf die Debatte in Finnland finden, obwohl auch dort das KBS-Konzept eingesetzt werden soll.

© Der/die Autor(en), exklusiv lizenziert an Springer Fachmedien Wiesbaden GmbH, ein Teil von Springer Nature 2022
N. Wulf, *Die Gestaltung der Ewigkeit*, Energiepolitik und Klimaschutz. Energy Policy and Climate Protection,
https://doi.org/10.1007/978-3-658-40026-2_6

Die vorliegende Analyse betrachtet die CCC als *Nichtwissenskonflikt*. Solche Konflikte sind nach Stefan Böschen Auseinandersetzungen, „in denen unterschiedlich institutionalisierte Wissensakteure um Richtigkeitsansprüche in Bezug auf Wissen und Aufmerksamkeitshorizonte für Nichtwissen ringen mit dem Ziel, das für gesellschaftliche Problemlösungsprozesse relevante und legitime Wissen bereitzustellen" (Böschen 2010: 105). Wie sich dieses Ringen bis dato vollzogen hat – also wie die Akteure ein Tatsachenbild erzeugen, um sich einer Entscheidungsgrundlage anzunähern – ist Gegenstand des vorliegenden Kapitels. Im vorhergegangenen Analysekapitel wurde ausgehend von der heuristischen Rahmung (Konstruktionsbedingungen – Bewertung – Umgang) der realisierte Zugriff auf Nichtwissen betrachtet, ohne die Chronologie des Entsorgungsprozesses nachzuvollziehen. Für den Aspekt der CCC wird die Chronologie des Falles nachgezeichnet, um einen konflikthaften und damit besonders spannenden Aspekt des Problembearbeitungsprozesses nuklearer Entsorgung in seiner Struktur und seinen Verschiebungen darstellen zu können. Die im vorherigen Analysekapitel rekonstruierten Zugriffe auf Nichtwissen und die daraus entwickelten Begriffe informieren die Betrachtung des Fallbeispiels CCC. Die folgende Grafik bietet einen Überblick über den Konfliktverlauf und den zentralen Ereignissen:

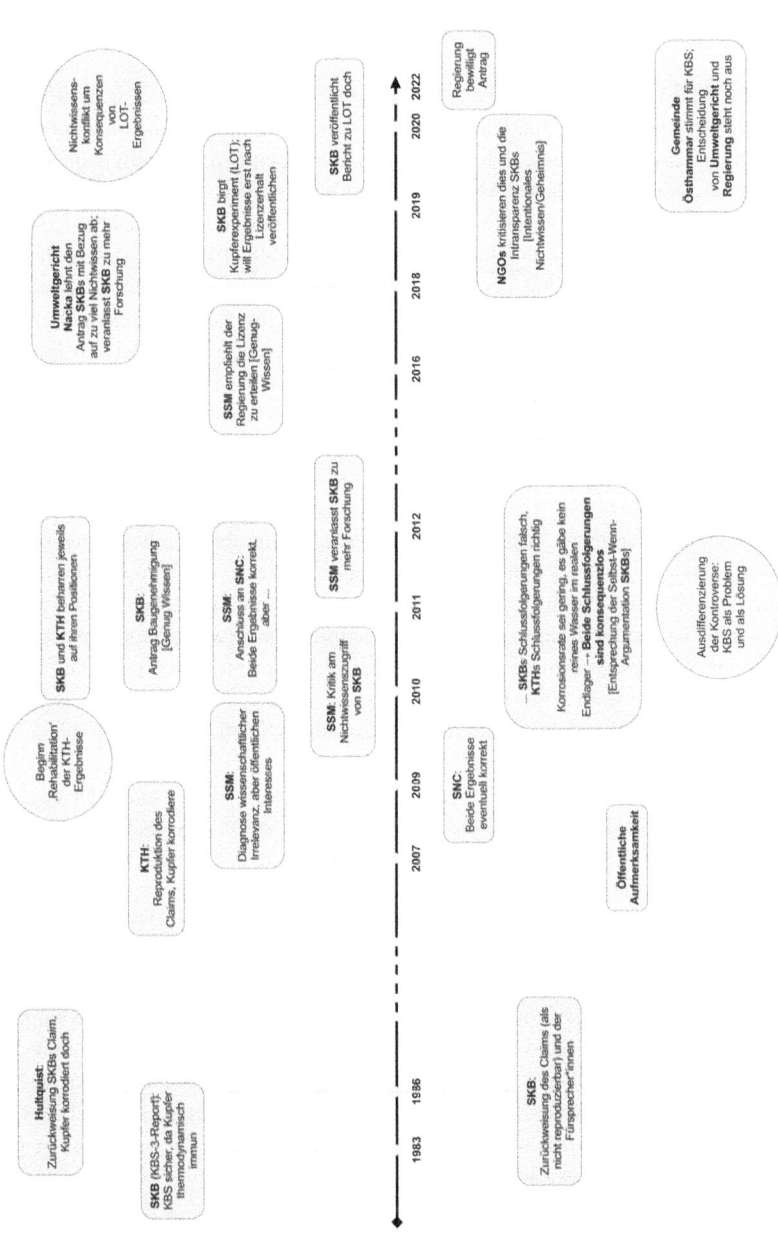

6.1.1 Keine Kontroverse ohne KBS

Im Jahr 1986 veröffentlichte Gunnar Hultquist (1986) die Ergebnisse seiner Experimente zur Kupferkorrosion. Diesen zufolge habe er die Korrosion von Kupfer in reinem, anoxischem Wasser, d. h. Wasser frei von Ionen und gelöstem Sauerstoff, nachweisen können. In dieser Arbeit stellte Hultquist selbst noch keinen direkten Bezug zwischen seinen Ergebnissen und KBS als Anwendungsfall her. Jedoch führt er mit dieser Veröffentlichung einen Wissensbestand in den (wissenschaftlichen) Diskurs ein, der mit dem in den KBS-Berichten vertretenen in Konflikt tritt. Auch wenn Hultquists ursprünglicher Claim selbst keinen direkten Bezug zwischen seinen Ergebnissen und KBS herstellt, erzeugt er hauptsächlich in der Nuklearforschung Resonanz. Sowohl ein Presseinterview Hultquists (1984), als auch am Review der Forschung SKBs beteiligten Personen (vgl. SKB 1988: 1) und die Kritiker*innen Hultquists sind es, die den Bezug zu KBS und damit ihren auf eigener Forschung begründeten Sicherheitsversprechen herstellen.

Ein Claim, der Teil einer innerwissenschaftlichen Debatte von Korrosionswissenschaftler*innen hätte bleiben können, betritt damit ein bereits stark vorformiertes, diskursives Feld, dessen heterogene Akteure vitale politische Interessen bezüglich der Durchsetzung oder Verhinderung von KBS haben. Somit wird der Claim Gegenstand eines politisch umkämpften Nichtwissensangebots. Dies stellt eine Relevanzsteigerung dar, welche der Claim gerade dadurch erfährt, dass er mit KBS verbunden wird. Empirisch zeigt sich, dass die relevantesten Debatten im schwedischen Fall an diesem Konzept und seinem Realisierungsprozess ansetzen.

KBS bildet als „Grenzobjekt" (Star 2017) „einen materialen ‚Anker' der wechselseitigen Bezugnahme und Beobachtung" (Meister 2011: 97). Es ist der Dreh- und Angelpunkt des untersuchten Feldes (vgl. Abschnitt 5.1.1). Die Kupferbehälter, welche gemeinsam mit den zwei anderen technischen Barrieren den Abfall für mindestens 100.000 Jahre abschirmen sollen, sind ein wesentlicher Bestandteil dieses Objekts. Trotz sehr unterschiedlicher Haltungen zu KBS hat sich die Problemkonstruktion maßgeblich entlang der von SKB propagierten Lösung entwickelt. KBS macht einerseits die Kommunikation über einen mehr oder weniger materialisierten Gegenstand möglich und beschreibt andererseits als Endlagerungskonzept bereits einen zu erforschenden Bereich des handlungsrelevanten Nichtwissens. Im Umkehrschluss wird alles Nichtwissen, das nicht durch KBS markiert wird, dem Bereich des *nicht* handlungsrelevanten Nichtwissens (vgl. Groß 2007, 2010) zugewiesen.

Von Seiten SKBs stellt sich der Fall vor 1986 folgendermaßen dar: Zentral für das Funktionieren des KBS-Konzepts ist, dass die Behälter korrosionsbeständig sind, um so das Austreten radioaktiver Stoffe zu verhindern (vgl. Swahn 2011: 83). Der KBS-1-Bericht von 1977 schlägt hierzu zunächst Titan und Blei als Behältermaterial vor (vgl. KBS-1 1977). Ab dem ein Jahr später erscheinenden KBS-2-Bericht (vgl. KBS-2 1978) wird von Kupfer als Material der Wahl gesprochen. Der hierin vorgestellte Kupferbehälter sollte 20 cm dick sein (vgl. Swahn 2011: 81). Die Verbindung zwischen Behälterdicke und Korrosionsrate stellt erst der KBS-3-Bericht (vgl. KBS-3 1983) her, da man inzwischen Erkenntnisse über die Einflüsse korrosiver Stoffe auf das Kupfer im Grundwasser gewonnen hat; eine konkrete Behälterstärke wird hier jedoch nicht vorgeschlagen (vgl. Swahn 2011: 82f). Später habe SKB jedoch entschieden, dass eine Stärke von 5 cm ausreichen würde (vgl. ebd.). Die KBS-Berichte sind wesentlich für SKBs Rahmung ihrer eigenen Sicherheitsüberlegungen. Ihnen gemäß sei Kupfer deshalb ein gutes Material für das geplante Vorhaben, weil es gut beforscht und widerständig gegen Korrosion sei.

Andere Formen der Korrosion waren für SKBs Sicherheitsanalyse bereits von Beginn an ein Thema, das relevante Nichtwissen war klar umrissen und Gegenstand von Auflösungsbemühungen. Der diesbezügliche Fokus lag darauf, den Zustrom korrosiver Stoffe zum Behälter und den Abstrom von Korrosionsprodukten vom Behälter zu verhindern, was durch die Bentonitbarriere gewährleistet werden sollte – an Kupfer als Material wurde nicht gezweifelt: „In the late 1970s and the early 1980s, several studies bearing on the behavior of copper in anoxic conditions were conducted, and by 1983 when the KBS-3 report was published, the case for using copper was thought to be solid." (Swahn 2011: 83)

Dieser ‚solid case‘, der nach SKB Sicherheit verspricht, das relevante Nichtwissen im Bereich anderer Korrosionsprozesse verortet und Genug-Wissen proklamiert, um den Entsorgungsprozess voranschreiten zu lassen, wurde durch Hultquist 1986 in Frage gestellt. Damit wurde nicht nur Kupfer als Material in Zweifel gezogen, sondern auch KBS als Ganzes durch ein spezifisches Nichtwissen – Korrosion, ja oder nein? – in seiner Stabilität gefährdet. Jedoch wurde durch Hultquists Claim nicht nur SKBs Bewertung des Wissens über das Korrosionsverhalten von Kupfer als Genug-Wissen herausgefordert: Als divergierende Wissensbestände blenden sowohl die Behauptung SKBs, Kupfer korrodiere unter den angegebenen Bedingungen nicht, als auch deren Gegenteil Nichtwissen auf – aber jeweils anderes. Die sich ergebenden Anschlussfragen oder, im Falle von Genug-Wissens-Behauptungen, eher deren Ausbleiben, sind nicht trivial für den Entsorgungsprozess. Aus ihnen ergeben sich gänzlich andere Notwendigkeiten: Sollte Hultquists Claim zutreffen, müsste erneute zeit- und ressourcenintensive Forschung betrieben werden, um eine Alternative zum jahrzehntelang beforschten Entsorgungskonzept KBS zu finden. Es ist daher nicht verwunderlich, dass aus SKBs Sicht zunächst überprüft werden muss, ob der Claim überhaupt valide ist. Um dies zu klären, werden weitere Wissensbemühungen unternommen. Wo sich für Außenstehende die Frage aufdrängen mag, welcher Akteur Recht habe, stellt sich für SKB also die Frage, ob der Claim überhaupt ein legitimer Wissensanspruch sein kann.

6.1.2 Ist der Claim ein Claim?

Es überrascht daher wenig, dass es nicht in SKBs Interesse zu liegen scheint, den Claim anzuerkennen. Weitere wissenschaftliche Anstrengung richtet SKB demgemäß darauf, ihn verwerfen zu können:

> „Due to the important application of copper canisters for final storage of nuclear waste we have made a reinvestigation of the copper corrosion by pure deoxygenated water using an alternative technique to monitor hydrogen. In this way we will also demonstrate what has gone astray with Hultquist's experimental work." (SKB 1988: 1)

‚What has gone astray' wird maßgeblich auf Grundlage weiterer Wissensbemühungen, in Form von Experimenten, gezeigt. SKB bezieht sich dabei sowohl auf eigene Forschung als auch auf die Forschung anderer, die Hultquists Claims kritisch bewerten.

Die erste dieser kritischen Reaktionen auf die Veröffentlichung Hultquists ist eine Studie von James P. Simpson und Robert K. Schenk (1987). Wie Hultquists Artikel erscheint sie in der peer-reviewten Fachzeitschrift Corrosion Science. Im Anschluss an eines ihrer Experimente, welches die Korrosionsrate von Stahl in einem Endlager untersuchte und von der Nationalen Genossenschaft für die Lagerung radioaktiver Abfälle (Nagra) – dem Schweizer Pendant zu SKB – finanziert wurde, führten Simpson und Schenk ihren Versuch noch einmal mit Kupfer durch. Es wurde die Wasserstoffentwicklung bei der Lagerung von Kupferfolie untersucht: Einmal in einer Flüssigkeit, die dem Schweizer Grundwasser nachempfunden ist, und ein andermal in einer Kochsalzlösung. Simpson und Schenk konnten keine Wasserstoffentwicklung nachweisen, wie sie Hultquist als Resultat von Korrosion beschrieben hatte, aber die Abweichung ihrer Ergebnisse von Hultquists Vorhersagen auch nicht erklären. Ihre Studie unterschied sich zudem in zentralen Punkten, wie der Beschaffenheit des Wassers und der Methode des Messens, von der Hultquists.

SKB interpretiert diese unerklärten, abweichenden Ergebnisse als Bestätigung der These, dass Kupfer nicht korrodiere und KBS dementsprechend sicher sei. Genauso werden die Ergebnisse einer Studie des SKI[2] (1995) eingeordnet, welche der einzige tatsächliche Reproduktionsversuch des von Hultquist 1986 beschriebenen Experiments blieb. Auch dieser Bericht bestätigte die Ergebnisse Hultquists nicht, brachte jedoch *neue Nichtwissensspezifikationen* hervor:

„Möller (1995) [SKI 1995] also reported that the amount of oxide formed was not exactly equivalent to the estimated initial amount of O_2 present. He also reported that a significant amount of water had ‚disappeared‘ from the quartz test tubes during the test. The significance of this latter observation is unclear. The water could have been lost because of improper seals or by incorporation into a hydrated corrosion product. Alternatively, H_2O could have been reduced in the corrosion of copper as proposed by Hultquist and co-workers, although this suggestion is inconsistent with Möller's other observations." (SKB 2010a: 19)

Die Unklarheit bezüglich des ‚verschwundenen Wassers‘ wird, obwohl sie theoretisch dem Claim Hultquists entspräche, nicht soweit ernstgenommen, dass SKB darauf verzichtet, die Studie des SKI als Argument gegen Hultquists Claim anzubringen (vgl. ebd.: 12).

SKB stellt Hultquists Ergebnisse nicht lediglich als gleichwertige Claims, die mit anderen in Konkurrenz stehen, dar. Ihre Argumentation hebt stattdessen auf die grundsätzliche Fehlerhaftigkeit der Ergebnisse Hultquists ab: Hierfür führen sie beispielsweise die erste von ihnen selbst zum Thema herausgegebene Studie (SKB 1988)[3] an. Dieser entsprechend sei, wie auch bei Simpson und Schenk (1987), keine Wasserstoffentwicklung beobachtbar gewesen und alle beobachtbare Korrosion sei die Folge von zu Versuchsbeginn noch im Wasser gelösten Sauerstoffs. Daraus wird geschlussfolgert, dass Hultquists Claims den Gesetzen

---

[2] Die Rolle des SKI, aus welchem durch eine Fusion mit der SSI 2008 SSM hervorging, beschreiben Tomas Kåberger und Johan Swahn wie folgt: „SKI and SSI had very different cultures. During the 1980s and 1990s the main regulator SKI, which analysed the safety of the barrier systems and reviews of the RW department, was ‚captured‘ by the industry; they did little to challenge the industry's work. The secondary regulator SSI was more critical on many issues but did not have direct access to the government in the Fud [RD&D] process." (Kåberger/Swahn 2015: 217).

[3] Die von SKB finanzierte Studie wurde sowohl als SKB-Bericht (SKB 1988) als auch als *Short Communication* (Eriksen et al. 1989) in der Fachzeitschrift Corrosion Science veröffentlicht.

der Thermodynamik widersprächen und deshalb falsch[4] seien (vgl. SKB 1988: 4).

Die Bezugnahme SKBs auf eigene Forschung sowie auf andere Studien, welche die Ergebnisse von Hultquist nicht bestätigen, ist Teil einer *Argumentum-ad-ignorantiam-Strategie*: Dem *argumentum ad ignorantiam* entsprechend, wird „vom Nichtfinden (bzw. Nichtwissen) von etwas auf dessen (und sei es nur: wahrscheinliches) Nichtvorhandensein" (Soentgen 2015: 124) geschlossen. Genau das geschieht, indem SKB Claims, die denen Hultquists widersprechen, als Argument dafür anführt, dass es sich bei dessen Claim um einen Irrtum – also falsches Wissen – handelt. Dies mache nach SKB Hultquists Claim nichtig und beließe im Umkehrschluss das eigene Sicherheitsversprechen intakt – so tätigt SKB noch 1992 unter Verweis auf den KBS-3-Bericht aus dem Jahr 1983 (vgl. KBS-3 1983) folgende Aussage: „The canister's chemical stability was evaluated in conjunction with the assessment for KBS-3 […]. Despite extensive research, no new facts have emerged that would occasion a reevaluation of the assessment of the corrosion attacks that was made then." (SKB 1992: 31),No new facts have emerged' – mit dieser Feststellung werden *per se* alle von Hultquist und Kolleg*innen bis 1992 erschienenen Arbeiten als nicht-faktisch gerahmt. Ihre Existenz bleibt in diesem Bericht gänzlich unerwähnt.

Die Rahmung von Hultquists Claim durch SKB als falsch und damit nichtig umfasst eine weitere Strategie, die Ann-Sofie Kall und Göran Sundqvist als „*appealing to science*" (Kall/Sundqvist 2014: 13) beschreiben: Durch diese nimmt SKB zunächst eine Grenzziehung zwischen den divergierenden Claims vor. Indem behauptet wird, die Ergebnisse Hultquists wichen von etablierter Forschung ab und seien fehlerhaft, wird ihnen ein nicht-wissenschaftlicher Charakter zugeschrieben. Sie wären nach SKBs Dafürhalten dementsprechend im wissenschaftlichen Kontext wirkungslos geblieben, hätten sie nicht implizit KBS zum Gegenstand: „The paper might have been left to obscurity were it not for the nuclear waste aspects." (SKB 1988: 1) SKB macht hiermit die Bedeutung von KBS als Grenzobjekt klar.

Die Grenzziehung der *Appealing-to-science-Strategie* verläuft darüber hinaus auch zwischen den dazugehörigen Akteuren. Damit trifft SKB eine Aussage darüber, wer in diesem wissenschaftlichen Diskurs sprechfähig sei und wer nicht. Unter Bezugnahme auf Michel Callon beschreiben Kall und Sundqvist dieses Vorgehen als Schaffung von „zones of ignorance" (Callon 1981: 206), welche eine Teilung implizierten „between what will be the property of scientists and what

---

[4] Für eine aktuelle Zusammenstellung der von SKB angeführten Kritikpunkte siehe SKB 2010a, insb. 47 f.

will be left for outsiders. Looked at from outside, this mechanism is no different from that leading to the setting up of a black box" (ebd.; vgl. Kall/Sundqvist 2014: 12). Symbolisiert findet sich diese Aufteilung in der Grafik eines SKB-Berichts mit dem Titel „Critical review of the literature on the corrosion of copper by water" (SKB 2010a), welche die Arbeiten der ‚Befürworter*innen' und ‚Gegner*innen' säuberlich getrennt einander gegenüberstellt (vgl. ebd.: 12). Durch ihre Argumentation verortet sich SKB auf der Seite des wissenschaftlichen Expert*innentums und alle, die sich affirmativ auf Hultquists Ergebnisse beziehen, in einem nicht-wissenschaftlichen Bereich. Damit positioniert sich SKB als zuständige wissenschaftliche Autorität im Feld. Eine Rahmung als Außenseiter, also als Mitglied der ‚zone of ignorance', wird schon aufgrund der (affirmativen) Assoziation mit Hultquists Claim vorgenommen:

> „Hultquist indicates that his finding is a result of a non-reversible cathodic reaction for which ‚we cannot predict an upper hydrogen pressure (in an oxygen-free corroding system)'. This statement is of course a violation of the second law of thermodynamics, a fact, which seems to have escaped the author, the reviewers and the editor of Corrosion Science. [...] References to Hultquists [sic] article have also been made by various organizations (including some universities) when reviewing the Swedish nuclear waste management research program. Ignorance of thermodynamics seems to be more wide-spread than we thought possible." (SKB 1988: 1)

Hier, wie auch an anderer Stelle, wird die Selbstdarstellung SKBs als wissenschaftliche Autorität nicht nur durch den Bezug auf eigenes Wissen markiert, sondern auch durch die Infragestellung des Expert*innenstatus von Hultquist und Kolleg*innen und anderen, die sich auf deren Ergebnisse beziehen. Sogar die für das Peer-Review-Verfahren Zuständigen werden als Teil der Nichtwissenszone gerahmt – was Trygve E. Eriksen et al., als Autoren des SKB-Berichts TR-88-17 (SKB 1988), nicht davon abhält, ihre Ergebnisse in der gleichen Fachzeitschrift zu veröffentlichen (vgl. Eriksen et al. 1989).

Neben den Fehlern, die SKB dem experimentellen Aufbau Hultquists und seinen Konklusionen vorwirft, ist die Zuschreibung, dass seine Claims *den Gesetzen der Thermodynamik widersprächen* – eine Unterstellung, die er und seine Kolleg*innen wiederum ebenfalls widersprechen – ein wesentlicher Aspekt dieser Argumentation. Thomas S. Kuhn attestiert den Wissenschaften eine gewisse Widerständigkeit, wenn es um die Veränderung von Paradigmenkategorien und besonders um die Infragestellung ganzer Paradigmen geht (vgl. Kuhn 1979: 75). Die Wissenschaft sei sogar nicht oder nur wenig bestrebt, Neuerungen hervorzubringen (vgl. ebd.: 49 ff). Dementsprechend ist es nachvollziehbar, dass die mit der Thermodynamik in Widerspruch gebrachten Claims von SKB als maximaler Tabubruch gedeutet werden. Der Widerspruch zur Thermodynamik wird als absurd dargestellt. Diese Absurdität wird dadurch hervorgehoben, dass Aussagen wie oben (‚which seems to have escaped') einen für eine wissenschaftliche Publikation erstaunlich ironischen Ton anschlagen, sobald es darum geht, dass Akteure ein mangelhaftes Wissen über die Gesetze der Thermodynamik hätten: „Due to a remarkable publication by Hultquist questioning well known thermodynamic data" (SKB 1988: ii).

Trotz der Rahmung des Claims durch SKB als maximal unwissenschaftlich wird die Debatte weitergeführt – bleibt aber zwischen 1995 und 2007 nahezu ereignislos. Damit kann SKB zwar keine Schließung des Diskurskonflikts erreichen, jedoch gelingt es ihr mindesten bis 2007, ihre Interpretation des Tatsachenbildes als hegemoniale Deutung zu etablieren. Die Frage, ob Hultquists Claims einen validen Wissensbestand darstellen, beantwortet SKB unter Zuhilfenahme der Strategie des *argumentum ad ignorantiam* sowie der Strategie des ‚Appealing to Science' eindeutig mit Nein. Auch wenn sich die Argumentation im Verlauf des Konflikts verschiebt und andere Strategien an Relevanz gewinnen, werden diese Strategien bis heute von SKB verwendet[5]. Die Debatte um Kupferkorrosion blieb lange Zeit hauptsächlich eine textbasierte Auseinandersetzung, die sich in wissenschaftlichen Artikeln und Berichten von SKB, SKI und der Schweizer Nagra (Nationale Genossenschaft für die Lagerung radioaktiver Abfälle) niederschlug. Das sollte sich erst ab 2007 ändern.

6.1.3 Die neue Öffentlichkeit der Kontroverse

Die CCC in ihrer *öffentlichkeitswirksamen* Form beginnt erst mehr als 20 Jahre nach Hultquists erster Veröffentlichung. Ausschlaggebend hierfür war die wissenschaftliche Publikation des Forschungsteams bestehend aus Hultquist und zwei

---

[5] Vgl. hierzu beispielsweise die Aussagen von Hedin et al. (2018) zur Inkonsistenz der Claims von Hultquist und Szakálos mit der Thermodynamik.

weiteren Kollegen an der KTH (vgl. Szakálos et al. 2007)[6]. Der Artikel antwortet auf die 1988 im SKB-Bericht (SKB 1988) vorgebrachte Kritik und schien die 1986 veröffentlichten Ergebnisse zu bestätigen, um unter Verwendung einer anderen Messmethode zu zeigen, „copper actually can corrode in pure water, free from oxygen as well as from complexing ions." (SNC 2009: 3)

Diese Reproduktion des Claims durch die gelungene Reproduktion der Ergebnisse bedeutet bereits eine erneute partielle Negation der Sicherheitsbehauptungen SKBs und stellt deren Rahmung der Ergebnisse von 1986 als Fehler in Frage. Zusätzliche Legitimation erfährt der Claim dadurch, dass er erneut erfolgreich das Peer-Review-Verfahren einer Fachzeitschrift durchläuft, in welcher auch seine Kritiker publizieren. Mit dem zweiten Durchlaufen eines Peer-Reviews antworten Szakálos et al. auf die vorgebrachte Kritik an der Evidenzproduktion sowie auf den Vorwurf, dass ihre Ergebnisse mit der Thermodynamik in Widerspruch stünden. Die technische Argumentation wird durch das soziale Verfahren des Peer-Reviews ergänzt: Es soll als institutionalisierter Garant wissenschaftlicher Skepsis die Güte wissenschaftlicher Arbeit sicherstellen und die epistemische Angemessenheit der Wissensbehauptungen bewerten. Dies scheint erfolgreich: Laut Kall und Sundqvist seien sowohl andere Forscher*inne als auch SSM und der SNC im Anschluss an später folgende Publikationen von Hultquist und Kolleg*innen (vgl. Hultquist et al. 2008; Hultquist et al. 2009) offener für die Möglichkeit geworden, dass Kupfer auch unter den von Hultquist angenommenen Gegebenheiten korrodiere (vgl. Kall/Sundqvist 2014: 7). Auch wenn SKB nicht von ihrer Argumentation abweicht, so verzichtet sie diesmal darauf, die Durchführenden des Peer-Review-Verfahrens *explizit* als nicht-wissend in Bezug auf

---

[6] Zusammenfassung der Position von Hultquist und Szakálos, wie sie sich im SNC-Bericht 2009 findet: Hultquist und Szakálos bezögen sich sowohl auf experimentelle als auch auf theoretische Beobachtungen und argumentierten, dass diese Beobachtungen mit ihrer Theorie übereinstimmten, nach welcher reines Wasser, in dem kein Sauerstoff gelöst ist, Kupfer korrodiere. Dabei entstünde zum einen Wasserstoff und zum anderen ein Korrosionsprodukt, dessen Identität und genaue Zusammensetzung noch nicht bekannt seien. Dem Forschungsteam zufolge würde der Wasserstoff entweder zu Gas oder vom Kupfer absorbiert und in diesem diffundieren. Zudem nähmen die Forscher an, dass die Korrosion aufhöre, sobald der Wasserstoffpartialdruck, also der Anteil am Umgebungsdruck im Endlager, der durch Wasserstoff verursacht wird, ein Millibar erreiche. Nur wenn Wasserstoff aus dem System entfernt würde, setzte sich der Korrosionsprozess fort, weil dadurch der Wasserstoffdruck wieder unter den kritischen Wert falle (vgl. SNC 2009: 7). Verifiziert worden seien die Ergebnisse nach Hultquist und Szakálos durch „experimental results, such as the formation of hydrogen, increase of weight, hydrogen in the copper metal, chemical analysis of the corrosion product, as well as by visual inspection and metallographic examination" (ebd.: 12).

Thermodynamik darzustellen. Die innerwissenschaftliche Debatte gerät anlässlich der Reproduktion des Claims in Bewegung.

SKB hätte womöglich unter Einsatz ihrer bisherigen Strategien den Konflikt trotz der Reproduktion des Wissensanspruchs erneut stillstellen können, jedoch *änderte die gesteigerte mediale Aufmerksamkeit die Dynamik des Konflikts*: „Although SKB believes that copper corrosion poses no threat to KBS-3, the copper corrosion controversy definitely does. Since the issue resurfaced in 2007 it has been a constant threat to SKB's framing of the KBS-3 concept as a safe repository system." (ebd.: 9) Die zusätzliche öffentliche Austragung der CCC war für SKB also wesentlich bedrohlicher als die wissenschaftliche.

Dies scheint damit verbunden, dass die schwedische Regierung das letzte Wort bezüglich des Standorts für das Endlager hat und den Standortgemeinden zusätzlich bis zuletzt ein Vetorecht zusichert. SKB, die spätestens seit der Kontroverse um die Standortfindung die eigene Legitimierungspflicht gegenüber der Öffentlichkeit als Teil ihres Selbstbilds propagiert, ist darauf angewiesen, dass die Akteure, die am Entsorgungsprozess beteiligt sind – und das sind potenziell alle Bürger – KBS mehrheitlich als adäquate Lösung ansehen. Die sich 2007 ereignende Popularisierung eines alternativen Tatsachenbilds zur Sicherheit von KBS bedeutet daher für SKB, dass sie nun sowohl innerhalb der wissenschaftlichen *als auch der öffentlichen Diskursarena ihre Deutung durchsetzen muss.*

Diese Diskursarena eröffnet sich anlässlich der Veröffentlichung von Szakálos und Kollegen. Als Grund dafür, dass die Kontroverse überhaupt große außerwissenschaftliche Aufmerksamkeit erfahren konnte, führen Kall und Sundqvist an, dass SKB zum Zeitpunkt der Veröffentlichung bereits in Vorbereitung auf die Einreichung des Antrags für die Errichtung des Endlagers befindlich gewesen sei (vgl. ebd.: 3; Andersson 2013: 86). Da sich damit im Entsorgungsprozess ein wichtiger Schritt hin zu einer Entscheidung über die Realisierung von KBS abzeichnete, wurde die Relevanz der Kritik am Konzept noch erhöht und folglich auch öffentlich diskutiert: „[T]he new results attracted the attention of leading national media in a way that is unusual for research reports. The controversy [...] became a major news item in Sweden in 2007." (Kall/Sundqvist 2014: 3)

In der Berichterstattung *stehen sich Claims gegenüber, die aus außerwissenschaftlicher Perspektive zunächst gleichwertig wirken müssen,* sind sie doch beide peer-reviewt und von Akteuren eingebracht, die keinesfalls in der Peripherie ihrer Disziplin angesiedelt sind. Auch wenn SKB weiterhin unter Verwendung der bisherigen Strategien – der Anwendung des *argumentum ad ignorantiam* und *appealing to science* – operiert, so scheint es jetzt deutlich schwerer, allein dadurch die alternativen Claims und deren Vertreter*innen aus dem Diskurs auszuschließen und Genug-Wissen zu proklamieren. Gerade vor dem Hintergrund, dass es den außerwissenschaftlichen Akteuren schwerfallen mag, zwischen professionellen, wissenschaftlich arbeitenden Akteursgruppen zu unterscheiden und die eine oder andere eher einer Nichtwissenszone zuzuordnen, erscheint der Konflikt in seiner öffentlichen Form eher als ein Wertkonflikt. Böschens These, dass „die bisher eindeutige Unterscheidung zwischen Wissens- und Wertekonflikten im Typus von (Nicht-)Wissenskonflikten unscharf wird" und Wissenskonflikte „unter Nichtwissensbedingungen zu Wertkonflikten" (Böschen 2010: 104f) werden, scheint im Hinblick auf die öffentliche Debatte besonders zuzutreffen.

Eine derartige Verschiebung zu Wertfragen ist auch daran abzulesen, dass die neue Diskursarena nicht nur neue Aufmerksamkeitshorizonte für einen lange Zeit stillgestellten Konflikt schafft, sondern den Konflikt auch inhaltlich modifiziert: Das relevante Nichtwissen wird hier grundlegender formuliert. Die Medien doppeln nicht lediglich den wissenschaftlichen Konflikt in einer verständlichen und publikumsfreundlichen Form – dafür scheint er zu kompliziert –, *vielmehr verschieben sie die Thematik stärker auf das Moment der Sicherheit oder Unsicherheit von KBS.* Kurz nach der Veröffentlichung des Artikels von Szakálos et al. titelte die schwedische Wirtschaftszeitung Dagens Industri: „Scientists fear dangerous storage – warn of unsafe nuclear waste management." (Lundin 2007, Übersetzung durch Kall/Sundqvist 2014: 3) Sicherheit ist, anders als die Diskussion über die Möglichkeit von Korrosion, *per se* eine Wertfrage. Sicherheit als unerreichbare soziale Fiktion erfordert eine Entscheidung der Akteure darüber, welche Bedrohung sie akzeptieren und damit auch darüber, wie sehr sie die Claims von Szakálos et al. als Bedrohung qualifizieren. Der Konflikt ist unter Nichtwissensbedingungen kein reiner Wissenskonflikt mehr, der sich demgemäß auch nicht einfach mit den bisherigen Strategien SKBs, die alle an der Wissenschaftlichkeit der Claims von Hultquist und Szakálos ansetzen, stillstellen lässt. Es ist daher nicht verwunderlich, dass SKB trotz der Beibehaltung dieser Strategien im weiteren Konfliktverlauf zusätzliche anwendet und sogar institutionelle Veränderungen anstößt.

Wurde in der ersten Phase der CCC von 1986 bis 1995 die Kupferbarriere innerwissenschaftlich als mutmaßlich unzureichend diskutiert, verbindet die öffentliche Diskussion die Frage, ob Kupfer korrodiere, verstärkt mit der Frage, ob KBS überhaupt sicher sei. Wenngleich jedwede Kontroverse um KBS zumindest eine Bedrohung des reibungslosen Prozessablaufs hin zu seiner Realisierung darstellt, so scheint die CCC in ihrer öffentlichkeitswirksamen Form *KBS auch in seiner Ganzheit zu gefährden. Sowohl für Befürworter*innen als auch für Skeptiker*innen und Gegner*innen von KBS stellt die Erschließung der öffentlichen Diskursarena daher eine wichtige Weichenstellung auf dem schwedischen Weg der Endlagerung dar.*

6.1.4 Wissenschaftlich irrelevant, aber...

Auch wenn SSM im Konfliktverlauf offener für die Möglichkeit wird, dass Kupfer unter den von Hultquist angenommenen Gegebenheiten korrodieren könnte (vgl. Kall/Sundqvist 2014: 7), ist davon 2009 im SSM-Bericht „A Review of Evidence for Corrosion of Copper by water" (SSM 2009)[7] noch nichts zu erkennen. Der Bericht ist das Ergebnis einer von SSM beauftragten Evaluation der Forschung von Szakálos et al., wie diese sie 2007 in ihrem Artikel veröffentlicht haben. Durchgeführt wurde die Evaluation von der externen ‚Barrier Review, Integration, Tracking and Evaluation group' (BRITE)[8].

Wie auch in den Berichten SKBs verfolgt die Argumentation von BRITE eine *Appealing-to-science-Stategie*, indem sie die Claims der KTH-Forschungsgruppe als wissenschaftlichen Qualitätskriterien nicht genügend und damit *als irrelevant und eigentlich nicht beachtenswert* rahmt. Die Evaluation übt scharfe Kritik sowohl an den Ergebnissen als auch an deren Zustandekommen. Zusätzlich von Szakálos und Hultquist zur Verfügung gestellte Informationen, die zur Zeit der Evaluation noch nicht publiziert waren, seien zwar berücksichtigt worden, aber „because of gaps in the information provided and a lack of detail, BRITE has not been able to make a definitive review, or come to firm judgments, about this work." (ebd.: 4) Im Fazit des Berichts folgerte BRITE, dass die vorgelegten Informationen auch nach der Publikation 2007 *unvollständig* seien und die *Beweisführung unzureichend*:

> „First, the information published in Szakálos et al. (2007) is incomplete and does not substantiate the occurrence of copper corrosion in pure water. We consider that the peer review conducted in the process of the publication of the Szakálos et al. (2007) paper should have been more thorough." (ebd.: 33)

Besonders der *ohne weitere Belege* getätigte Verweis darauf, dass das *Peer-Review-Verfahren gründlicher* hätte sein können, ist etwas überraschend, ist es doch das zweite Mal, dass der Claim zur Kupferkorrosion ein Peer-Review-Verfahren durchläuft, einen institutionalisierten Prozess, dessen einzige Aufgabe

---

[7] Eine Vorgängerversion wurde bereits im Juni 2008 publiziert.

[8] Auch wenn SSM diesen Bericht mit folgendem Hinweis versieht, wird aufgrund der nicht vorgenommenen Abgrenzung oder kritischen Einbettung davon ausgegangen, dass SSM mit den Ergebnissen des Berichts *d'accord* geht: „The conclusions and viewpoints presented in the report are those of the author/authors and do not necessarily coincide with those of the SSM." (SSM 2009: o.S.)

es ist, die epistemische Angemessenheit wissenschaftlicher Aussagen zu bewerten. Diesmal werden durch SSM statt durch SKB (vgl. SKB 1988: 1) damit erneut nicht nur die KTH-Forscher als Teil einer Nichtwissenszone gerahmt, sondern auch die Gutachter der Fachzeitschrift ‚Corrosion Science'. Nicht nur die Forschenden selbst hätten demnach durch mangelhafte wissenschaftliche Praxis gegen ihr berufliches Ethos verstoßen, auch der im Wissenschaftssystem installierte Schutz gegen derartige Vorkommnisse habe versagt.

Bei aller Kritik, so BRITE, sei der diskutierte Korrosionsprozess jedoch nicht vollständig auszuschließen. Daher werde er im Bericht trotzdem beleuchtet. Zunächst wird mit dem Rückgriff auf natürliche Analoga (‚native copper') begründet, es sei „very unlikely that the process has been dominant in nature" (SSM 2009: 33):

„We know of no examples of the proposed solid H_xCuO_y phase occurring in nature. Native copper metal is known to have persisted in contact with anoxic water for 100's of millions of years without any evidence for either reaction toward, or conversion from, the speculative H_xCuO_y phase." (ebd.)

Hier wird das in der Kritik stehende Laborexperiment natürlichen Analoga gegenübergestellt. Die komplexe Natur *und* die lange Zeit, in der anscheinend nichts passiert sei, werden gegen ein mehr oder weniger dekontextualisiertes Experiment argumentativ in Stellung gebracht, ohne dabei auf die epistemischen Besonderheiten der jeweiligen Prozesse der Evidenzproduktion einzugehen. Trotz des langen Zeitraums sei in einer natürlichen Umgebung – in die ja auch der Behälter eingefügt werden soll – keinerlei Beleg für den von Hultquist geschilderten Prozess zu finden. Wie SSM bedient sich auch hier SKB dieser Strategie des *Hierarchisierens von Evidenzproduktionsprozessen und daraus resultierenden Wissensbeständen*, um die Claims von Hultquist und Szakálos zu marginalisieren. Dies lässt sich als eine Variante des *argumentum ad ignorantiam* verstehen: Statt zu proklamieren, dass die Claims *qua* Unwissenschaftlichkeit nichtig seien und es daher keine Beweise gegen die Integrität der Barriere gebe, wird darauf abgehoben, dass ‚realitätsnähere', weniger dekontextualisierte Beweise vorlägen und andere Beweise *daher* unzulänglich wären. In ihrer Argumentation für die Sicherheit von KBS scheint SKB eine solche Hierarchisierung der verwendeten Prozesse der Evidenzproduktion nicht vorzunehmen, stattdessen geriert sie sich selbst als jener Akteur, der für alle Formen der Evidenzproduktion die überlegene Expertise vorweisen kann.

Den Bericht durchzieht zudem eine weitere, auch von SKB verwendete Strategie, die sich einer *Selbst-Wenn-Argumentation* bedient: Um zu vermitteln, dass selbst wenn der Korrosionsprozess so stattfinde, wie von Hultquist und Szakálos angenommen, er ohne Konsequenz für KBS bliebe. Die Selbst-Wenn-Argumentation korrespondiert dabei mit der Konzeption von KBS als ,mehrschichtigem Barrierensystem': Das Endlager wurde gerade so konzipiert, dass *selbst wenn* eine der Barrieren ausfällt, noch andere da sind, um die Sicherheit des Gesamtsystems weiterhin zu gewährleisten. Das heißt, die zu materialisierende Form von KBS legt die Selbst-Wenn-Argumentation als Umgang mit den Herausforderungen durch Hultquists Claim nahe. Dies unterstreicht die Funktion von KBS als Grenzobjekt, das die Nichtwissensbearbeitung im Verlauf der Kontroverse bestimmt. Hinzu kommt, dass das Konzept der Mehrschichtensicherheit, wie Johan Swahn, der Direktor der NGO MKG, schreibt, aus der Reaktorsicherheit stammt, einem Gebiet, mit dem die Regulierungsbehörde SKI vertraut sei:

„The KBS-method is often described as a multi-barrier system or as a system of barriers for defence in depth. The terminology comes from the field of nuclear reactor safety. This analogy was well received by the regulator, the Swedish Nuclear Power Inspectorate, SKI. The regulator was well acquainted with nuclear reactor safety work and even made it part of its nuclear waste regulation that a repository should rely on a multi-barrier system." (IPFM 2011: 166 [Endnote 288 zu Swahn 2011: 83])

Die Selbst-Wenn-Strategie findet mit unterschiedlicher Reichweite zweimal im Bericht Anwendung: Zunächst wird argumentiert, dass, selbst wenn die Ergebnisse des Forscherteams der KTH wahr sein sollten, sie, nach Dafürhalten von BRITE, *für die realen, zukünftigen Bedingungen des Behälters nicht ausschlaggebend* wären:

„These native copper deposits provide compelling evidence that the copper corrosion process hypothesized [...], even if true for atmospheric conditions of their tests, is not credible for copper canisters in the reducing environment as measured for the proposed repository sites in Sweden." (SSM 2009: 33)

Die Autoren formulieren daraufhin, im Stile einer Konzession an Szakálos et al., eine Erweiterung der Selbst-Wenn-Argumentation, nach welcher die Korrosion *selbst dann unerheblich sei, wenn die atmosphärischen Gegebenheiten der Experimente denen im Endlager entsprächen*:

„[W]e believe that Szakálos et al. have over-emphasised what they describe as the reliance of the KBS-3 concept on the ‚thermodynamic immunity of copper' and the fact that the concept requires a ‚noble metal' canister. We note that SKB's sensitivity analyses suggest that the safety of the KBS-3 concept is robust even for some unlikely and quite extreme scenarios in which all of the canisters are assumed to fail at an early time. Based on our own independent analyses, we also fail to discover any significant impact on long-term performance of a planned KBS-3 type repository, even if the postulated corrosion-rate results from Szakálos et al. were accepted." (ebd.)

Die hier postulierte Irrelevanz der diskutierten Korrosion stützt sich wesentlich auf Berechnungen der Korrosionsrate. Die von BRITE maximal angenommene Rate von 0,08 Mikrometern pro Jahr würde einen Behälter der geplanten Stärke von 5 Zentimetern in 625.000 Jahren korrodieren – andere Korrosionsprozesse nicht miteinberechnet (vgl. ebd.: 29 f). Also wäre der Behälter wesentlich länger als für die geforderten 100.000 Jahre sicher.

Bemerkenswert an dem obigen Zitat ist zudem, dass Szakálos et al. zugeschrieben wird, die Bedeutung von Kupfer und seiner thermodynamischen Immunität für KBS überzubetonen. Scheint es doch so, als wäre es SKB selbst, welche die Sicherheit von Kupfer als wesentlichen Teil von KBS darstellen (vgl. Swahn 2011: 83). Es drängt sich hier eine Parallele zur Kontroverse um die Qualität des Grundgesteins auf: Nachdem sich die Suche nach dem ‚best bedrock' aus sozialen Gründen schwierig gestaltet hatte, wurden Standorte in Betracht gezogen, deren Grundgestein als ‚good enough' betrachtet werden konnte (vgl. Kall/Sundqvist 2014: 13). Ob als Teil einer Selbst-Wenn-Argumentation oder als reale Zugeständnisse, die eine Selbst-Wenn-Argumentation erforderlich machen, die Barrieren werden in der Konsequenz notwendigerweise stärker als Teil eines Gesamtkonzepts KBS dargestellt, um die eigenen Sicherheitsbehauptungen nicht zu gefährden. Diese *Strategie der Hervorhebung von KBS als Einheit* macht es zwar nicht weniger anfällig für alternative (Nicht-)Wissensbehauptungen, aber sie *ermöglicht es, die Kritik abzuschwächen, indem sie sie als unbedeutend für die Totalität des dreifach gesicherten Konzepts rahmt.*

Ohne die bisherigen Strategien aufzugeben, werden durch die Selbst-Wenn-Strategie und die Strategie der Behauptung von Einheit als Garant für Sicherheit mehr Flexibilität gewährleistet. Dienen die bisher betrachteten Strategien dazu, Claims als nichtig darzustellen und sie aus der Diskussion auszuschließen, können jene Strategien die Claims integrieren und trotzdem als marginal konzipieren (vgl. ebd.: 14). Kall und Sundqvist sehen dieses Vorgehen als einen Vorteil an, den sich SKB im Konfliktverlauf immer häufiger zunutze macht und prognostizieren angesichts des immer Unsicherheiten bereithaltenden Zeitrahmens des Endlagers eine steigende Bedeutung flexibler Strategien, die Gegenargumente integrieren, statt zu negieren (vgl. ebd.).

Die Integration geht hier allerdings mit der gleichzeitigen Marginalisierung solcher Gegenargumente einher. Die proklamierte Korrosion sei irrelevant, selbst wenn es sie gäbe, wäre zu Kupfer kein *relevantes* Nichtwissen mehr vorhanden. Demgemäß schließt der Bericht mit der konsequenten Feststellung, dass aufgrund von Genug-Wissen eigentlich keine weitere Forschung notwendig sei:

> „Based solely on our analyses of the information published up to and including Szaká-los et al. (2007), and from the perspective of the performance of the KBS-3 concept, it could be reasonably argued that no further work was warranted on the postulated copper corrosion process." (SSM 2009: 33 f)

Dies würde aber womöglich nicht alles Bedenken zerstreuen: „However, taking all factors into account, we feel that to take this stance might be perceived as too dismissive and may not allay various concerns that have been raised." (ebd.: 34) Diese Einschätzung vergegenwärtigt noch einmal, dass das Problem für die Durchsetzung von KBS nicht im wissenschaftlichen Bereich vermutet wird. Das hat sich auch mit der Erschließung der öffentlichen Diskursarena nicht verändert. Was sich verändert hat, ist, dass nun die Öffentlichkeit als Akteursgruppe und Publikum des wissenschaftlichen Konflikts hinzugekommen ist. Die angesproche-nen Bedenken, denen gegenüber man nicht zu ‚dismissive' sein möchte, um KBS nicht zu gefährden, scheinen daher weniger die des KTH-Forschungsteams zu meinen, als vielmehr jene öffentlicher Akteure. Um die Bedenken zu zerstreuen, empfiehlt der Bericht weitere Wissensbemühungen zu tätigen:

> „[T]hat there should be a truly independent experimental investigation of the postula-ted copper corrosion process. We also suggest that the design of the study, including planned analyses, and its conduct should be overseen by a suitably qualified and independent review panel, possibly including SSM." (ebd.)

Die hier vorgeschlagene Bearbeitung des Nichtwissens, das sich aus der partiellen Zurückweisung der Wissensclaims SKBs ergibt, soll gesteigerte Unabhängig-keit gewährleisten und damit die postulierte Irrelevanz des Nichtwissens auch öffentlich als legitime Schlussfolgerung manifestieren.

Für die sich im BRITE-Bericht abzeichnende Ähnlichkeit von SKBs und SSMs Einschätzung und Zurückweisung der Claims von Hultquist et al. und Szakálos et al. findet sich bei Antoinette Wärnbäck ein Indiz:

„[T]he shared practice that has developed between the industry, SKB and the authority, the former SKI and SSI, has over time resulted in the adoption of a shared understanding and similar perspectives, concerning at least two points. The first concerns
downgrading the need to more thoroughly investigate alternate technical methods to
KBS-3, while the second concerns the need to avoid delays in the planning process."
(Wärnbäck 2012: 53 f)

Wärnbäcks Ausführungen zu der sich über die Jahre angleichenden Praxis von
SKB und SSM scheinen sich auch im Hinblick auf den in der CCC zu beobachtenden Zugriff auf Nichtwissen zu bestätigen (vgl. Abschnitt 5.1.3). Ab 2010 soll
sich diese Konvergenz des Zugriffs abschwächen.

6.1.5 Man trifft sich – neue Formate der Konfliktbearbeitung

Um zur Klärung der Kontroverse beizutragen, organisierte der Swedish Council
for Nuclear Waste (SNC) im November 2009 einen *internationalen, wissenschaftlichen Workshop*, dessen Ergebnisse in einem Bericht mit dem Titel
„Mechanisms of Copper Corrosion in Aqueous Environments" (SNC 2009) fest-
gehalten wurden. Vor dem Workshop war die CCC sowohl öffentlich als auch
innerwissenschaftlich eine maßgeblich textbasiert geführte Auseinandersetzung.
*Anlass für dieses Bearbeitungsformat ist laut SNC das mediale und politische
Interesse*:

„[T]he corrosion resistance of copper has been questioned by results obtained under
anoxic conditions in aqueous solution. These observations caused some headlines
in the Swedish newspapers as well as public and political concerns. Consequently,
the Swedish Council for Nuclear Waste organized a scientific workshop on the issue
‚Mechanisms of Copper Corrosion in Aqueous Environments'." (ebd.: Rückseite der
Druckfassung)

Das Treffen wird hier als konsequente Antwort auf die artikulierten Bedenken
gefasst. Das *Workshop-Format*, das nicht auf lange Review-Phasen wissenschaftlicher Artikel angewiesen ist, ist dabei *exemplarisch für eine Dynamisierung
des Nichtwissenskonflikts* – anstatt übereinander, muss hier miteinander gesprochen werden. Diese Dynamisierung scheint sich auch unter dem Eindruck des
näher rückenden Antrags zur Errichtung des Endlagers zu vollziehen (vgl.
Kall/Sundqvist 2014: 3).

Teilnehmende des Workshops waren „a panel of internationally recognized experts from the fields of chemistry and materials science and engineering, chosen by SKB, KTH, the Swedish Radiation Safety Authority, and the Swedish National Council for Nuclear Waste." (SNC 2009: 4) Der Bericht soll laut SNC die Kontroverse erklären und die Ergebnisse des Workshops darstellen. Zielgruppe der Veröffentlichung sind vorrangig Expert*innen aus dem Feld der nuklearen Entsorgung, wie Vertreter*innen der Regulierungsbehörden, der Atomindustrie und wissenschaftlicher Gremien (vgl. ebd.).

Der SNC-Bericht scheint, zumindest in englischer Sprache, die erste umfassende Darstellung des Konflikts zu sein, welche den Gegenstand der wissenschaftlichen Kontroverse sowie die Positionen von SKB und den Wissenschaftler*innen der KTH übersichtlich vorstellt. Teilnehmende des Workshops und Adressat*innen dieser Darstellung sind jedoch explizit Expert*innen, was eine Lektüre für Laien zumindest erschwert. Die Diagnose, dass der Bericht kompliziert und für Laien unzureichend aufbereitet sei, lässt sich auf die gesamte Kontroverse ausweiten. Eine Demokratisierung des Entsorgungsprozesses durch Teilhabe von Personen, die sich nicht professionell mit Entsorgungsthemen befassen, wie sie beispielsweise im Anschluss an die Standortkontroverse von vielen Akteuren als Erfolgsmodell propagiert wird, mutet voraussetzungsvoller an, je komplexer sich eine Kontoverse darstellt.

Als Hauptthemen des Workshops benennt der SNC: „1. A fundamental enquiry into the corrosion characteristics of copper in oxygen-free environments. 2. What additional information is needed to confirm this specific corrosion process and to assess the importance of the process for the final repository?" (ebd.) Gerade letzteres Thema suggeriert eine *neue Offenheit für die kontrovers diskutierten Ergebnisse* der KTH-Forscher*innen. Die Frage danach, welche Informationen zur *Validierung* dieser nötig seien, stellt eine grundlegend andere Spezifizierungsrichtung von Nichtwissen dar, als sie bisher beispielsweise von SKB und SSM vorgebracht wurde. Die Offenheit des SNC ist damit ein Kontrapunkt zum Postulat SKBs, es läge Genug-Wissen zu Kupfer vor, welches die Sicherheit von KBS garantieren könne, selbst dann, wenn ein aller Wahrscheinlichkeit nach irrealer Korrosionsprozess dennoch stattfinde.

Die bisher in der Kontroverse zu Anwendung gekommenen Strategien im Umgang mit der Behauptung, Kupfer könne unter anoxischen Bedingungen korrodieren, finden sich alle auch in diesem Bericht wieder: Im Sinne der *Appealing-to-science*-Strategie beispielsweise kritisiert einer der kanadischen Experten den Umgang Szakálos' und Hultquists mit der wissenschaftlichen Literatur zur Thematik:

„[S]ome of the references cited by Szakálos do not stand up to scrutiny, and [...] Hultqvist and Szakálos have made an incomplete analysis of the available literature on
corrosion of copper cooling systems. [...] [A] review of the literature provided for the
workshop, the presentations made, and a personal search of additional literature indicate that there is no evidence that significant corrosion of Cu can be sustained by water
reduction." (ebd.: 16)

Durch die diagnostizierte Unzulänglichkeit der wissenschaftlichen Praxis werden die vom Forschungsteam der KTH vorgebrachten Claims als Nicht-Evidenz
gerahmt. Dementsprechend können sie nicht als Gegenbeispiel für (signifikante)
Korrosion herhalten, weshalb es gemäß des *argumentum ad ignorantiam* keines
dafür gebe –‚there is no evidence'.

SKB wird dahingehend zitiert, dass man von den wissenschaftlichen Beweisen nicht überzeugt sei, aber derartige Korrosion in ihre Sicherheitsbewertung
einbezöge, auch wenn sie nicht davon ausginge, dass der Behälter in seiner
Lebensdauer beeinflusst würde, *selbst wenn* diese Korrosion aufträte (vgl. ebd.:
7). Erneut wird im Bericht von SKB darauf verwiesen, dass die Ergebnisse des
Forschungsteams der KTH einige grundlegende Prinzipien der Thermodynamik
in Frage stellten, welche die wissenschaftliche Grundlage sowohl der Physik als
auch der Chemie bildeten (vgl. ebd.: 8). Damit stünden die Ergebnisse nun einmal mehr nicht lediglich im Konflikt mit dem von SKB proklamierten Wissen,
sondern mit *axiomatisch geltenden* Wissensbeständen gleich zweier Disziplinen.
Sie werden dadurch als heterodoxes Wissen gerahmt.

Der SNC-Bericht nimmt diesen Vorwurf ernst und fragt in einer der Kapitel-
überschriften, ob die propagierte Korrosion thermodynamisch überhaupt möglich
sei (vgl. ebd.: 9). Denn wenn etwas thermodynamisch nicht möglich sei, sei es
überhaupt nicht möglich: „Thermodynamics deals with the concepts of energy
and entropy and can tell us whether a reaction is possible or not." (ebd.) Die
Frage nach der prinzipiellen Möglichkeit wird im Bericht dementsprechend der
Betrachtung der Ergebnisse vorgeschaltet. Wären Prinzipien der Thermodynamik
verletzt, wäre womöglich keine weitere Diskussion notwendig, zumindest aber
die diskursiven Hürden, um Gehör zu finden, ungleich höher. Es sei hier noch
einmal an die von Kuhn attestierte Widerständigkeit der Wissenschaft in Bezug
auf die Veränderung von Paradigmen verwiesen (vgl. Kuhn 1979: 49 ff, 75).

All dies ist aber nicht das erklärte Ziel des KTH-Forschungsteams. Es *betont
explizit, dass seine Ergebnisse mit den Prinzipien der Thermodynamik in Einklang
seien.* Des Weiteren rahmt es seine Aussage, dass Kupfer in anoxischem Wassere
nicht thermodynamisch immun sei, nicht nur als kompatibel mit, sondern als
unbestrittenes Faktum unter Expert*innen für Thermodynamik:

„Szakálos claims that it is an undisputed fact among thermodynamics experts that
copper is not thermodynamically immune in pure oxygen-free water. [...] Szakálos
also states that their experimental results do not conflict with known thermodynamic principles with respect to the corrosion of copper in water. The results can be
explained by the formation of an amorphous copper hydroxide. He asserts that several
scientific publications suggest the existence of different amorphous hydroxides, including both monovalent and bivalent copper, which can easily be converted to oxides.
According to Szakálos, copper corrosion in oxygen-free water is a well known phenomenon in the industrial copper cooling systems and synchrotrons. All cooling systems
for power generators and accelerators, such as at CERN in Switzerland, corrode in the
region of a micrometer per year. This occurs in water that is deionized and degassed."
(SNC 2009: 10)

Diese auf wissenschaftliche Autorität setzende Argumentation, die Widerspruch
nur unter dem Risiko zulässt, als Laie in Sachen Thermodynamik dargestellt zu
werden, ist ebenfalls eine *Appealing-to-science-Strategie*. Ergänzt wird sie durch
den Verweis auf mehrere andere wissenschaftliche Publikationen. Die gerade von
SKB hervorgehobene Bedeutung der realen Bedingungen des Endlagers findet
hier ihre argumentative Entsprechung im Hinweis auf die Bekanntheit des Phänomens in der *industriellen Praxis*. Die obige Auslassung im zitierten Textausschnitt
enthält zudem die Einschränkung, dass die Behauptung, Kupfer besäße keine
thermodynamische Immunität, „[a]mong corrosion scientists, however, [...] a
controversy" sei (ebd.). Bei dieser Aussage handelt es sich um eine Ergänzung
des SNC. Eine Passung der Ergebnisse mit den Überzeugungen einer Community
tritt immer wieder deutlich – direkt oder *ex negativo* – als Qualitätskriterium und
Argument für eine These hervor.

Wenngleich der SNC die Diversität der Meinungen hier einräumt, kommt er
selbst zu der Aussage, dass besagte Kupferkorrosion sehr wohl möglich sei: „It
can be concluded that in theory copper may be corroded by pure oxygen-free
water with respect to the following reaction: $2Cu(s) + H_2O \leftrightarrow Cu_2O + H_2$"
(ebd.: 16). Dies stellt eine bedeutungsvolle Wende in der Kontroverse dar. War
die prinzipielle Potenzialität des Korrosionsprozesses bisher eher widerwillig eingeräumt worden; als etwas, das man nie ganz ausschließen könne – „even though
we cannot completely rule out the possibility" (SSM 2009: 33) –, wird sie nun
von einem wichtigen Konfliktakteur explizit als *Möglichkeit im Einklang mit der
Thermodynamik* gefasst.

Wie auch bisher wird aus der Potenzialität der Anlass für weitere Forschung
abgeleitet, jedoch ohne die Argumentation SKBs bezüglich der Irrelevanz für die
realen Endlagerbedingungen direkt zu übernehmen. Es wird *sogar eingeräumt,
dass die Korrosion extensiv sein könnte*, sofern „the hydrogen is continuously
removed" (SNC 2009: 16). Durch die prinzipielle Offenheit suggerierenden

Äußerungen des SNC erhalten die Claims von Hultquist und Szakálos eine diskursive Aufwertung. Bezüglich eines grundsätzlichen weiteren Forschungsbedarfs besteht Einigkeit unter den anwesenden Wissenschaftler*innen. Das konstruierte Nichtwissensangebot wurde folglich für relevant befunden. Zudem finden sich zahlreiche Spezifizierungen von Nichtwissen, die diesen Forschungsbedarf konkretisieren. Auf die bereits angesprochene, neue Frage, wie die Ergebnisse von Hultquist und Szakálos zu validieren seien, wird zum Teil mit Vorschlägen reagiert, die schon seit Beginn Teil des Diskurses sind und zumindest implizit die Kritik an diesen Ergebnissen erneuern. Nach Einschätzung einiger Teilnehmer gelte es beispielsweise Wissensbemühungen anzustellen, um herauszufinden, ob „the results of Hultqvist and Szakálos [...] realistic or not" (ebd.: 15) seien sowie „to clarify the experimental results and the analytical methods used" (ebd.: 17). Darüber hinaus werden Vorschläge gemacht, die mutmaßlich der Qualitätssicherung des produzierten Wissens dienen sollen, sodass eine Infragestellung des Vorgehens ausgeschlossen werden kann. Zu diesen Vorschlägen gehören die Verwendung hoch entwickelter Analysetechniken – „there are a number of sophisticated surface analytical techniques that should be used" (ebd.: 15) – sowie die Betonung der experimentellen Sorgfalt: „[T]he importance of knowing that the water in the experiment is pure" (ebd.). Man müsse also erst einige Wissensbestände sicherstellen, um Nichtwissen erfolgreich transformieren zu können. Ebenfalls könne man, so ein weiterer Vorschlag, die „well-controlled experiments" (ebd.) von Laboren Dritter durchführen lassen, um die Objektivität der Ausführenden sicherzustellen (vgl. ebd.).

Szakálos betont auf die Frage „[w]hat additional information is needed to confirm this specific corrosion process and to assess the importance of the process for the final repository?" (ebd.: 14) bezogen, dass *KBS-3 unter realistischen Bedingungen getestet werden müsse, bevor es akzeptiert werden könne* (vgl. ebd., 64). Um diese Forderung zu unterstützen, zitiert er einen Bericht des SKI aus dem Jahre 1996: „Copper of identical composition as the future canisters should be placed in a future site environment, with artificial heating at about 80 degrees, with bentonite, etc. Such an experiment could be monitored for several decades." (ebd.: 64) Auf den zeitlichen Aspekt wird von Szakálos noch einmal mit dem Hinweis Bezug genommen, dass das Problem mit Kupfer sei, dass es mit allem langsam reagiere. Damit rechtfertigt er die Forderung, sich die Zeit zu nehmen, das nach seiner Ansicht bestehende und relevante Nichtwissen angemessen zu erforschen; ein Vorschlag, der dem angestrebten Zeitplan von SKB und mittlerweile auch SSM nicht entspricht, da diese Akteure auf eine Zeitdruck-Erzählung propagieren (vgl. Wärnbäck 2012: 53 f).

Die durch den SNC hervorgehobenen Spezifizierungen von Nichtwissen werden folgendermaßen zusammengefasst: *„The yet unknown corrosion product needs to be identified, the corrosion rate needs to be determined, and corrosion in a realistic repository environment needs to be studied.“* (SNC 2009: 17, Hervorheb. NW) Es sei beispielsweise zu klären, „what the presence of the bentonite buffer will mean for the removal of H$_2$“ und wie „complexing ions such as sulphide and chloride that are present in the repository environment will influence the proposed reaction“ (ebd.). Dieses Nichtwissen sei zu bearbeiten, um Aussagen darüber treffen zu können, welche Bedeutung die angenommene Kupferkorrosion für den Behälter im Endlager konkret habe (vgl. ebd.). Die von SKB diesbezüglich postulierte Einschätzung des Korrosionsprozesses als irrelevant wird vom SNC nicht geteilt. Die Forderung, das durch den SNC spezifizierte Nichtwissen in Wissen zu transformieren, habe nach Swahn dazu geführt, dass SKB ein Forschungsprojekt an der Universität Uppsala mit dem Ziel „to replicate the experimental results of corrosion in pure water that the researchers from KTH obtained“ (Swahn 2011: 86) initiiert hat. Dies sei aber nach SKBs Aussage nicht gelungen (vgl. SKB 2014; SKB 2016a).

6.1.6   SSM kritisiert SKBs Nichtwissenszugriff

In einem im Juni 2010 veröffentlichten „Quality Assurance Review of SKB's Copper Corrosion Experiments“ (SSM 2010) *kritisierte SSM erstmals stark SKBs Nichtwissenszugriff* bezüglich der CCC. Gegenstand des Reviews war das „Long Term Test of Buffer Material (LOT) Project and the Miniature Canister (MiniCan) Project“ (ebd.: i). Aus dieser Darstellung lässt sich die Kritik an SKBs Nichtwissenszugriff herauslesen, wie sie sich zumindest aus Perspektive von SSM bei der Betrachtung zweier Projekte darstellt – auch wenn SSM betont, dass es sich bei dem diagnostizierten Vorgehen um einen Einzelfall handeln könnte:

> „However, it must be emphasised that this quality assurance review only covers limited aspects of two ongoing field experiments and the results should not be generalised. Other quality assurance reviews of SKB has not resulted in any severe comments, it can therefore not be excluded that the deficiencies reported here is of singular occurrence.“ (ebd.: o.S.)

Eine Einschätzung, die unter Betrachtung SKBs Verhaltens im Standortauswahlverfahren zumindest für SSMs Vorgängerinstitutionen fragwürdig erscheint (vgl. Abschnitt 5.1.2). Auch wenn man SSM Glauben schenken mag, dass sich SKBs

Zugriff auf Nichtwissen für sie sonst anders dargestellt habe, scheint er in diesem Fall konfligierender Wissensbestände aufgrund folgender Aspekte für SSM kritikwürdig: 1) Erstens kritisieren sie das *Wie der Beobachtung*, das zu gesicherten Ergebnissen führen soll:

„The copper corrosion tests that form part of the LOT and MiniCan experiments are subsidiary tests to already planned experiments to investigate other processes. Experiments whose sole aim is to study copper corrosion in a repository-like environment would avoid the potential complication, constraints or influence of tests of other processes in the same experiment." (SSM 2010: ii)

2) Zweitens favorisiert SSM an dieser Stelle eine *stärker rekontextualisierte Art der Evidenzproduktion* –‚in a repository-like environment' –, deren Erkenntnisgegenstände weniger stark aus ihren (räumlichen und zeitlichen) Bezügen abgelöst wären (vgl. Wehling 2015: 47 f). Stattdessen habe SKB durch die *Doppelnutzung der Experimente* das für die CCC relevante Nichtwissen nicht angemessen bearbeitet, weshalb die erzeugten Wissensbestände möglicherweise mangelhaft sein könnten:

„The copper corrosion tests in the reviewed experiments aimed to confirm SKB's understanding of corrosion rates in a repository-like environment. The review has noted that researchers infer that higher than expected corrosion rates reflect problems with the experiment. However, it is unclear how SKB would respond if it is shown that the corrosion rates are greater than hypothesised." (SSM 2010: ii)

3) Der Umgang mit Nichtwissen durch SKB scheint hier SSM zufolge drittens einem *Bestätigungs-Bias* zu unterliegen, zumal die Experimente bereits darauf ausgelegt seien, die bestehenden Annahmen SKBs lediglich zu verifizieren. Auch die Implikation der Forschenden, dass höher als erwartete Korrosionsraten als Experimentalfehler gedeutet worden seien, lässt SSM mit dem Eindruck zurück, dass die Reaktion SKBs auf Überraschungen ungewiss sei. *Darin drückt sich die Bereitschaft SKBs aus, den eigenen Hypothesen zuwiderlaufendes Wissen als Störung des Prozesses der Evidenzproduktion zu deuten und nicht als potenziellen Hinweis auf die Richtigkeit der Annahmen aus der KTH oder zumindest auf relevantes Nichtwissen.*

4) Zuletzt war das nach SSM kritikwürdigste Moment, die nicht offengelegte Auslassung von Experimentaldaten in einem technischen Bericht:

„The most significant finding was that the MiniCan technical report published by SKB in 2009 presents only selected real-time corrosion monitoring data, although the full

data set has been included in internal project progress reports. No indication was given
in the SKB technical report that some data had been excluded. The absence of selected
data from the SKB report became apparent during the QA [Quality Assurance] review.
The published data were stated as being consistent with data reported in the literature,
but the missing data indicate extremely high copper corrosion rates, which suggests
that there are problems with the measurement technique." (ebd.: i f)

SKB wird hier zwar keine explizite Vertuschung vorgeworfen, dennoch besteht
zwischen dieser unbegründeten Auslassung durch SKB und dem, was in
Abschnitt 5.2.3 unter dem Begriff *Geheimnis* beschrieben wird, eine Beziehung:
SKB hat intentional Ergebnisse nicht veröffentlicht und SSM damit diesbezüglich
unwissend gelassen. Das ‚Geheimnis' stellte hier zwar keine absolute Wissensgrenze für SSM dar, da die Behörde auf Grundlage der internen Berichte die
Gesamtheit der Daten habe einsehen können, dennoch war es dem von SSM
initiierten Review geschuldet, dass es aufgedeckt wurde. SKB geriert sich mit
diesem Vorgehen als Autorität darüber, welches Wissen für SSM und andere
Prozessbeteiligte notwendig sei, um über das Entsorgungskonzept zu befinden.
SSM macht deutlich, dass sie es für unangemessen halte, die fraglichen Wissensbestände nicht zu veröffentlichen. Ihre Kritik an der verzögerten Veröffentlichung
der Ergebnisse hat eine verwandte Stoßrichtung:

„There have been delays in the publication of SKB technical reports on the LOT project. This QA review acknowledges the time required to analyse and understand the
data obtained both before and after parcel extraction, but timely publication of results
is important. Publication of the results for the LOT A0 parcel, extracted in 2001, has
been given a low priority by SKB, although results were presented at the QA review
meeting and have been provided at other SKB meetings with SSM. The results for the
A2 parcel, extracted in 2006, were not published until the end of 2009. There have
been discussions of these experiments and their results at meetings and conferences,
but such presentations do not justify the delay and/or lack of publicly available SKB
reports." (ebd.: iii)

Die verzögerte Veröffentlichung beeinflusst den Konflikt dahingehend, dass sie
ihn *entdynamisiert*, erscheint der Diskurs doch immer noch im Wesentlichen als
das Antworten von Texten auf Texte. Eine solche Entdynamisierung ist für SKB
als Vorteil zu deuten, hat ihr Gegenteil – die starke mediale Aufmerksamkeit ab
2007 – doch Diskursverschiebungen gezeitigt, die KBS-kritischen Positionen zu
gesteigerter Relevanz verholfen haben.

Des Weiteren wird der Ort, an dem die Wissensbestände veröffentlicht werden, kritisiert – wissenschaftliche Artikel statt technischer Berichte. Der Zugang

zu Wissensbeständen sei hierdurch erschwert und diese selbst an die Formate angepasst und unnötig in ihrem Umfang reduziert:

> „SKB stated during the QA review that it gives greater weight to publications in peer-reviewed journals than to SKB technical reports. The importance of publishing articles in specialised journals to support the evolving body of knowledge is recognised, but it is also important that SKB publishes its work in a more comprehensive form in easily accessible technical reports. Other stakeholders will not have easy access to specialised journals, and the publication conditions of such journals, in particular limited article length, mean that key technical details and data cannot be published." (ebd.)

Ein Effekt dieser Kommunikationspolitik SKBs ist die Bestätigung der durch die NGOs geäußerten Befürchtungen, dass SKB nicht alle Ergebnisse offenlege – ein dadurch befördertes Vorgehen, dass SKB als Privatunternehmen nicht dem Grundsatz des öffentlichen Zugangs zu Informationen unterliege (vgl. Abschnitt 5.1.3; 5.2.3). Wenngleich die Möglichkeit, Geheimhaltung und damit unnötige Wissensgrenzen zu unterstellen, immer gegeben ist, so hat sich SKB mit ihrem Vorgehen in dieser Sache *politisch angreifbar* gemacht. Die Intentionalität ihres Vorgehens allein stiftet Relevanz für den verschwiegenen Wissensinhalt. Brisanter ist er, weil er ohne Frage den Diskurs im Sinne der ‚Gegenseite' formieren könnte. Irrelevantes wird nicht verschwiegen, daher ist die retrospektive Erklärung, dass die fehlerhafte Messtechnik womöglich ursächlich für die extrem hohen Korrosionsraten sei, nicht geeignet, um alle Bedenken zu zerstreuen. Inkongruenz der Ergebnisse mit den eigenen Vorannahmen als Grund für unvollständige Berichte ist einer, der kaum auf externe Legitimation hoffen kann. Dementsprechend harsch fällt die Kritik SSMs an SKB aus.

5) SSM kritisiert zudem die wissenschaftliche Arbeitsweise von SKB:

> „The reports from the MiniCan and LOT experiments provide little information on the sources or quantification of data uncertainty, or the level of confidence that can be assumed in the results. Factors that influence data uncertainty should be identified, such as measurement detection limits, the problems in defining the length of time a sample is subject to certain geochemical conditions, and instrumentation problems, such as electrode degradation." (SSM 2010: ii)

Als von SKB zu bearbeitendes Nichtwissen wird jenes über Einflussfaktoren von Datenungewissheit spezifiziert. Ohne eine ausreichende Wissensgrundlage bezüglich des Nichtwissens, also ohne die Angabe von Datenunsicherheit oder Konfidenzniveaus, sei eine Einhegung des Nichtwissens unzureichend und für einen technischen Bericht unangemessen unvollständig. Auch für Aspekte, wie das Wissen darüber, ob die Bedingungen im Experiment oxisch oder anoxisch seien, fehle SKB die notwendige Wissensgrundlage. Diese müsse erst hergestellt werden, um Ergebnisse interpretieren zu können und es sei unklar, ob dies bei SKB schon passiert sei:

> „Understanding when conditions are oxic and when they are anoxic is of key import-ance in real-time copper corrosion tests; it will be difficult to interpret corrosion measurements and long-term corrosion rates unless the evolution of geochemical con-ditions is understood. It was not clear, in this review, how well redox conditions are understood in the vicinity of the copper corrosion tests in the MiniCan and LOT experiments." (ebd.: ii f)

Die von SSM ausgemachten Leerstellen und Nichtwissensspezifizierungen sind keine bloßen Anregungen. SKB ist verpflichtet, sie angemessen zu bearbeiten, will sie auf die Bewilligung ihres Antrags zur Konstruktion des Endlagers hoffen. War bislang SSM maßgeblich an der Kritik der wissenschaftlichen Praxis von Hultquist, Szakálos und Kolleg*innen beteiligt, findet hier eine Diskursverschiebung statt, die SKBs Selbsterzählung als unangefochtene Autorität beeinträchtigt. Dies ist gerade deshalb bemerkenswert, da sich SSM im Vorhinein als starke Befürworterin der SKB'schen Lesart des Konflikts positioniert hatte.

6.1.7 Neuer institutioneller Lösungsversuch initiiert durch SKB

SKB reagiert auf die veränderte Diskurssituation – gesteigerte öffentliche Auf-merksamkeit, Anerkennung der Ergebnisse der KTH durch SNC sowie die Kritik von SSM – mit einem neuen institutionellen Verfahren. Wie auch beim Konflikt um die Standortsuche hat SKB dabei auf die partizipative Einbindung von als relevant ausgemachten Akteuren gesetzt: Im März 2010 lud sie zehn schwedische Organisationen dazu ein, an einer ‚Reference Group Copper Corrosion' (RG)[9] teilzunehmen (vgl. Andersson 2013: 86). Eingeladen wurden Vertreter*innen aus der staatlichen Verwaltung der lokalen und regionalen sowie der nationalen Ebene, Vertreter*innen von NGOs und die Forscher*innen der KTH (vgl. ebd.).

---

[9] Die Reference Group bestand von 2010 bis 2013. Die hier dargelegte Analyse bezieht sich auf ihren gesamten Bestehenszeitraum. Dies bedeutet eine zeitliche Überlagerung mit anderen Geschehnissen, die ab 2010 relevant werden.

Letztendlich Mitglieder der RG wurden Vertreter*innen der Gemeinden Östhammar und Oskarshamn und Vertreter*innen der Räte aus den jeweiligen Provinzen, in welchen diese Gemeinden liegen: Uppsala für Östhammar und Kalmar län für Oskarshamn. Außerdem traten Vertreter*innen der schwedischen NGOs MKG und SERO sowie drei Wissenschaftler der KTH und drei Vertreter von SKB der RG bei (vgl. ebd.: 87). Eine dritte NGO, Milkas, äußerte den Wunsch, nur beobachtend teilzunehmen. SSM sowie der SNC lehnten es ab teilzunehmen, um ihre Unabhängigkeit zu wahren (vgl. ebd.). Zwischen März 2010 und Dezember 2012 traf sich die RG 14-mal (vgl. ebd.). Im Oktober 2012 schied die MKG aus der Referenzgruppe aus. Ursächlich war ihr nicht umgesetzter Vorschlag, adressiert an das Umweltgericht und SSM, SKB dazu zu verpflichten ihr gesamtes Forschungsprogramm vollständig der Öffentlichkeit zugänglich zu machen, um nicht SKB die Legitimation für ein geringeres Maß an Offenheit zu geben (vgl. ebd. 93 f).

SKB kündigte in der ursprünglichen Einladung zur RG zwei neue geplante Experimente an,bei denen sie großen Wert auf Offenheit hinsichtlich des Aufbaus und der Durchführung der Experimente sowie der Interpretation derer Ergebnisse legen würde. Man wolle der RG einen umfassenden Einblick liefern, wobei sie keinerlei Verantwortung für die Experimente übernehmen müsse (vgl. ebd. 86):

„The idea with the RG is to give the stakeholders and the public full insight into the experiments all the way from the planning phase to reporting. The meetings with the RG give the participants not only insight but also a possibility to suggest modifications of the planned experiments." (ebd.)

Über das konkrete Design der Experimente habe letztendlich SKB in Absprache mit den jeweils beauftragten Forschenden entschieden (vgl. ebd.). Dementsprechend behält SKB bei dem Vorgehen, das spezifizierte Nichtwissen in Wissen zu transformieren, das letzte Wort.

Nichtsdestotrotz ist es bemerkenswert, dass hier ein ursprünglich in der Chemie und der Physik angesiedeltes Problem in ein Format überführt wird, das auch außerwissenschaftliche Akteure einbindet. Ein ursprünglich genuin wissenschaftlich anmutendes Problem – korrodiert Kupfer oder nicht? – soll hier zumindest teilweise sozial bearbeitet werden. Doch was bedeutet diese Prozessinnovation? Durch den selbsterklärten Wunsch offen zu sein und Einblick zu gewähren, *rahmt SKB die Problematik nachdrücklicher als Kommunikationsproblem* denn als (Nicht-)Wissenskonflikt. *Zwar verändert sie das Format, ihre ursprüngliche Argumentation bleibt jedoch von dieser Neuerung unberührt:* Noch immer stehen in dieser Vorstellung SKBs zwei wissenschaftlich ungleichwertige Claims einander gegenüber. Für SKB gibt es in diesem Sinne keinen Konflikt, weshalb es darum geht, den Irrtum des einen Claims nachzuweisen; dies aber nun gemeinschaftlich, um Legitimität und Vertrauen zu stiften. SKB vollzieht vor diesem Hintergrund einen Balanceakt, will sie sich einerseits offen zeigen und andererseits nicht zu viel Kontrolle abgeben. Dafür spricht auch, dass nicht die von anderen Akteuren vielzitierte Objektivität generierende Einbindung Dritter zur Überwachung der Experimente vollzogen wird, sondern SKB selbst die Gesamtverantwortung übernimmt.

Dass die Formatänderung keine argumentative Verschiebung oder eine grundsätzliche Offenheit SKBs gegenüber den Claims der KTH bedeutet, schlägt sich auch in der Fragerichtung der beiden Experimente nieder. Bezeichnenderweise berührt keines der Experimente eine der vom SNC angeregten Nichtwissensspezifizierungen: „The yet unknown corrosion product needs to be identified, the corrosion rate needs to be determined, and corrosion in a realistic repository environment needs to be studied." (SNC 2009: 17) Vielmehr handelt es sich bei den durchgeführten Versuchen um stark dekontextualisierte Laborexperimente, welche die prinzipielle Möglichkeit von Kupferkorrosion unter anoxischen Bedingungen prüfen sollen.

Bei einem der Experimente handelte es sich um die Untersuchung eines Kupferdrahts durch das staatliche ‚SP Technical Research Institute of Sweden‘. Der Kupferdraht hatte sich seit dem Ende eines vergangenen Experiments vor 20 Jahren in einer Teströhre befunden (vgl. Andersson 2013: 86). An einem Ende war die Röhre mit einer Palladiummembran verschlossen, da diese die Eigenschaft besitzt, von Wasserstoff als einzigem Gas durchdrungen zu werden (vgl. ebd.: 87). Nach der Annahme, dass ein ausreichend hoher Wasserstoffpartialdruck die Korrosionsreaktion zum Erliegen bringt, sei der Abzug von Wasserstoff eine Voraussetzung für die Korrosion von Kupfer (vgl. ebd.). Damit würde die Palladiummembran ein stetiges Fortschreiten der Korrosion ermöglichen. Jedoch wurden keine Hinweise auf Korrosion am Kupferdraht gefunden (vgl. ebd.). Die Lagerung der Röhre habe allerdings nicht durchgehend unter kontrollierten Bedingungen stattgefunden, weshalb aus diesem Experiment keine definitiven Schlüsse gezogen werden konnten (vgl. ebd.). Das Experiment stellte sich also als unzureichend für die Lösung des Nichtwissensproblems heraus.

Gleiches gilt für das zweite Experiment, welches explizit als Reproduktionsversuch der von Szakálos 2007 veröffentlichten Ergebnisse angelegt war:

„Thus, Boman et al. (2014) [SKB 2014] observed hydrogen production, but not copper corrosion. [...] In conclusion, the corrosion experiments in oxygen free water performed by Boman et al. (2014) that were initially planned to be similar with the experiments performed by Szakálos et al. (2007) have introduced some additional uncertainties and thus the hydrogen release is difficult to be explained. A good approach was to start with very pure copper, pure water and the choice of the Duran glass that leaches very little impurities into the water but to control of the leakages in and out from the system are critical for understanding the processes that take place." (SSM 2015: 27 f)

Nicht nur, dass das Experiment nicht im Sinne SSMs zu einer Lösung beitrage, es füge zusätzliche Ungewissheiten hinzu. Die erhoffte Transformation von Nichtwissen in Wissen mündet also in der Vervielfältigung des spezifizierten Nichtwissens, das es aufzulösen gelte.

Inwieweit konnte die Implementation der partizipativen RG etwas zur Lösung des Konflikts beitragen und welche Wirkung hatte die RG auf den Nichtwissenskonflikt? Insgesamt ist den kritischen Stimmen innerhalb der RG zuzustimmen, wenn es um den Einfluss des durch die Experimente gewonnenen Wissens und damit der RG selbst auf die Kontroverse geht (vgl. Andersson 2013: 89): Er ist überschaubar. Das durch SKB initiierte Format hatte keinen nennenswerten Einfluss auf die Dynamik des Konflikts oder die verhandelten (Nicht-)Wissensinhalte. Auch wird im weiteren Konfliktverlauf nur selten auf die RG rekurriert.

6.1.8 Koexistenz der Claims als Konfliktlösung?

Im März 2011 wird unter dem Titel „Is Copper Immune to Corrosion When in Contact With Water and Aqueous Solutions?" (SSM 2011b) ein SSM-Bericht veröffentlicht, der auf einer von der Behörde in Auftrag gegebenen Studie basiert. Ziel des Berichts sei es, das Wissen zu Kupferkorrosion in einer Endlagerumgebung zu vergrößern. Für die Studie wurden keine neuen Daten erhoben, sondern vorhandene Daten zum Korrosionsverhalten von Kupfer in verschiedenen Umgebungen und in Kontakt mit verschiedenen korrosiven Substanzen, vor allem Sulfiden, neu zusammengetragen und ausgewertet, um den Korrosionsverlauf der Kupferbehälter im Endlager berechnen zu können (vgl. ebd.: 13). Ausgangspunkt der Betrachtung sei die den KBS-2- und -3-Berichten zugrundeliegende Annahme SKBs, dass Kupfer in reinem, anoxischem Wasser in einem Zustand thermodynamischer Immunität vorliege, also nicht korrodiere (vgl. ebd.: 7). Untersucht wurde dieser Aspekt, da SKB diese Annahme als ursprüngliche Bedingung für die Auswahl dieses Materials formuliert hatte. Den Konflikt um diesen kontrovers gewordenen Anspruch aufzulösen, sei dem Bericht zufolge wichtig, um einen Ungewissheitsaspekt bei der Beurteilung des KBS-3-Plans zu beseitigen (vgl. ebd.: 12).

Der Bericht schlägt dabei gänzlich andere Töne an als der 2009 erschie-
nene und ebenfalls von SSM in Auftrag gegebene, welcher harsche Kritik an
den Ergebnissen der Forschungsteams der KTH geübt hatte (vgl. SSM 2009).
Hatte die von SSM beauftragte BRITE sowohl an den Ergebnissen von Szakálos et al. (2007), als auch an deren Zustandekommen einiges auszusetzen, stellt
der SSM-Bericht (2011b) überraschender Weise fest, alle Experimente, die zu
den sich widersprechenden Ergebnissen geführt haben, seien nach den „highest
of scientific standards" (ebd.: 12) ausgeführt worden. Sie distanzieren sich damit
maßgeblich von Strategien, welche die Forschung der KTH als unwissenschaftlich darstellen sollten und dementsprechend eine Argumentation begünstigen,
welche die Claims SKBs als unangefochten darstellt und die Proklamation von
Genug-Wissen begünstigt.

Der Bericht geht noch einen Schritt weiter, indem er nicht nur das Zustandekommen der Ergebnisse als höchsten wissenschaftlichen Ansprüchen genügend
rahmt, sondern zu dem Schluss kommt, dass bei beiden Ergebnissen zwar mit
jeweils unterschiedlichen Anfangsbedingungen von Wasserstoffpartialdruck und
Kupferionenaktivität experimentiert wurde (vgl. ebd.: 7), aber dennoch beide den
Gesetzen der Thermodynamik entsprächen:

„While this finding [of Hultquist and Szakálos] is controversial, it is not at odds with
thermodynamics, provided that the concentration of Cu^+ and the partial pressure of
hydrogen are suitably low, as we demonstrate in this report. The fact that others are
expereiencing [sic] difficulty in repeating these experiments may simply reflect that
the initial values of $[Cu^+]$ and p_{H_2} in their experiments are so high that the quantity
$P = [Cu^+]p_{H_2}^{1/2}$ is greater than the equilibrium value, P^e, as expressed in a Corrosion
Domain Diagram (plots of P and P^e versus pH). Under these conditions, corrosion
is thermodynamically impossible, and no hydrogen is released, because its occurrence
would require a positive change in the Gibbs energy of the reaction, and the copper is
therefore said to be ‚thermodynamically immune'." (ebd.)

Der SSM-Bericht kommt zu dem Ergebnis, dass die Korrosionsrate von Kupfer – auch in reinem Wasser, frei von gelöstem Sauerstoff und korrosiven
Molekülen – zum einen von dem durch die anwesenden Wasserstoffatome erzeugten Partialdruck und zum anderen von der Konzentration (Aktivität) von im
Wasser gelösten Kupferionen abhängig ist (vgl. ebd.: 11). Ist der Wasserstoffpartialdruck, also der Anteil am Gesamtdruck, der durch Wasserstoff erzeugt wird,
zu niedrig, wird Korrosion stattfinden, bei welcher freier Wasserstoff entsteht, bis
ein Gleichgewichtsdruck erreicht ist. Erst wenn der Gleichgewichtsdruck erreicht
oder überschritten wäre, wäre das Kupfer immun gegen Korrosion (vgl. ebd.: 9).

Digby D. Macdonald – Professor für Materialwissenschaften und Ingenieurwesen sowie einer der Verfasser des SSM-Berichts (2011) – hatte die These, dass beide Claims den Gesetzen der Thermodynamik entsprechen könnten, bereits auf Grundlage einer ‚back-of-the-envelope'-Berechnung im SNC-Bericht von 2009 aufgebracht (vgl. SNC 2009: 31) und belegt sie mit dieser Studie ausführlicher.

Der Bericht geht davon aus, dass die Bedingungen, welche die Immunität von Kupfer ermöglichen würden, nur dann vorlägen, wenn die Flüchtigkeit von Wasserstoff sowie die Konzentration aktivierender korrosiver Sulfide entsprechend gering und die Aktivität von Kupferionen entsprechend hoch seien (vgl. SSM 2011b: 12). Mit dieser Annahme *verschiebt sich die Position SSMs zur Korrosion* von Kupfer unter anoxischen Bedingungen von „we cannot completely rule out the possibility" (SSM 2009: 33) zu „[t]he assumption that copper is unwquivocally [sic] immune in pure water under anoxic conditions is strictly untenable" (SSM 2011b: 11).

Mit dieser Verschiebung wendet sich der Blick SSMs vom Nichtwissen darüber, welcher der Wissens-Claims valide sei und sich als Entscheidungsgrundlage eigne, zum *Nichtwissen darüber, welche Einflüsse diese Überlegungen für ein reales Endlager haben*. Das Nichtwissen, das die Kontroverse ausgelöst habe, sei zwar wissenschaftlich interessant, aber womöglich bezogen auf die Endlagerumgebung, wie man sie in Forsmark vorfinden würde, irrelevant (vgl. ebd.: 12). Als Hauptgrund hierfür wird genannt, dass man im Endlager gerade nicht davon ausgehen könne, reines, anoxisches Wasser vorzufinden: „The environment within the proposed repository is not pristine, pure water, but instead is brine containing a variety of species, including halide ions, sulfur-containing species, and iron oxidation products, as well as small amounts of hydrogen" (ebd.: 8). Für diese Bedingungen könne gezeigt werden, dass „a wide variety of sulfur-containing species and non-sulfur-containing entities activate copper, thereby destroying the immunity assumed for copper in pure water" (ebd.). Statt sich also so weit dekontextualisierten Experimenten zu widmen, dass die Aussagefähigkeit zu den realen Bedingungen zu KBS gen Null gehe, müsse man den Einfluss der angenommenen Korrosion auf das zukünftige Endlager berechnen.

Mit der Thematisierung der Korrosionsrate geht SSM auch auf eine vom SNC explizit hervorgehobene Nichtwissensspezifizierung ein (vgl. SNC 2009: 17). 2009 schätzt Swahn, unter Bezugnahme auf Szakálos et al. (2007), die Korrosionsrate folgendermaßen ein:

„He [Swahn] cited a Swedish scientific study from 2007 that suggested the copper canisters could corrode after a few hundred or a thousand years, and thereby pose a major safety hazard. [...] ‚If the canisters begin to rust right away, the radioactive

waste could reach the surface in 50 to 100 years at the Oskarshamn site,' he said."
(Heerikhuize 2009)

Im SSM-Bericht hingegen wird davon ausgegangen, dass sich die Korrosionsrate auf einen Millimeter pro 100.000 Jahre begrenzen ließe, vorausgesetzt „the multiple barriers being sufficiently impervious to the transport of activating species and corrosion products" (SSM 2011b: 11) – dann sei die Korrosionsrate akzeptabel für eine Behälterstärke von fünf Zentimetern. *Die von verschiedenen Akteuren angenommene Korrosionsrate wird, spätestens mit diesem SSM-Bericht zu einem der wichtigsten Nichtwissensprobleme.*
    Wie sich hier im Fall von SSM und der Fokussierung der realen Entsorgungsbedingungen andeutet, scheint sich im Diskurs ein *Konsens* darüber formiert zu haben, dass es bei aller theoretischer Kontroverse einen konkreten Problemgegenstand zu beachten gelte, für den das angenommene Wissen oder Nichtwissen auf seine Relevanz hin überprüft werden müsse. Die Akteure kommen jedoch zu sehr unterschiedlichen Aussagen darüber, was dies in der Konsequenz bedeutet. Während sich Szakálos und der SNC dafür aussprechen, die Korrosion in einer realistischen Endlagerumgebung zu untersuchen (vgl. SNC 2009: 17, 64), um das Nichtwissen zur Kupferkorrosion im Endlager angemessen zu bearbeiten, sieht SSM die Aufgabe in der Sicherstellung der Barrierefunktion des Endlagers (vgl. SSM 2011b: 11f). 1996 hatte sich auch SSMs Vorgänger noch für eine Untersuchung von Kupfer „in a future site environment" (SNC 2009: 64) ausgesprochen. SKBs Plädoyer für einen ‚realistischen Blick' auf die Entsorgung hingegen qualifiziert eine Full-Scale-Untersuchung der anoxischen Kupferkorrosion implizit als überflüssig, sei doch die Sicherheit von KBS durch die Worst-Case-Kalkulationen, auf welchen ihre Selbst-Wenn-Argumentation beruht, gewährleistet. Die hier propagierten Vorschläge haben durch ihre unterschiedliche Rahmung der Nichtwissensproblematik anoxischer Kupferkorrosion fundamental verschiedene Anforderungen daran, wie viel Zeit zur Problembearbeitung aufgewendet werden sollte. So könnte nach dem Dafürhalten SKBs bereits mit dem Bau begonnen werden, wohingegen Experimente unter endlagerähnlichen Bedingungen womöglich Jahrzehnte in Anspruch nehmen würden und damit den Plan SKBs, Anfang der 2030er mit der Einlagerung des Atommülls zu beginnen, im Wege stehen.
    Diese *Strategie der Hervorhebung von KBS als Einheit* macht es zwar nicht weniger anfällig für alternative (Nicht-)Wissensbehauptungen, aber sie *ermöglicht es, die Kritik abzuschwächen, indem sie sie als unbedeutend für die Totalität des dreifach gesicherten Konzepts rahmt.* Hatte SKB, durch ihre Strategie der

Hervorhebung von KBS als Einheit, KBS als Lösung für ein nach ihrem Dafürhalten irrelevantes Korrosionsszenario formuliert, wird hier im SSM-Bericht die
Barrierefunktion zwar ebenfalls als wichtiger Schutz vor Korrosion angenommen – jedoch auch als *Ausgangspunkt weiteren Nichtwissens und nicht nur als
Lösungsangebot* für ein von SKB als marginal konzipiertes Nichtwissen (vgl.
Abschnitt 5.1.1). Eine von SSM vorgenommene Nichtwissensspezifizierung ist
die Frage, wieso in Anbetracht der als vertretbar angenommenen Korrosionsrate überhaupt kostenintensives Kupfer verwendet werden sollte: „However, if
the rate of transport through the bentonite buffer is, indeed, that low, then it
begs the question:‚Why is it necessary to use copper or would a less expensive
alternative (e.g., carbon steel) suffice?‘" (SSM 2011b: 7) Weiterer Forschungsbedarf wird im Bericht vor allem hinsichtlich der Flüchtigkeit von Wasserstoff
sowie dem konkreten Verhalten der Sulfidverbindungen gesehen (vgl. ebd.: 10f,
116). Außerdem wird vorgeschlagen, die Möglichkeit, den Bentonitpuffer mit
zusätzlichen Kupferionen anzureichern, weiter zu beforschen (vgl. ebd.: 115).

 *Wenngleich SSM mit ihrer Erklärung für das Zustandekommen unterschiedli-
cher Ergebnisse die Kontroverse beendet haben könnte und sie auch in einem
nachfolgenden Bericht als „largely resolved"* (SSM 2012b: 8, Hervorheb. NW)
beschreibt, ist dem nicht der Fall. Dies zeigt sich beispielsweise an den für diese
Arbeit durchgeführten Interviews (Erhebungszeitraum 2015 und 2016). Hier wird
noch immer auf Argumentationen zurückgegriffen, welche die in diesen Berichten gemachten Erklärungen ausblenden. So äußern sich etwa Akteure aus SKB
erneut dahingehend, dass sie die Ergebnisse nicht hätten reproduzieren können.

 Nichtsdestotrotz markiert der SSM Bericht von 2011 eine *Zäsur im Konfliktgeschehen*: Als einer der wichtigsten Akteure rahmt SSM den Konflikt als
gelöst und legt den Fokus der anzugehenden Wissensbemühungen auf KBS als
Gesamtsystem, also das Zusammenspiel der Barrieren im Hinblick auf Korrosion bzw. deren Eindämmung. Zum Beispiel wird die Rolle der Bentonitbarriere
im weiteren Verlauf der Kontroverse verstärkt diskutiert, genauso wie die Auswirkungen von radioaktiver Strahlung auf das Korrosionsverhalten von Kupfer.
Zudem tritt spätestens mit dem Bericht eine Heterogenisierung dessen auf, was
von den jeweiligen Akteuren unter dem Label CCC diskutiert wird. Die Spezifizierungen von Nichtwissen integrieren nun andere Korrosionsprozesse, wie etwa
die durch Sulfide bedingte Korrosion und machen das Zusammenwirken mit der
Kupferkorrosion unter anoxischen Bedingungen zu Gegenstand des Interesses.

6.1.9 Der Antrag – SSM weist SKBs Wissensansprüche zurück

Auch im März 2011, zeitgleich mit dem Erscheinen des SSM-Berichts (2011), reicht SKB den Antrag zum Bau des Endlagers (SKB 2011a) bei den zuständigen Regierungsbehörden ein. Der Antrag baue dabei, laut Swahn, auf alten Ergebnissen auf:

> „In the license application and the associated license safety analysis, SKB is relying solely on the models for copper corrosion established at the beginning of the project, as well as on mass balance calculations, to show that only a few millimeters of copper will corrode in a million years." (Swahn 2011: 86 f)

Zwar erkennt SKB Korrosionsprozesse, wie den der Sulfidkorrosion an (vgl. Kall/Sundqvist 2014: 8), jedoch wird unter Verwendung der bisherigen argumentativen Strategien der von Hultquist, Szakálos und Kolleg*innen angenommene Korrosionsprozess von SKB weiterhin verneint und als höchstens vernachlässigbar kommuniziert (vgl. ebd.; SKB 2011b: 31 ff). *Das etwaige Nichtwissen wird als marginales Risiko in den Sicherheitsnachweis eingehegt*:

> „With pessimistic assumptions concerning buffer erosion, copper corrosion and radionuclide transport, the radiological risk from releases from canisters damaged by erosion or corrosion is judged to be non-existent for tens of thousands of years after closure. The radiological risk for 100,000 years is at most a hundredth of the risk criterion and for a million years about a tenth of the risk criterion. […] The total risk for a final repository in Forsmark with the described reference design and production and inspection methods is well below SSM's risk criterion, even over a period of a million years. The conclusion in SR-Site is therefore that a long-term safe KBS-3 repository can be built at Forsmark." (SKB 2011a: 38)

Die Vorstellung eines ‚non-existent' Risikos für die ersten zehntausend Jahre lässt durch den Verzicht auf eine Kategorie des Restrisikos *Nichtwissen nicht nur irrelevant, sondern ebenfalls inexistent* erscheinen. Nach Böschen und Wehling wird im Restrisiko „eine Grenze zwischen Kontrolle und Nicht-Kontrollierbarkeit adressiert, die zugleich eine Grenze der sozialen Zurechnung darstellt, nämlich zwischen Verantwortung und Schicksal. Auf diese Weise werden Entscheidungssysteme vor uneinholbaren Wissens- und Sicherheitserwartungen sowie weitreichenden Verantwortungszuschreibungen geschützt." (Böschen/Wehling 2012: 319) SKB nimmt zumindest hier diese Möglichkeit nur bedingt in Anspruch, indem sie das Risiko für die ersten zehntausende Jahre gleich Null setzt und

dementsprechend ihrer Kontrolle – zumindest für einen Bereich, der für die meisten Menschen ebenso wenig vorstellbar ist wie die Ewigkeit – als umfassend
rahmt.

Wie vor dem Hintergrund ihrer eigenen Forschung (vgl. SSM 2011b) zu
erwarten, weist SSM die im Antrag geäußerten Wissensbehauptungen SKBs
zu anoxischer Kupferkorrosion zurück und spezifiziert fünf Nichtwissensaspekte
(vgl. SSM 2012a):

> „First, SSM requires a more detailed description of how copper corrosion may affect
> the safety of a repository. […] Second, SSM demands that SKB provide more infor-
> mation on how microbial processes and hydrogen from copper corrosion relate to each
> other. Third, the authority argues that the relationship between possible copper corro-
> sion in oxygen-free water and corrosion due to sulphide must be addressed since they
> potentially can affect each other. Fourth, SSM requires additional material on what
> would happen if hydrogen enters into an unsaturated buffer, the bentonite clay. Fifth
> SSM requires that SKB provide additional information on how the copper canister
> could be affected if the scenario above (fourth question) happens at the same time as
> copper corrosion in oxygen-free water occurs." (Kall/Sundqvist 2014: 9)

*Die Transformation dieses Nichtwissens durch die Klarstellungen und zusätzlichen
Informationen wird durch SSM damit zur Voraussetzung des Antragserfolgs – sie
weisen damit die durch die Einreichung aufgestellte Behauptung von Genug-
Wissen zurück.* Darüber hinaus verweist SSM auf einen Widerspruch in den
Berechnungen SKBs, den es ebenfalls aufzulösen gälte:

> „SKB's calculations are based on the assumption that the water in the repository is
> completely oxygen free, which is questioned by SSM. In the application SKB empha-
> sizes that the repository will not be completely oxygen free. According to SKB, there
> will be oxygen in the repository for the initial period after it is sealed. This issue has
> received too little attention and has not been satisfactory dealt with by SKB in the
> application, the authority argues." (ebd.)

Auch wenn diese Art von Nachfragen als normaler Aspekt eines Review-
Verfahrens betrachtet werden kann, teile ich die Einschätzung von Kall und
Sundqvist, dass „the fact that the authority addresses the issue of copper corrosion in oxygen-free water with reference to the work of Hultquist and Szakálos"
bedeutet, dass „something previously stable now is moving." (ebd.) Führt man
sich den Bericht von SSM von 2009 und die Kontroverse von vor dieser Zeit vor
Augen, dann kann man unumwunden von einer *dramatischen Diskursverschiebung* sprechen. Durch die Anerkennung des ursprünglichen Claims Hultquists

haben sich neue Fragen ergeben – ein Nichtwissen, das von zentralen Akteuren, wie dem SNC und SSM, als valide und relevant gewertet wird.

SKB bleibt in ihrer bereits zwei Monate später erfolgenden Antwort auf die Forderungen SSMs der bisher im Diskurs vertretenen Position treu und stellt erneut die Forschung Hultquists und Szakálos' in Frage (vgl. SKB 2012a), „referring to established science, emphasising the absurdity of the results because they contradict the laws of thermodynamics." (Kall/Sundqvist 2014: 10) Zudem verweist SKB auch hier auf die Irrelevanz des Korrosionsprozesses für KBS, sollte er sich vollziehen (vgl. SKB 2012a). Das von SSM in den fünf Fragen aufgeworfene Nichtwissen wird von SKB durch quantitative Berechnungen aufzulösen gesucht, die zeigen, dass die angenommene Korrosion einen vernachlässigbaren Einfluss hätte. Lediglich für einen Aspekt der fünften Frage – „what would happen if the copper corrosion process exists at the same time as the buffer disappears, microbes attack the canister, and hydrogen evolves" (Kall/Sundqvist 2014: 10) – sei SKB nicht in der Lage gewesen, eine quantitative Antwort zu geben.

Das Nichtwissen bleibt damit bestehen – für SKB ist es kein Nichtwissen, weil sie, auch in Anbetracht der Forschung SSMs, den Claim, Kupfer könne unter anoxischen Bedingungen korrodieren, als Irrtum einschätzt:

> „In an interview made by SKB and published on the company's website, Allan Hedin, responsible for safety assessments at SKB, says that SSM's questions about copper corrosion are a normal part of the ongoing review process; i.e. this is not a case of overflow and does not challenge SKB's framing of the stability of the copper canister [...]. Asked if anything has emerged that will force SKB to reassess its application Hedin concludes: ‚We don't see it that way, and the main reason for that is that we still believe the evidence for the existence of this corrosion process is so weak'" (ebd., Übersetzung von SKB 2012b durch Kall/Sundqvist 2014)

6.1.10 Antrag angenommen, Ende in Sicht?

2018 schließlich teilt SSM der Regierung das Ergebnis seiner Prüfung des Antrags SKBs mit. SSM empfiehlt der Regierung, SKB die Lizenz zu erteilen, da SSM der Ansicht ist, dass Vorschlag und Vorgehen SKBs in Einklang mit dem Nuclear Activities Act stünden (vgl. SSM 2018; SNC 2018: 139). Diese positive Empfehlung wird dabei in den vorgegebenen Prozess eingehegt, indem SSM zusätzlich Bedingungen formuliert, wie etwa, dass die Endlageranlage vor Beginn des Baus, vor dem Testbetrieb sowie vor der Inbetriebnahme jeweils noch einmal von SSM zu prüfen sei (vgl. SSM 2018; SNC 2018: 140). Die Erschütterungen der CCC, die sich nicht zuletzt in den Nachforderungen

SSMs zu Beginn der Prüfung äußerten, haben anscheinend nicht ausgereicht, den Prozess der Endlagerfindung aufzuhalten. Durch das Angebot Macdonalds einer Erklärung der unterschiedlichen Ergebnisse der Experimente konnte die Kontroverse aus Sicht von SSM zufriedenstellend aufgelöst und das Nichtwissen um die Sicherheit von KBS eingedämmt werden. Das heißt zwar, dass SSM keinen unmittelbaren weiteren Forschungsbedarf sieht und für die jetzige Prozessphase Genug-Wissen annimmt, dies kann sich jedoch im weiteren Verlauf durchaus noch einmal ändern.

Anders hingegen entschied das Umweltgericht Nacka (vgl. SNC 2018: 138). In seiner Empfehlung[10] an die Regierung befand es, dass hinsichtlich der Kupferbehälter immer noch Ungewissheiten darüber bestünden, inwieweit sie möglicher Korrosion tatsächlich standhalten und so Mensch und Natur über die gesamte Zeitspanne vor dem nuklearen Abfall beschützen könnten:

> „Based on the current safety analysis, the Court cannot reach the conclusion that the final repository will be safe in the long term. Therefore, the conclusion is that the final repository may be permitted under the Swedish Environmental Code only if SKB provides further supporting information that clarifies that the final repository is safe, covering in particular the canister's protective capacity." (ebd.)

Damit hatte das Umweltgericht in Nacka einen entscheidenden Beitrag zur öffentlichen Auseinandersetzung um Korrosion. Es ist aus dieser Beurteilung zwar nicht abzulesen, welche Tragweite die CCC selbst für die Entscheidung hatte, aber es scheint in Anbetracht der dargelegten Analyse außer Frage, *dass sie* einen Einfluss hatte. Von MKG wurde die Entscheidung des Umweltgerichts als Sieg für die Umweltbewegung und die Wissenschaft gefeiert (vgl. MKG 2018c).

Ein weiteres Kapitel in der CCC stellt eine erneute Auseinandersetzung um die bereits 2010 durch SSM kritisierten LOT-Experimente (Long term test of buffer materials) dar, eine Reihe von Feldversuchen, die nach SKB darauf abzielen, das Verhalten von Bentonit-Ton während längerer Zeiträume, in denen er einer endlagerähnlichen Umgebung ausgesetzt ist. Zwischen 1996 und 1999 wurden sieben Testpakete eingelagert und nach unterschiedlicher Dauer entnommen. In den Testpaketen waren Kupferbestandteile vorhanden. Die Pakete seien nach SKB zwar nicht für eine detaillierte Korrosionsanalyse vorgesehen worden, aber trotzdem so weit wie möglich daraufhin untersucht worden (vgl. SKB 2020). Problematisiert wird von Seiten der NGO MKG unter anderem, dass 2019 zwei weitere Testpakete von SKB heraufgeholt wurden, ohne dies anzukündigen und

---

[10] Einen Kommentar MKGs zum Urteil sowie eine Übersetzung der gerichtlichen Empfehlung finden sich bei MKG (2018a, 2018b).

dass die Kenntnis darüber nur durch Zufall erlangt wurde (vgl. MKG 2019). Geheimhaltung als Produktion intentionalen Nichtwissens wird hier erneut zum Vorwurf.

SKB hegte anfänglich den Wunsch, die Ergebnisse des Experiments erst nach Erhalt der Lizenz zu veröffentlichen, woraufhin ebenfalls mit starker Kritik von Seiten der NGOs geantwortet wurde (vgl. ebd., 2020a, 2020b, 2021a). 2020 veröffentlichte SKB doch einen Bericht zu den zuletzt geborgenen Testpaketen. Hierin sieht sie ihre bisherige Forschung zu Kupfer bestätigt (vgl. SKB 2020); etwas, dem MKG vehement widerspricht. Inwieweit SKB zu weiterer Forschung veranlasst werden wird, ist zum jetzigen Zeitpunkt unklar. Aus dem Umfeld der KTH gibt es weiterhin Forschungsbemühungen, welche die Möglichkeit der Korrosion in einer Endlagerumgebung bestätigt sehen (vgl. Zhang et al. 2021). Ende 2021 waren die NGOs noch davon ausgegangen, dass eine Entscheidung der schwedischen Regierung erst nach der Wahl im September 2022 zu erwarten sei:

„On August 26 [2021] the Swedish government took a decision to increase [sic: the capacity] of the central intermediate storage facility for spent nuclear fuel (Clab) at the Oskarshamn nuclear power plant. The capacity expansion was part of the nuclear industry's application to build a repository for spent nuclear fuel at the Forsmark nuclear power plant. The separation gives the government more time to continue to review the copper canister issues raised by the land and environment court in January 2018." (MGK 2021b)

Die Gemeinde Östhammar hatte sich 2020 für KBS ausgesprochen. Am 27. Januar 2022 traf die schwedische Regierung die Entscheidung, dem Antrag SKBs auf Bau eines Endlagers für hochradioaktiven Abfall stattzugeben. Sie schloss sich damit der Empfehlung von SSM an, welche die Bedenken über die Langzeitsicherheit der Kupferbehälter mit Verweis auf die übrigen Barrieren aus Bentonit und Wirtsgestein als nicht ausschlaggebend eingestuft hatte. Solche Bedenken waren zuletzt vom Umweltgericht in Nacka geäußert worden, welches eine Prüfung des Vorhabens auf der Grundlage des Environmental Codes vorgenommen hatte und zu dem Schluss gekommen war, eine Genehmigung der Regierung nicht empfehlen zu können. Auch der die Regierung beratende SNC hatte sich Ende 2021 noch einmal mit der Empfehlung an die Regierung gewandt, eine Genehmigung an Bedingungen der weiteren Erforschung des korrosiven Verhaltens von Kupfer zu knüpfen.

Die Regierungsentscheidung stieß daneben auf die zu erwartende Kritik der NGOs, welche noch kurz zuvor versucht hatten, die Regierung in ihrem Prüfungsverfahren davon zu überzeugen, die von SKB nicht veröffentlichten Ergebnisse der LOT-Experimente zur Kanistersicherheit einzufordern und zu berücksichtigen.

Der Regierung habe es allerdings ausgereicht, dass SSM die alleinige Funktion der Kanister als nicht ausschlaggebend eingeschätzt habe, so MKG (vgl. MKG 2022a, 2022b). Im weiteren Verlauf ist nun erneut das Umweltgericht in Nacka dafür zuständig, Bedingungen für die Genehmigung des Endlagerbaus zu formulieren. Daneben wird die Prüfungsbehörde SSM eine weitere Sicherheitsanalyse begutachten, bevor mit dem Bau begonnen werden darf. Wie SSM und die Regierung betonen, gebe es auch in diesem Prozess noch Gelegenheit für weitere Forschung. Die NGOs befürchten allerdings, dass hierzu nach der erfolgten Genehmigung kein allzu großes Interesse mehr vorliegen könnte. Außerdem geben sie zu bedenken, dass sich Investitionen in den Bau eines Endlagers wie geplant als Verschwendung erweisen könnten, wenn sich aufgrund weiterer Forschung herausstellen sollte, dass ein sicheres Endlager mit KBS doch nicht möglich ist. Die Auswirkungen des in der CCC aufgeworfenen Nichtwissens und das Schicksal des Entsorgungskonzepts sind noch nicht abschließend geklärt.

6.2   Zwischenfazit: Nichtwissenszugriffe als Versuche der diskursiven Öffnung und Schließung des Konflikts

Die CCC hat, wie die oben dargestellte Chronologie des Konfliktverlaufs zeigt, einen nicht zu vernachlässigenden Einfluss auf den Entsorgungsprozess gehabt. Ebenfalls nicht zu vernachlässigen ist dabei die Relevanz von Nichtwissen für den Konflikt und damit den Gesamtprozess. Eindrücklich zeigt sich, dass es das Hervorbringen eines *spezifischen* Nichtwissens zu einem zunächst einfach aufklärbar wirken mögenden Sachverhalt – korrodiert Kupfer in anoxischem, reinem Wasser oder nicht? – war, dass es vermochte, den Konflikt zu eröffnen. Das anfänglich überschaubar wirkende Nichtwissen hat sich im Zuge der Wissensbemühungen aller relevanten Akteure transformiert und multipliziert. Einen vergleichbaren Einfluss wie die CCC, der auch institutionellen Wandel bedeutet, hatte nur die Diskussion über den Standort des Endlagers. Sie hatte SKB dazu veranlasst, diverse Auf- und Abblendungen von Nichtwissen zu vollziehen und den Prozess stärker partizipativ auszurichten.

Jedes Nichtwissen ist eine potenzielle Bedrohung für die reibungslose Durchsetzung eines Unterfangens, wie dem des KBS-Konzepts. Diese Durchsetzung stellt ein vitales Interesse SKBs dar. Entsprechend bemüht sich SKB in der CCC aufkommendes Nichtwissen entweder als bearbeitbar, inexistent, irrelevant oder maximal zukünftig relevant zu rahmen, es also in ein *Containment-Regime* einzugliedern (vgl. Callon 1998; Kall/Sundqvist 2014), um *diskursive Schließungen* etwaiger Nichtwissenskonflikte zu ermöglichen. Die hierbei für die CCC in

Anschlag gebrachten Strategien setzten auf drei Ebenen an: Der *Akteursebene*, der *Wissensebene* und der *Ebene des Grenzobjekts KBS*. Empirisch fallen die beiden ersteren im Konfliktverlauf meistens zusammen. Der Konflikt war bis 2007 wesentlich durch nur zwei Akteursgruppen bestimmt: SKB sowie Hultquist und einige seiner Kolleg*innen. Unter Rückgriff auf die Strategie des *„appealing to science"* (Kall/Sundqvist 2014: 13) bemüht sich SKB eine Grenze zwischen sich und ihrem Wissen sowie den Wissenschaftler*innen der KTH und ihren Claims zu ziehen. Während SKB sich dabei als legitime Produzentin wissenschaftlichen Wissens geriert, bringt sie Argumente vor, die sowohl die Illegitimität des strittigen Claims als auch die seiner Vertreter*innen belegen sollen. Das Nichtwissen, welches ursprünglich durch die Zurückweisung des von SKB gemachten Claims zur thermodynamischen Immunität von Kupfer hervorgebracht wurde, wurde von SKB wesentlich durch die Behauptung zurückgewiesen, der Claim widerspräche der Thermodynamik– ein maximaler Tabubruch. Zudem sei der Claim unvollständig, fehlerhaft und auch dem Peer-Review-Verfahren wird für diesen konkreten Fall seine wissenschaftliche Legitimationskraft abgesprochen. Nicht nur die Akteure, welche das umstrittene Wissen aufgebracht hätten, werden demnach als außerhalb der Wissenschaft stehend konzipiert, sondern auch jene, deren ureigene Aufgabe die Kontrolle von Claims ist – ohne dafür eine Erklärung abzugeben oder selbst auf die Publikation in der gleichen Fachzeitschrift zu verzichten. Darüber hinaus werden solche Akteure exkludiert, die sich affirmativ auf den Claim von Hultquist et al. beziehen.

Diese *Strategie der Delegitimierung* ist Teil einer übergeordneten *Argumentum-ad-ignorantiam-Argumentation*, nach welcher SKBs Sicherheitsbehauptungen deshalb nicht gefährdet seien, weil es keine (ernstzunehmenden) Claims gäbe, die mit ihnen in Konkurrenz stünden. Hauptziel dieser Argumentation war es, das eigene Wissen gegen Kritik und etwaige Nichtwissensbehauptung zu immunisieren. *Austragungsort des Konflikts* waren maßgeblich wissenschaftliche Texte und Berichte sowie die jeweiligen Labors, in denen die Experimente, welche die Grundlage der Veröffentlichungen bildeten.

Nachdem sich die Delegitimierungsstrategie über zwei Jahrzehnte als erfolgreich erwies, ermöglichte eine besondere Konstellation der Umstände eine Veränderung der Konfliktdynamik: Es bedurfte hierfür der *Reproduktion des Claims*, dass Kupfer unter den genannten Bedingungen korrodieren könne. Diese Reproduktion auf Grundlage neuer experimenteller Daten, veröffentlicht in einer anerkannten Fachzeitung durch Szakálos, konnte, gepaart mit der *voranschreitenden Vorbereitung des Antrags* für die Erbauung des Endlagers durch SKB, ein mediales Echo erzeugen, das den stillgestellten Konflikt reaktivierte. Der *Eintritt des Konflikts in die öffentliche Diskursarena* änderte die Situation für

SKB: „Although SKB believes that copper corrosion poses no threat to KBS-3, the copper corrosion controversy definitely does." (ebd.: 9) Die sich in den Medien abzeichnende Infragestellung der Sicherheit des KBS-Konzepts konnte SKB, schon aufgrund der weitgehenden Veto-Möglichkeiten der potenziellen Standortgemeinden, nicht gleichgültig sein.

Obschon dies die Argumentation und Konfliktbewältigungsstrategien SKBs beeinflussen sollte, ließ beispielsweise auch SSM, als einer der wichtigsten Prozessakteure, Argumente verlauten, welche die Legitimität der von Hultquist und Szakálos hervorgebrachten Claims infrage stellte. In ähnlicher Weise wie SKB wiesen sie die Evidenzproduktion und das Peer-Review-Verfahren als fehlerhaft zurück und rekurrierten auf die Unvereinbarkeit der Ergebnisse mit den Gesetzen der Thermodynamik. Zwar gab es nun eine gesteigerte Aufmerksamkeit für das aufgebrachte Nichtwissen, jedoch erging sich dessen Bearbeitung von Seiten SKBs und SSMs wesentlich in dem *Versuch zu zeigen, dass es keines sei*. Dass man es dennoch nicht ignorieren konnte, wird im Fall von SSM direkt der medialen Aufmerksamkeit zugeschrieben. Eine wissenschaftliche oder den Prozesserfolg betreffende Notwendigkeit hierfür wird negiert.

SKB antwortet auf die Veränderung mit einer *Selbst-Wenn-Strategie*. Ohne von ihrer, den Wahrheitsgehalt des Claims der Gegenseite negierenden, Haltung abzuweichen, integrieren sie den Claim und marginalisieren ihn zugleich auf Grundlage ihrer Berechnungen zur Korrosionsrate, indem sie ihn als vernachlässigbar fassen. Die *Delegitimierungsstrategien werden von SKB durch eine Marginalisierungsstrategie ergänzt*. Dabei wird das Nichtwissen sowohl auf der *Ebene des Grenzobjekts KBS als auch des Wissens* als *contained* konzipiert: Einerseits liege Wissen um die Korrosionsrate vor, andererseits wird das KBS-Konzept selbst, mit seinen drei Ebenen aus Kupfer, Bentonit und Gestein, als physisches Bollwerk gegen Nichtwissen konzipiert. Die Kupferbarriere sei demgemäß zwar ein wichtiger, aber eben nur ein Teil des Gesamtsystems.

Anders als in den Jahrzehnten zuvor erweist sich das argumentative Vorgehen SKBs diesmal als unzureichend, um den Konflikt erneut stillzustellen. 2009 betritt, ebenfalls unter dem Eindruck gesteigerter öffentlicher Aufmerksamkeit, der SNC die Bühne und versucht der Konfliktlösung durch ein Workshop-Format näher zu kommen, welches die Konfliktparteien, sowie weitere, international anerkannte Expert*innen an einen Tisch bringt. Der *Konflikt dynamisiert sich somit auf der Ebene der Aushandlungsarenen*. Statt Nichtwissen ausschließlich über Experimente und wissenschaftliche Artikel bearbeiten zu wollen, soll dies hier gemeinsam geschehen. Statt Belege dafür anzuführen, warum der Claim nicht richtig sein könne, fragt der SNC: „What additional information is needed to confirm this specific corrosion process and to assess the importance of the process for the final repository?" (SNC 2009: 4) Diese Änderung in der Auseinandersetzungsform und der Fragerichtung fokussiert ein Nichtwissen, dessen Auflösung nicht den Ausschluss aus dem Diskurs schon vorwegnimmt. Die Wissenschaftler*innen der KTH erscheinen hier, bei aller noch vorhandener Skepsis ihren Ergebnissen gegenüber, als gleichwertige Expert*innen – eine Rahmung, die den Delegitimierungsversuchen durch SKB entgegensteht.

Der SSM-Bericht 2011 stellt eine Zäsur im Konfliktgeschehen dar: Hier stellt SSM die beiden Claims auf explizit eine Stufe, was ihre Wissenschaftlichkeit angeht und liefert mit dem Verweis auf unterschiedliche experimentelle Ausgangsbedingungen eine Erklärung dafür, warum sowohl die Ergebnisse von SKB als auch der KTH richtig sein können. Neben der äquivalenten wissenschaftlichen Güte und der konsistenten Ergebnisse stellt SSM fest, dass der von den Wissenschaftler*innen der KTH angenommenen *Korrosionsprozess tatsächlich stattfinde.* Eine dramatische Kehrtwende zu der noch 2009 vorgebrachten, harschen Kritik an dieser Vorstellung und eine Absage an die dieser Vorstellung zuwiderlaufenden Schließungsbemühungen SKBs. Nichtsdestotrotz rahmt SSM im gleichen Atemzug diesen Prozess, aufgrund der als vertretbar angenommenen Korrosionsrate, als mutmaßlich irrelevant und entspricht damit der Auslegung SKBs, die sich in derer Selbst-Wenn-Argumentation niederschlägt. Einer der wichtigsten Konfliktakteure sieht nunmehr das initiale Nichtwissen als aufgelöst und somit die Kontroverse als ‚largely resolved' an.

Die Vorstellung SKBs, Genug-Wissen zu besitzen, um den Prozess voranschreiten zu lassen, manifestiert sich in der *Einreichung des Antrags* für die Baulizenz 2011 und kann als Versuch gedeutet werden, die Kontroverse auf diesem institutionalisierten Wege zu beenden – würden SSM und das Umweltgericht den Antrag unterstützen, sei auch die Kontroverse zumindest nicht mehr Anlass für umfassende Wissensbemühungen. SSM bewilligt den Antrag in der Folge auch, nachdem sie SKB dazu veranlasst haben, das im SSM-Bericht 2011 ausgemachte Nichtwissen zur Kupferkorrosion aufzulösen. Das Umweltgericht kam 2018 hingegen zu dem Schluss, dass das durch die CCC hervorgebrachte Nichtwissen zu umfassend und relevant sei, um die Bewilligung des Antrags empfehlen zu können – damit standen sie bis dato einer institutionellen Schließung des Konflikts entgegen. Die Gemeinde hat sich für KBS ausgesprochen, ebenso wie die Regierung. Besonders letzteres macht eine Durchsetzung von KBS immer wahrscheinlicher.

Nach Luhmann müsse „[e]ine auf Verständigung abzielende Kommunikation […] zunächst einmal Unsicherheit vermehren und das gemeinsame Wissen des Nichtwissens pflegen. Da Nichtwissen reichlich vorhanden ist, sollte dies nicht

besonders schwer fallen." (Luhmann 1992: 197) Der hier von Luhmann arti-
kulierte Anspruch lässt sich, zumindest bis 2009, als antithetisch zum reellen
Verlauf der CCC verstehen. Statt auf Verständigung abzielende Kommunikation,
wird das agonale Moment des aufgebrachten Nichtwissens offenbar: Besonders
SKB scheint es daran gelegen, die wissenschaftliche Sprechfähigkeit der Wissenschaftler*innen der KTH und damit auch ihre Claims selbst, zu untergraben.
Erst über 20 Jahre später sind es der SNC und etwas später auch SSM, die
Sprecher und Claim ‚rehabilitieren' und das aufgebrachte Nichtwissen nicht nur
bearbeiten, sondern auch vermehren. Welche Art von Verständigung der Prozess
bringen wird, bleibt abzusehen. Aber es ist nicht unwahrscheinlich, dass sich die
in den letzten Jahrzehnten abzeichnenden Pfadabhängigkeiten der Durchsetzung
des KBS-Konzepts den Weg ebnen werden und damit die von SKB propagierte
Vorstellung vom *Gesamtkonzept KBS als ausreichendes Containment für Nichtwissen* annehmen, selbst, wenn das Grenzobjekt für andere Akteure gerade durch
seine wechselwirkenden Barrieren eine *Ressource neuen Nichtwissens* ist.

Schlussbemerkungen

7

7.1 Die Bedeutung des Falls: Un-making or making modernity?

Djahane Salehabadi verweist mit dem Begriff „Unmaking Technology" (Salehabadi 2014) auf einen unterbelichteten Teil des technischen Lebenszyklus: Nach dem auch in der STS-Forschung ausführlich betrachteten Genese- und Nutzungsprozess des *making* kommt das *unmaking* oder ‚Entschaffen' (vgl. Weber 2014: 3). Die vorliegende Arbeit widmet sich einem solchen Prozess des unmaking unter besonderen Bedingungen. Der schwedische Atommüll soll unterirdisch in mehreren hundert Meter Tiefe für bis zu einer Million Jahre sicher von der Umwelt abgeschirmt werden, ohne die explizit eingeplante Option, ihn wieder hervorzuholen. Es ist nicht abzusehen, wie lange Menschen noch auf Atomkraft als Energieressource zurückgreifen werden; dass der Zeitraum des Unmaking länger sein wird als jener der Nutzung der Atomtechnologie, scheint aber äußerst realistisch.

Eine der Thesen dieser Arbeit ist, dass sich die Entstehungsbedingung der Technologie und deren Entschaffung im schwedischen Fall nuklearer Entsorgung erstaunlich ähneln. Erstaunlich deshalb, weil sich in den 45 Jahren seit der nur neunmonatigen (!) Konzeption von KBS ein umfassender gesellschaftlicher Wandel vollzogen hat: Die Einsicht, dass Gesellschaften sich durch ihre Technologienutzung selbst gefährden und manchmal erst sehr spät oder durch katastrophale Ereignisse die Wirkungszusammenhänge ihrer Entscheidungen erkennen, hat den in der Moderne noch virulenten Pragmatismus und Optimismus der Zukunftsgestaltung stark gedämpft (vgl. Beck 1986; Böschen/Weis 2007:

© Der/die Autor(en), exklusiv lizenziert an Springer Fachmedien Wiesbaden GmbH, ein Teil von Springer Nature 2022
N. Wulf, *Die Gestaltung der Ewigkeit*, Energiepolitik und Klimaschutz. Energy Policy and Climate Protection,
https://doi.org/10.1007/978-3-658-40026-2_7

22). Das Entsorgungskonzept KBS, welches seit 1977 weitestgehend unverändert geblieben ist, hat diesen Wandel quasi unbeschadet überstanden. Zwar ist KBS seit 2007 Gegenstand eines Nichtwissenskonflikts um die Möglichkeit der Korrosion von Kupfer, jedoch gehen auch die meisten Kritiker*innen des Konzepts davon aus, dass es die nächste Antragshürde (Baugenehmigung) nehmen und sich letztendlich vollständig durchsetzen wird. Schweden hätte dann, weil Rückholbarkeit des Mülls nicht vorgesehen ist, ein *End*lager.

Die nukleare Entsorgung, gerade wenn sie mit der Vorsilbe End- wie Endlager[1] (engl.: ‚final repository‘, vgl. SKB 2021a) in Verbindung gebracht wird, suggeriert eine Finalität, die dem spätmodernen Geist widerstrebt. Sind wir uns doch gerade erst den möglichen Konsequenzen unserer Hybris bewusst geworden, scheint es kontraintuitiv, eine solch finale Entscheidung treffen zu wollen, ohne die Rücknahme oder Veränderung von Entscheidungen als Möglichkeit zu integrieren. Diese Finalität widerstrebt auch einem Verständnis von Demokratie: Jede soziale Ordnung ist kontingent und damit prinzipiell kritisierbar und instabil. Demnach ist es als eine der Errungenschaften demokratischer Regierungsformen anzusehen, dass jene in den seltensten Fällen bemüht sind, ihre Entscheidungen auf Dauer zu stellen. Der Bedeutungszuwachs von Nichtwissen in den letzten 30 Jahren (vgl. Bleicher 2012: 98), als Ausdruck des Bewusstseins dafür, dass es immer auch anders sein könnte, macht eine einer derart final anmutenden Entscheidung begründungspflichtig.

Natürlich ist die hier diskutierte Finalität nicht grundsätzlich – was Menschen eingegraben haben, können sie oder andere wieder ausgraben. Gleichwohl ist dies von Seiten des mit der Entsorgung betrauten Unternehmens SKB explizit nicht vorgesehen, ebenso wenig die Markierung des Standortes oder das Monitoring des möglichen Austretens von Radionukliden. Trotz allen Widerstrebens kann es gute Gründe geben, dennoch eine solche Entscheidung zu treffen. Im Kontext der Entsorgungsforschung wird beispielsweise problematisiert, dass für das Monitoring nach Verschluss das Equipment zur Überwachung der Strahlung so eingebracht werden müsste, dass ein totaler Abschluss nicht mehr gesichert wäre, was wiederum Risikoimplikationen hätte. Auch auf das ‚Prinzip der generationsübergreifenden Gleichheit‘, nach welchem zukünftigen Generationen die Entsorgung bzw. die Nachsorge für Endlager nicht zugemutet werden dürfe, berufen sich einige Diskursakteure (vgl. BGE TEC 2019). Die Markierung des Ortes

---

[1] Die Anregung, im Forschungskontext das Wort Endlager zu vermeiden, um nicht eine Finalität zu suggerieren, deren Versprechen man nicht halten könne oder wolle, wurde auch im Projekt ENTRIA (Entstehungskontext dieser Arbeit) ausführlich diskutiert.

kann als Sicherheitsvorkehrung verstanden werden, aber eben auch als Anhalts-
punkt für böswillige (bspw. terroristische) Interessen oder, wenn sehr viel Zeit
vergangen ist und sich die Befürchtungen der Atomsemiotik bewahrheiten, als
missverständlicher Hinweis. Gerade in Anbetracht der Klimakatastrophe stellt
sich die Frage, ob nicht Weichenstellungen vorgenommen werden müssten, die
sich nicht dem Zeitregime von Legislaturperioden unterordnen. Rechtfertigen
einige Phänomene sogar ein Zurück zum pragmatischen modernen Gestaltungs-
willen? Mit Bezug auf Rancière (2006) und seine Diagnose der prinzipiellen
Kritisierbarkeit gesellschaftlicher Ordnungen muss die Antwort *Nein* lauten.

 Nicht überall wird Entsorgung so konzipiert wie in Schweden. Auch wenn der
deutsche Umgang mit Atommüll historisch betrachtet maßgeblich als abschre-
ckendes Beispiel dienen kann, so ist das aktuelle deutsche Entsorgungsvorhaben
bezüglich seiner Konzeption ein Gegenbeispiel. Hier ist eine Verbringung *mit*
Rückholbarkeit und Langzeitüberwachung vorgesehen, was damit eher einem
spätmodernen Zeitgeist entspricht, der die Anerkennung von Nichtwissen zu seinem Ausgangspunkt macht (vgl. Beck 1996). Es ist allerdings das schwedische
Konzept, das mit Finnland einen ersten Nachahmer gefunden hat. Zudem ist das
mit der Entsorgung betraute Unternehmen SKB explizit daran interessiert, sein
Konzept international zu exportieren:

> „As Sweden is at the forefront, our programme has attracted great attention. SKB in
> Sweden has particularly close collaboration with our sister organisation in Finland,
> Posiva. We also cooperate extensively with several other countries and their respec-
> tive organisations. Exchanging research findings is part of this collaboration, as is the
> exchange of technology and experiences." (SKB 2021c)

Diese internationalen Exportbemühungen machen den schwedischen Fall enorm
relevant. Exportiert wird nämlich nicht nur, wie oben suggeriert, Technologie und
Erfahrungswissen, sondern gleichsam der Versuch, Zeitbindungen zu erzeugen,
die nicht weniger als die Gestaltung der nächsten eine Million Jahre vornehmen
wollen. Abgesichert wurde dieses Unterfangen im schwedischen Fall durch das
Ensemble spezifischer Zugriffe auf Nichtwissen, die eine diskursive Durchsetzung
von KBS ermöglicht haben. Eine rekursive Schleife vollzieht sich, da auch die
Etablierung des finnischen Endlagers – welches das schwedische Entsorgungskonzept übernommen hat – von SKB zur Bestätigung dafür herangezogen wird,
dass das Verhältnis zwischen Wissen und Nichtwissen sowie zwischen handlungsrelevantem und nicht-handlungsrelevantem Nichtwissen so weit stabilisiert sei,
dass *Genug-Wissen* bestehe, um mit dem Bau eines schwedischen Endlagers zu
beginnen.

International wird gerade die Integration partizipativer Elemente in das
Standortauswahlverfahren als Gelingensbedingung des schwedischen Erfolgs hervorgehoben. Dies ist schon in Anbetracht der Tatsache, dass bereits vor der
Konzeption von KBS *Nukleargemeinden* – solchen Gemeinden, die schon über
nukleare Infrastruktur verfügen – als potenzielle Standorte forciert wurden. Die
beiden Gemeinden zwischen denen letztendlich entschieden wurde, so hat sich
gezeigt, sind der Nuklearindustrie gegenüber eher wohlwollend eingestellt, da ein
wesentlicher Teil der Bevölkerung in diesem Kontext angestellt ist oder zumindest jemanden kennt, der derartige berufliche Verbindungen hat. Die scheinbare
demokratische Aufwertung hatte zusätzlich zum internationalen Prestigegewinn
den Effekt, die kritischere sonstige Zivilbevölkerung und mit ihr mögliche
Nichtwissenskonflikte abzublenden.

Es ist im schwedischen Fall gelungen, in der Umbruchszeit zwischen Moderne
und Spätmoderne unter gesellschaftlich immer stärker reflektierten Nichtwissensbedingungen gerade *durch* den Zugriff auf Nichtwissen ein Konzept zu etablieren,
das nicht nur als partizipativ-demokratische Erfolgsgeschichte gefeiert wird, sondern sich zudem daran macht, international erfolgreich Nachahmer zu finden.
Nicht zuletzt deswegen weist der schwedische Fall über sich selbst hinaus und
kann als global bedeutsam verstanden werden. Es konnte gezeigt werden, dass
sowohl auf der Ebene der Konstruktion, der Bewertung als auch des Umgangs
mit Nichtwissen der Entsorgungsprozess sich so formiert hat, dass trotz des
sich verändernden Zeitgeists sich die agonale Potenzialität von Nichtwissen nur
in der Kupferkorrosions-Kontroverse wirklich entfalten konnte und sich nichtsdestotrotz ein Endlager ohne geplante Rückholbarkeit oder Überwachung in
Schweden andeutet. Die konstitutive Bedeutung des Zugriffs auf Nichtwissen,
so das Hauptergebnis dieser Arbeit, ist nicht zu überschätzen.

Nichtwissen vergegenwärtigt die prinzipielle Offenheit der Zukunft (vgl.
Böschen/Weis 2007: 22). Der ‚richtige' Umgang mit Nichtwissen kann nicht
gewusst, sondern muss entschieden werden – Nichtwissenszugriffe sind demnach
genuin politisch: „Wo immer um etwas gestritten wird, legt dieser Streit Zeugnis
von der Kontingenz eines Gegenstands ab. Das, worum gestritten wird, könnte
auch anders sein, sonst gäbe es keinen Streit." (Marchart 2013: 33) Man mag
den Verlust der Möglichkeit, mithilfe wissenschaftlichen Wissens Konflikte (län-
gerfristig) stillzustellen, bedauern, dennoch ist unter Bezug auf Rancière gerade
der Dissens die Grundlage des Politischen: „Es gibt Politik, wenn es einen Ort
und Formen für die Begegnung zwischen zwei ungleichartigen Vorgängen gibt"
(Rancière 2002: 24). Nichtwissen kann den Raum des Politischen aufschließen
und hat insofern auch ein demokratisches und emanzipatorisches Potenzial: Denn
Politik gelingt es, stabilisierte Ordnungen zu stören, „insofern hier der Anteil

der Anteillosen ins Gemeinsame einführt und so die Kontingenz der herrschenden Aufteilung markiert wird" (Muhle 2011: 316). Bei Claude Lefort findet sich der Nexus eines dissensorientierten Politikdenkens mit Demokratie gerade darin, dass in der Demokratie „der Ort der Macht zu einer *Leerstelle*" (Lefort 1990: 293) wird. Die Demokratie institutionalisiert den Konflikt und damit grundlegend die Möglichkeit zur Veränderung (vgl. ebd.). Demnach ist sie die einzige dem spätmodernen Geist entsprechende Regierungsform, denn sie ist „eine Praxis des Selbstregierens, die darauf aufruht, dass sich feste Antworten nicht geben lassen; sie ist [...] eine Selbstregierungspraxis jenseits letzter Gewissheiten" (Flügel-Martinsen 2017: 240).

Inwiefern wird im analysierten Fall das politisch-emanzipatorische Potenzial des Nichtwissens unterminiert? Im schwedischen Entsorgungskonzept ist keine Rückholbarkeit vorgesehen. Die *Entscheidungen sollen auf Dauer gestellt werden* und somit nicht mehr politisch zugänglich sein. Dieser Versuch, eine heute gültige hegemoniale Wahrnehmung des Verhältnisses von Wissen und Nichtwissen derart zu verstetigen, lässt sich als Entpolitisierung qua Etablierung unhintergehbarer Zeitbindungen verstehen. Das bisher geplante Vergraben des Atommülls ohne Markierung des Ortes wäre auch ganz wörtlich das Invisibilisieren von Kontingenz. Ironischerweise ist es oftmals gerade der partizipativ-demokratische Aspekt des schwedischen Prozesses, der als Gelingensbedingung bemüht wird. Als demokratisch kann man sie, ausgehend von der dargelegten Argumentation, nicht kategorisieren.

In einem weiteren Verständnis ist die Etablierung von KBS und seine diskursive und institutionelle Absicherung gegen Kritik ebenfalls als Beitrag zu einer Entpolitisierung zu werten. Ein Mindestmaß an Entscheidungs*möglichkeit* hätte die Konzeption einer Alternative zu KBS bedeutet, aber auch diese Option wurde durch die analysierten Nichtwissenszugriffe so weit marginalisiert, dass man von der *Nicht-Existenz von alternativen Konzepten* sprechen kann. Dies verschärft den Eindruck der Entpolitisierung. KBS ist hergestellte Alternativlosigkeit. Ohne Not wurden die Entscheidbarkeiten auf KBS oder Nicht-KBS begrenzt – eine Situation, welche die Kritiker*innen des Konzepts in ein Dilemma stürzt, weil auch ein Nein zu KBS durch die notwendige Zwischenlagerung des Atommülls dann weiterhin gravierende Risikoimplikationen hätte.

Jedwede soziale Ordnung ist von Macht- und Herrschaftsverhältnissen durchdrungen. Die Zugriffe auf Nichtwissen, die in dieser Arbeit für die erfolgreiche Durchsetzung von KBS verantwortlich gemacht werden, sind ein Teil dieser Verhältnisse und unterscheiden sich nicht grundsätzlich von anderen Machttechnologien. Insofern können sie auch nicht grundsätzlich beseitigt werden. Dies kann auch in Anbetracht der prinzipiellen Kontingenz und Kritisierbarkeit jeglicher Festlegung nicht das Ziel sein. Es war jedoch ein Anliegen dieser Arbeit, die Verfasstheit des Zugriffs auf Nichtwissen offenzulegen, um das demokratische Potenzial des Nichtwissens nicht für Ewigkeitsbindungen aufzugeben und um dem Ideal eines Konflikts auf Augenhöhe zwischen KBS-Kritiker*innen und seinen erfolgreichen Befürworter*innen ein wenig näher zu kommen. Denn nach McGoey sind „[s]trategies of ignorance […] most powerful when their machinations are least apparent." (McGoey 2019: 58)

Die sich in Anbetracht der Klimakatastrophe momentan andeutende Renaissance der Kernenergie mag der dargelegten Problematisierung auch unabhängig von enorm langen Halbwertszeiten zusätzliche Bedeutung zukommen lassen. Im Folgenden vertiefe ich einige Aspekte, die nach meinem Dafürhalten nicht nur zentral für die vorliegende Arbeit sind, sondern sich auch für handlungsleitende Erweiterungen des Diskurses anbieten. Abschließend stelle ich den wissenschaftlichen Ertrag der Arbeit und potenzielle Anschlussmöglichkeiten dar.

7.2   Und nun?: Handlungsleitende Erweiterungen des Diskurses

Was könnten, auf Grundlage der vorliegenden Arbeit, Möglichkeiten sein, um dem angesprochenen Ideal des Konflikts auf Augenhöhe näher zu kommen? Was sind weitere sinnvolle, handlungsleitende Erweiterungen des Diskurses? Entsprechend des hier verfolgten Ansatzes kann eine solche Erweiterung nicht beim Blick auf akteursspezifische Interessen stehen bleiben, sondern muss Nichtwissen als konstitutives Moment auch auf anderen Ebenen sichtbar machen. Dies setzt die Durchsetzung eines komplexeren Nichtwissensbegriffs innerhalb und außerhalb der Wissenschaft voraus. Ich spreche mich dabei explizit für einen konstruktivistisches Nichtwissensverständnis aus, auch um nicht die im Risikobegriff angelegten Fallstricke oder die erkenntnistheoretisch unhaltbare, rationalistische Vorstellung einer schrittweisen Reduktion von Nichtwissen zu reproduzieren.

Dies bedingt auch ein weiteres Ziel: Die Überwindung des limitierenden Verständnisses von Nichtwissen als Noch-Nicht-Wissen, wie es vor allem in den Technik- und Naturwissenschaften noch besonders prominent ist. Sowohl eine begriffliche Anreicherung ist dabei die Intention als auch das Bewusstsein für den uneinholbaren Rest – das unspezifische Nichtwissen – zu schaffen, über das keinerlei Wissen besteht, an das dementsprechend keine bekannten kommunikativen Anschlüsse bestehen (vgl. Japp 2002: 436). Ziel ist es explizit nicht und kann es auch nicht sein, eine Homogenisierung der „Nichtwissenskulturen" (Wehling/Böschen 2015) anzustreben. Ein Reflexivwerden jedoch in Bezug auf die erkenntnistheoretischen Bedingungen und Konsequenzen der jeweiligen Kultur sowie eine Konfrontation mit dem konstruktivistischen Verständnis von Nichtwissen scheint mir aber geboten. Ein Beitrag hierzu wäre eine offensive (gesellschaftliche) Nichtwissenskommunikation, welche auch Nina Janich et al. (2012) emphatisch für die Wissenschaft einfordern.

Eine solche Kommunikation lässt sich um einen Aspekt erweitern, der in der nuklearen Entsorgung, aber sicher auch in anderen Fällen, ausgeblendet bleibt: Ein bestimmendes Thema in der Entsorgungsforschung ist der Erhalt von Informationen, beispielsweise repräsentiert durch die Atomsemiotik, welche die Markierung des Gefahrenorts Endlager zu ihrem Gegenstand hat. Aber auch Informationserhalt als Kompetenzerhalt ist ein wichtiger Gegenstand der Debatte – wer hat nach Atomausstieg und Verschluss des Endlagers noch das notwendige Wissen, um den Katastrophenfall überhaupt zu erkennen? Der staatlich organisierte Erhalt von Wissen ist angezeigt. Die Leerstelle bildet jedoch der Erhalt des Nichtwissens – welche Probleme, Grenzen und Unwägbarkeiten waren zu welcher Zeit relevant? Sollten wir im Falle der Katastrophe zurückschauen wollen oder müssen, wäre es sinnvoll, wenn auch das Nichtwissen vorangegangener Generationen zum expliziten Gegenstand von Akten, Berichten und ggf. atomsemiotischer Marker wird.

Es ist auf Grundlage der obigen Diskussion ersichtlich, warum es ebenfalls einer grundlegenden gesellschaftlichen Auseinandersetzung mit der Dauer und Reversibilitätsmöglichkeiten von Zeitbindungen bedarf. Stefan Böschen und Kurt Weis (2007) leisten hier einen wichtigen Beitrag, indem sie zeigen, dass „unter dem Aspekt des Nichtwissens Wissenspolitik und Zeitpolitik – Konzepte, die bislang getrennt voneinander diskutiert wurden – eine relevante Schnittstelle erhalten." (Soentgen 2006: 1) Nichtwissen kristallisiert sich nicht nur unter diesen Bedingungen als institutionelle Herausforderung heraus (vgl. Böschen/Weis 2007; bereits Collingridge 1980). Eine Herausforderung, der im schwedischen Fall zwar teilweise mit der Eröffnung neuer Diskursarenen begegnet wurde (vgl. Kapitel 6), die aber ganz grundlegend mit dem immensen Pragmatismus des für die Entsorgung verantwortlichen Wirtschaftsunternehmens angegangen wurde. Die Geheimhaltungsmöglichkeit, die dieses Unternehmen gegenüber staatlichen schwedischen Einrichtungen hat, ist nur einer der Gründe, warum diese Verantwortungsorganisation mangelhaft scheint.

Es bleibt zu fragen, wo vor dem Hintergrund der institutionellen Herausforderung durch Entscheidung unter Nichtwissensbedingungen der angemessene gesellschaftliche Entscheidungsort sein soll. Diese Frage lässt auf Grundlage der

Argumentation des vorangegangenen Abschnitts nur die Politik als Antwort zu. Auch aus der Theorieperspektive Luhmanns auf Nichtwissen lautet die Antwort gleich: Gerade unter dem Eindruck globaler Effekte kommt er zu dem Schluss, dass „dann eben die Politik einspringen muß. Man wird, und man sollte vielleicht auch, den Mechanismus kollektiv bindender Entscheidungen benutzen, um das zu entscheiden, was weder richtig noch falsch entschieden werden kann." (Luhmann 1993: 184) Es kann nach Luhmann also weder der Fakten- noch Wertekonsens eine Zielperspektive sein, deshalb „ist auch die Hoffnung auf eine regulative Ethik wenig sinnvoll, vielleicht aber die Hoffnung auf eine stärker reflexive Form der Kommunikation" (ebd.: 148). Die Überlegungen von Böschen und Weis (2007) können als Integrationsversuch des Anspruchs politischer Problembearbeitung *und* gesteigerter Reflexion verstanden werden. Nico Stehr (2003) schlägt in Anbetracht der Herausforderungen die Etablierung eines neuen Politikfeldes vor: das der *Wissenspolitik*. Diese „geht davon aus, dass nicht allein die Wissensressourcen in einem vielschichtigen gesellschaftlichen Prozess generiert, sondern die dafür notwendigen Rahmenbedingungen problemspezifisch ebenfalls mit entworfen und etabliert werden müssen" (Böschen/Weis 2007: 21). Eine Frage, die nach Böschen und Weis wissenspolitisch zu beantworten sei, ist „Wie weit reicht unsere Verantwortung? Eine Generation oder zwei oder mehr?" (ebd.: 15). Vor dem Hintergrund der vorliegenden Arbeit muss diese Frage um eine weitere ergänzt werden: Wie weit müssen wir den Möglichkeitsraum der Zukunft offenhalten, um unsere Entscheidungen als demokratisch legitimiert betrachten zu können?

7.3   Ertrag und Anschlussmöglichkeiten der Arbeit

Die vorliegende Arbeit versteht sich gleichermaßen als Beitrag zu dem Forschungsprogramm einer Soziologie des Nichtwissens (Wehling) sowie zum Fachgebiet der nuklearen Entsorgungsforschung. Peter Wehling weist daraufhin, dass es einer „phänomenologisch orientierte[n] Soziologie der vielfältigen Formen, Wahrnehmungen, Hintergründe und Wirkungen des Nichtwissens in unterschiedlichen sozialen Kontexten" (Wehling 2009b: 164) bedürfe und markiert damit eine Lücke in der bisherigen Forschung. Die Arbeit leistet hier einen Beitrag zu einer dichten problemzentrierten Phänomenbeschreibung der *Konstruktionsbedingungen von Nichtwissen*, der feldspezifischen *Bewertung* des selbigen sowie dem diskursiven, strategischen und institutionellen *Umgang mit Nichtwissen*. Da die Rekonstruktion und Auswertung anhand dieser gewählten und in Analyseteil I zur Anwendung kommenden Heuristik eine große Bandbreite an Ergebnissen zeitigten, halte ich sie auch für andere Fälle für fruchtbar, die sich mit der Bedeutung (wissenschaftlichen) Nichtwissens in komplexen gesellschaftlichen und institutionellen Gemengelagen befassen.

Die Heuristik ist Teil des für die Arbeit entwickelten analytischen Instrumentariums und gestattet, Zugriffe auf Nichtwissen sichtbar zu machen, die zwar miteinander interagieren, aber sich dennoch analytisch trennen lassen. Der Analysefokus ‚Bewertung von Nichtwissen' rekrutiert sich maßgeblich aus den drei Dimensionen der Differenzierung von Nichtwissen nach Wehling, „mit deren Hilfe sich nicht nur solche Idealtypen, sondern auch Abstufungen und Zwischenformen erfassen lassen und die zugleich dem prozessualen, uneindeutigen und gesellschaftlich umstrittenen Charakter von Nichtwissens-Unterscheidungen Rechnung tragen." (Wehling 2004: 71) Die Dimensionen umfassen das *(Nicht-) Wissen des Nichtwissens*, die *Intentionalität* sowie die *zeitliche Stabilität* des Nichtwissens (vgl. ebd. 71 ff).

Ich ergänze die Dimensionen Wehlings um die Dimension *Relevanz des Nichtwissens*. Auch Matthias Groß (2007, 2010) hält die Thematisierung der Handlungsrelevanz von Nichtwissen für zentral und als Bewertungsdimension für unabdingbar, da sie maßgeblich für Entscheidungsprozesse und deren Rechtfertigung ist. Zwar gibt es Überschneidungen mit der zweiten Dimension, der Intentionalität, „mit den Extremen bewusst gewolltes Nichtwissen vs. gänzlich unbeabsichtigtes, ‚unvermeidbares' Nichtwissen" (Wehling 2004: 72) insofern, als Zuschreibungen der Handlungsirrelevanz auch immer ‚ein gewolltes Nichtwissen' implizieren. Jedoch geht die Zuschreibung von Relevanz in keiner der anderen Dimensionen gänzlich auf. Die Extreme dieser Dimension werden, gemäß der Unterscheidung von Groß, als *handlungsrelevantes ‚non-knowledge'* und *nicht handlungsrelevantes ‚negative-knowledge'* bezeichnet (vgl. zusammenfassend Bleicher 2012: 100).

Die Bewertung nach Relevanz steht in enger Verbindung mit Entscheidungen sowie deren wissensbasierter Rechtfertigung. Treffen Akteure Entscheidungen, rekurrieren sie explizit oder implizit auf *Genug-Wissen* und somit auf eine spezifische Relevanzdeutung. Mit dem Begriff des Genug-Wissens leistet die Arbeit auch auf begrifflicher Ebene einen Beitrag zur wissenssoziologischen Präzisierung von Nichtwissen. Genug-Wissen bezeichnet *eine als entscheidungsbefähigend wahrgenommene temporäre Stabilisierung des Verhältnisses zwischen Wissen und Nichtwissen sowie zwischen handlungsrelevantem und nicht-handlungsrelevantem Nichtwissen.* Dadurch, dass der ganze Nichtwissensinhalt pauschal als irrelevant gekennzeichnet wurde, spielt er keine Rolle mehr und muss auch nicht mehr thematisiert werden, selbst wenn er sich beispielsweise durch die Behauptung von Intentionalität mit Auflösungsansprüchen konfrontiert sähe. Auch diese können durch die Kennzeichnung als irrelevant abgewiesen werden. Auch die Legitimität der Auflösungsansprüche wird durch diese Kennzeichnung negiert. Das Originelle und Wirkmächtige an einer Proklamation von Genug-Wissen ist also, dass es die anderen Dimensionen irrelevant stempelt, indem es das Nichtwissen allgemein als irrelevant konstatiert.

Ein weiterer Aspekt, der in folgenden Untersuchung intensiver beleuchtet werden könnte, ist jener der affektiven Dimension des Nichtwissens. Ängste, Katastrophenimaginationen oder Verleugnungsstrategien spielen in den ausgewerteten Daten eine untergeordnete Rolle. Dies könnte sich aber anders darstellen, wenn stärker Akteur*innen aus der Zivilgesellschaft – auch außerhalb von Nukleargemeinden – in den Blick genommen würden. Für den schwedischen Kontext ist hier allerdings zu beachten, dass die Bevölkerung außerhalb der direkt betroffenen Gemeinden dem Entsorgungsvorhaben gegenüber als weitestgehend indifferent angesehen wird, weil sie das Problem als gelöst betrachte. Auch ist zwar eine dramatische Entsorgungskatastrophe vorstellbar und somit eine affektive Aufladung der Nichtwissenskommunikation, aber nicht alle Entsorgungskatastrophen werden als gleich dramatisch imaginiert. Mit Rekurs auf die Möglichkeit der Kupferkorrosion wäre eine Katastrophe beispielsweise womöglich erst nach längerer Zeit überhaupt wahrnehmbar und würde sich vielleicht erst nach Jahren in der Sterblichkeitsstatistik widerspiegeln. Hier ist die Frage, ob diese Form von Katastrophenvorstellung überhaupt in ähnlicher Weise Affekte mobilisieren könnte wie etwa der Super-GAU bei einem Reaktorunfall.

Eines der besonders hervorhebenswerten Ergebnisse dieser Betrachtungsweise ist die Herausarbeitung von „Grenzobjekten" (Star 2017) als nichtwissenssoziologisch bedeutsam. Es scheint geboten, den Aufmerksamkeitshorizont für die Grenzobjekte ob ihrer Kanalisierungs- und Zeitbindungsqualitäten auch auf andere Kontexte zu erweitern. Ludwik Fleck diagnostizierte die ‚Beharrungstendenzen' etablierter Wissen*systeme* (vgl. Fleck 1993) – eine Analyse, die sich um Grenzobjekte als beharrliche Wissen*objekte* ergänzen ließe, um den „von Fleck angesprochene[n] Zusammenhang zwischen Erkennen und Verkennen" (Wehling 2004: 58) mit einer Fokussierung auf Nichtwissen analytisch weiter auszuleuchten. Für die Bedeutsamkeit von KBS in der Entsorgungsforschung haben Yannick Barthe et al. (2020) untersucht, inwieweit es als ‚Divisible Object of Collective Concern' betrachtet werden kann, also als eine technische Lösung, welche „can act to harden lines of division and deepen antagonisms by focussing conflict on non-negotiable objects of concern, i.e. technological objects that can only be accepted or rejected, but never opened up to broader discussion" (ebd.: 198). Sie bedienen sich dabei Albert Hirschmans Unterscheidung zwischen ‚divisible' und

‚non-divisible conflicts' (vgl. Hirschman 1994). Eine Verbindung mit den hier vorgelegten Überlegungen und deren Erweiterung auf andere Problemkontexte scheint sinnvoll.

Auch wenn die Arbeit Zugriffe auf Nichtwissen nicht vorrangig als strategisches Akteurshandeln konzipiert und mit dem Konzept des *Ensembles der Zugriffe*, eine Erweiterung des Blicks auf diskursive und institutionelle Aspekte anstrebt, sind im Kontext der Fallstudie zahlreiche Strategien identifiziert worden, die auch für eine Soziologie der „strategic ignorance" (McGoey 2019) eine Ergänzung darstellen können.

Die Arbeit ist, wie angeführt, auch ein Beitrag zur nuklearen Entsorgungsforschung. Die Konzeption von Nichtwissen scheint besonders in der deutschen Entsorgungsforschung bisher eine theoretische Lücke darzustellen (vgl. als Beispiel Brohmann et al. 2021). Auch wenn Begriffe wie Unsicherheit und Nichtwissen auch in diesem Forschungsbereich langsam Einzug halten, so herrscht doch in den meisten Fällen eine Vorstellung von Nichtwissen vor, die es als überwindbares und zu überwindendes Defizit konzipiert (vgl. als Beispiel Eckardt/Rippe 2016). Das Konzept des Risikos ist in der Entsorgungsforschung noch immer prävalent.

Es ist mir daher ein Bedürfnis, dieses Konzept durch die Einführung eines konstruktivistisch orientierten Verständnisses von Nichtwissen zu problematisieren. Sinnhaft ist diese Ergänzung zunächst aufgrund der Selektivität des Risikobegriffs, der durch die nicht haltbare Suggestion von Objektivität, der Ausblendung von Nichtwissen sowie der Unterstellung prinzipieller Kalkulierbarkeit von Handlungsfolgen kritikwürdig ist (vgl. Böschen/Wehling 2012: 319 f.).

Eine weiteres zentrales Konzept der Entsorgungsforschung ist Robustheit oder das von Helga Nowotny eingeführte ‚sozial robuste Wissen', welches sie versteht als:

> „Das Verständnis der empirisch erfassbaren Welt, das auf dem herkömmlichen verlässlichen Expertenwissen aufbaut, aber dabei nicht stehen bleibt, sondern auch das Wissen einschließt, das sich Laien erworben haben und das auch sie zu ‚Experten' gemacht hat. Ein solches Wissen kann auch jederzeit offen bleiben, um unerwünschte Folgen beherrschen oder abwenden zu können." (Steiger 2000)

Die Erzeugung von Robustheit/sozial robustem Wissen wird in der Entsorgungsforschung vorrangig als Ziel konzipiert (vgl. Hocke et al. 2021; Losada et al. 2021). Dieser Anspruch könnte nach meinem Dafürhalten anhand der hier analysierten Überlegungen zu Nichtwissen und Zeitbindungen problematisiert und erweitert werden. Fragen, die es diesbezüglich zu beantworten gilt, wären beispielsweise, wie sich sozial robustes Wissen unter Nichtwissensbedingungen definieren lässt oder wie der Beitrag der Laien durch die partizipative Einbindung von Nukleargemeinden zu bewerten ist.

Eine weitere, in der Entsorgungsforschung bedeutsame, Debatte behandelt die Möglichkeit der Reversibilität, verstanden als Rücknahme oder Veränderung von Entscheidungen (vgl. Themann/Brunnengräber 2021: 11; Mbah et al. 2021). Das Konzept wird in diesem Feld hauptsächlich als technische oder rechtliche Frage sowie als philosophische Frage der Generationengerechtigkeit diskutiert. Es ist zu hoffen, dass auf Grundlage der Überlegungen zur politischen Bedeutung von Nichtwissen und der Problematisierung von Unumkehrbarkeiten diese Debatte auch über diese Arbeit hinaus eine (wissens-)soziologisch fundierte Erweiterung erfahren wird. Dies scheint besonders im Kontext der Entsorgungsforschung, die unter den Stichworten Governance und Partizipation verhandelt wird (vgl. Brunnengräber et al. 2015; Brunnengräber et al. 2018; Hocke et al. 2021) ein lohnenswertes Unterfangen.

Literaturverzeichnis

Andersson, Kjell (2013): Copper Corrosion in Nuclear Waste Disposal. In: Bulletin of Science, Technology & Society 33 (3–4), S. 85–95.

Arnold, Markus; Dressel, Gert; Viehöver, Willy (Hg.) (2012): Erzählungen im Öffentlichen. Über die Wirkung narrativer Diskurse. 1. Aufl. (Theorie und Praxis der Diskursforschung).

Bacon, Francis (1990): Neues Organon. Lateinisch-Deutsch. Hrsg. u. mit e. Einleitun von Wolfgang Krohn. 2 Bände. Hamburg: Felix Meiner Verlag.

Banse, Gerhard; Grunwald, Armin; König, Wolfgang; Ropohl, Günter (Hg.) (2006): Erkennen und Gestalten. Eine Theorie der Technikwissenschaften. Unter Mitarbeit von Gerhard Banse. 1. Auflage. Baden-Baden: Nomos Verlagsgesellschaft mbH & Co. KG.

Barthe, Yannick; Elam, Mark; Sundqvist, Göran (2020): Technological Fix or Divisible Object of Collective Concern? Histories of Conflict over the Geological Disposal of Nuclear Waste in Sweden and France. In: Science as Culture 29 (2), S. 196–218.

BASE (2021): Gorleben und die „weiße Landkarte". Hintergrund. Bundesamt für die Sicherheit der nuklearen Entsorgung. www.endlagersuche-infoplattform.de. Online verfügbar unter https://www.endlagersuche-infoplattform.de/webs/Endlagersuche/DE/Endlagers uche/Schutz-moeglicher-Standorte/Gorleben-Veraenderungssperre.html, zuletzt geprüft am 25.02.2022.

Bauman, Zygmunt (1992): Moderne und Ambivalenz. Das Ende der Eindeutigkeit. 1. Aufl. Hamburg: Junius.

Bechmann, Gotthard; Stehr, Nico (2000): Risikokommunikation und die Risiken der Kommunikation wissenschaftlichen Wissens. Zum gesellschaftlichen Umgang mit Nichtwissen. In: GAIA 9 (2), S. 113–121.

Beck, Ulrich (1996): Wissen oder Nicht-Wissen? Zwei Perspektiven reflexiver Modernisierung. In: Ulrich Beck, Anthony Giddens und Scott Lash (Hg.): Reflexive Modernisierung. Eine Kontroverse. 1. Aufl. Frankfurt am Main: Suhrkamp Verlag, S. 289–315.

Beck, Ulrich (1986): Risikogesellschaft. Auf dem Weg in eine andere Moderne. 1. Auflage. Frankfurt am Main: Suhrkamp.

Beck, Ulrich; Giddens, Anthony; Lash, Scott (Hg.) (1996): Reflexive Modernisierung. Eine Kontroverse. 1. Aufl. Frankfurt am Main: Suhrkamp Verlag.

© Der/die Herausgeber bzw. der/die Autor(en), exklusiv lizenziert an Springer Fachmedien Wiesbaden GmbH, ein Teil von Springer Nature 2022
N. Wulf, *Die Gestaltung der Ewigkeit*, Energiepolitik und Klimaschutz. Energy Policy and Climate Protection,
https://doi.org/10.1007/978-3-658-40026-2

Bergmans, Anne; Sundqvist, Göran; Kos, Drago; Simmons, Peter (2015): The participatory turn in radioactive waste management: deliberation and the social–technical divide. In: Journal of Risk Research 18 (3), S. 347–363.

BGE TEC (2019): MONTANARA. Monitoring von Endlagern für hochradioaktive Abfälle mit Blick auf die Langzeitsicherheit und im Kontext der Partizipation. Abschlussbericht. Unter Mitarbeit von Michael Jobmann. BGE TECHNOLOGY GmbH (BGE TEC, 2019-02). Online verfügbar unter https://www.bge-technology.de/fileadmin/user_upload/MEDIATHEK/f_e_berichte/MONTANARA_Abschlussbericht_BF.pdf, zuletzt geprüft am 01.03.2022.

Bleicher, Alena (2012): Entscheiden trotz Nichtwissen. Das Beispiel der Sanierung kontaminierter Flächen. In: SozW 63 (2), S. 97–115.

BMU (2021): Bergwerk Gorleben wird geschlossen. Berlin. Online verfügbar unter https://www.bmu.de/pressemitteilung/bergwerk-gorleben-wird-geschlossen, zuletzt geprüft am 25.10.2021.

BMU (2010): Sicherheitsanforderungen an die Endlagerung wärmeentwickelnder radioaktiver Abfälle. Bundesministerium für Umwelt, Naturschutz und nukleare Sicherheit. Online verfügbar unter https://www.bmu.de/fileadmin/bmu-import/files/pdfs/allgemein/application/pdf/sicherheitsanforderungen_endlagerung_bf.pdf, zuletzt aktualisiert am 30.09.2010, zuletzt geprüft am 07.11.2021.

Bogner, Alexander (2012): Wissenschaft und Öffentlichkeit: Von Information zu Partizipation. In: Sabine Maasen, Mario Kaiser, Martin Reinhart und Barbara Sutter (Hg.): Handbuch Wissenschaftssoziologie. Wiesbaden: Springer Fachmedien Wiesbaden, S. 379–392.

Bogner, Alexander (2005): Grenzpolitik der Experten. Vom Umgang mit Ungewissheit und Nichtwissen in pränataler Diagnostik und Beratung. 1. Aufl. Weilerswist: Velbrück Wissenschaft.

Bohnsack, Ralf (2006): Fokussierungsmetapher. In: Ralf Bohnsack, Winfried Marotzki und Michael Meuser (Hg.): Hauptbegriffe qualitativer Sozialforschung. Ein Wörterbuch. Opladen: Budrich (UTB Soziologie, Erziehungswissenschaft, 8226), S. 67.

Bohnsack, Ralf; Marotzki, Winfried; Meuser, Michael (Hg.) (2006): Hauptbegriffe qualitativer Sozialforschung. Ein Wörterbuch. Opladen: Budrich (UTB Soziologie, Erziehungswissenschaft, 8226).

Böschen, Stefan (2010): Reflexive Wissenspolitik: die Bewältigung von (Nicht-) Wissenskonflikten als institutionenpolitische Herausforderung. In: Peter Henning Feindt und Thomas Saretzki (Hg.): Umwelt- und Technikkonflikte. Wiesbaden: VS Verl. für Sozialwiss, S. 104–122.

Böschen, Stefan (Hg.) (2006): Nebenfolgen. Analysen zur Konstruktion und Transformation moderner Gesellschaften. 1. Aufl. Weilerswist: Velbrück Wissenschaft.

Böschen, Stefan (2004): Science Assessment: Eine Perspektive der Demokratisierung von Wissenschaft. In: Stefan Böschen und Peter Wehling (Hg.): Wissenschaft Zwischen Folgenverantwortung und Nichtwissen. Aktuelle Perspektiven der Wissenschaftsforschung. Unter Mitarbeit von Peter Wehling. Wiesbaden: VS Verlag für Sozialwissenschaften GmbH, S. 107–182.

Böschen, Stefan; Kratzer, Nick; May, Stefan (2006): Einleitung: Die Renaissance des Nebenfolgentheorems in der Analyse moderner Gesellschaften. In: Stefan Böschen (Hg.):

Nebenfolgen. Analysen zur Konstruktion und Transformation moderner Gesellschaften. 1. Aufl. Weilerswist: Velbrück Wissenschaft, S. 7–38.

Böschen, Stefan; Wehling, Peter (2012): Neue Wissensarten: Risiko und Nichtwissen. In: Sabine Maasen, Mario Kaiser, Martin Reinhart und Barbara Sutter (Hg.): Handbuch Wissenschaftssoziologie. Wiesbaden: Springer Fachmedien Wiesbaden, S. 317–327.

Böschen, Stefan; Wehling, Peter (Hg.) (2004): Wissenschaft Zwischen Folgenverantwortung und Nichtwissen. Aktuelle Perspektiven der Wissenschaftsforschung. Unter Mitarbeit von Peter Wehling. Wiesbaden: VS Verlag fur Sozialwissenschaften GmbH.

Böschen, Stefan; Weis, Kurt (2007): Die Gegenwart der Zukunft. Perspektiven zeitkritischer Wissenspolitik. Wiesbaden: VS Verlag für Sozialwissenschaften.

Bröckling, Ulrich (2015): Gute Hirten führen sanft. Über Mediation. In: Mittelweg 36 24 (1–2), S. 171–186.

Bröckling, Ulrich (2012): Dispositive der Vorbeugung: Gefahrenabwehr, Resilienz, Precaution. In: Christopher Daase, Philipp Offermann und Valentin Rauer (Hg.): Sicherheitskultur. Soziale und politische Praktiken der Gefahrenabwehr. Online-Ausg. Frankfurt am Main: Campus-Verl., S. 93–108.

Brohmann, Bettina; Brunnengräber, Achim; Hocke-Bergler, Peter; Isidoro Losada, Ana María (Hg.) (2021): Robuste Langzeit-Governance bei der Endlagersuche. Soziotechnische Herausforderungen im Umgang mit hochradioaktiven Abfällen. Bielefeld: transcript (Edition Politik, Band 115).

Brunnengräber, Achim; Di Nucci, Maria Rosaria; Isidoro Losada, Ana María; Mez, Lutz; Schreurs, Miranda A. (Hg.) (2018): Challenges of nuclear waste governance. An international comparison: volume II. Springer Fachmedien Wiesbaden. Wiesbaden, Heidelberg: Springer VS (Research).

Brunnengräber, Achim; Di Nucci, Maria Rosaria; Isidoro Losada, Ana Maria; Mez, Lutz; Schreurs, Miranda A. (Hg.) (2015): Nuclear Waste Governance. Wiesbaden: Springer Fachmedien Wiesbaden.

Büscher, Christian (2008): Das Leck im Labor und die Politisierung des Nichtwissens. In: TATuP 17 (3), S. 98–101.

Callon, Michel (Hg.) (2011): The laws of the markets. Oxford: Blackwell (Sociological review Monographs).

Callon, Michel (2011): An essay on framing and overflowing: economic externalities revisited by sociology. In: Michel Callon (Hg.): The laws of the markets. Oxford: Blackwell (Sociological review Monographs), S. 244–269.

Callon, Michel (1981): Struggles and Negotiations to Define What is Problematic and What is Not. In: Karin D. Knorr, Roger Krohn und Richard Whitley (Hg.): The Social Process of Scientific Investigation, Bd. 4. Dordrecht: Springer (Sociology of the Sciences A Yearbook, 4), S. 197–219.

Carrier, Martin (2006): Wissenschaftstheorie zur Einführung. 1. Aufl. Hamburg: Junius (Zur Einführung, 317).

Clark, William C.; Munn, Robert E. (Hg.) (1986): Sustainable development of the biosphere. International Institute for Applied Systems Analysis. Cambridge: Cambridge Univ. Pr.

Clarke, Adele E. (2005): Situational analysis. Grounded theory after the postmodern turn. Thousand Oaks, Calif.: Sage Publ.

Collingridge, David (1980): The Social Control of Technology. New York.

Corbin, Juliet M.; Strauss, Anselm L. (2015): Basics of qualitative research. Techniques and procedures for developing grounded theory. 4. ed. Los Angeles, Calif.: Sage.

Daase, Christopher (2007): Wissen, Nichtwissen und die Grenzen der Politikberatung – Über mögliche Gefahren und wirkliche Ungewissheit in der Sicherheitspolitik. In: Gunther Hellmann (Hg.): Forschung und Beratung in der Wissensgesellschaft. Das Feld der internationalen Beziehungen und der Außenpolitik. 1. Aufl. Baden-Baden: Nomos Verl.-Ges (Internationale Beziehungen, Bd. 6), S. 189–212.

Daase, Christopher; Offermann, Philipp; Rauer, Valentin (Hg.) (2012): Sicherheitskultur. Soziale und politische Praktiken der Gefahrenabwehr. Online-Ausg. Frankfurt am Main: Campus-Verl.

DAEF (2016): Partizipation im Standortauswahlverfahren für ein Endlage. Deutsche Arbeitsgemeinschaft Endlagerforschung, DAEF. Online verfügbar unter http://www.daef2014.org/DAEF/assets/daef-partizipation_2016-03_web-1-.pdf, zuletzt geprüft am 01.03.2022.

Daoud, Adel; Elam, Mark (2012): Identifying remaining socio-technical challenges at the national level: Sweden. Working paper (WP 1 – MS 11). Euopean Commission; Euratom7 (insOTEC Working Papers).

Davidson, Donald (2004): Subjektiv, intersubjektiv, objektiv. Erste Auflage. Frankfurt am Main: Suhrkamp.

Du Bois-Reymond, Emil Heinrich (1961): Über die Grenzen des Naturerkennens. Nachdr. der 9. Aufl. Leipzig 1903. Darmstadt: Wiss. Buchgesellschaft.

Eckhardt, Anne; Rippe, Klaus Peter (2016): Risiko und Ungewissheit bei der Entsorgung hochradioaktiver Abfälle. 1. Aufl. Zürich: vdf Hochschulverlag.

Elam, Mark; Sundqvist, Göran (2009): The Swedish KBS project: a last word in nuclear fuel safety prepares to conquer the world? In: Journal of Risk Research 12 (7–8), S. 969–988.

Emery, Frederick E. (Hg.) (1969): Systems Thinking. Harmondsworth.

Emery, Frederick E.; Trist, Eric L. (1969): Socio-technical Systems. In: Frederick E. Emery (Hg.): Systems Thinking. Harmondsworth, S. 281–295.

Endlagerkommission (2016): Verantwortung für die Zukunft. Ein faires und transparentes Verfahren für die Auswahl eines nationalen Endlagerstandortes. Abschlussbericht der Kommission Lagerung hoch radioaktiver Abfallstoffe. Deutsche Bundestag (Drucksache, 18/9100). Online verfügbar unter https://dserver.bundestag.de/btd/18/091/1809100.pdf.

Eriksen, Trygve E.; Ndalamba, Pierre; Grenthe, Ingmar (1989): On the corrosion of copper in pure water. In: Corrosion Science 29 (10), S. 1241–1250.

Evers, Janina (2018): Vertrauen und Wandel sozialer Dienstleistungsorganisationen. Eine figurationssoziologische Analyse. Wiesbaden: Springer VS (SpringerLink Bücher).

Faber, Malte; Manstetten, Reiner; Proops, John L. R. (1990): Humankind and the world: an anatomy of surprise and ignorance. Diskussionsschrift. Universität, Heidelberg. Wirtschaftswissenschaftliche Fakultät.

Faber, Malte; Proops, John L. R. (1993): Evolution, time, production and the environment. 2., rev. and enlarged ed. Berlin, Heidelberg: Springer.

Feindt, Peter Henning; Saretzki, Thomas (Hg.) (2010): Umwelt- und Technikkonflikte. Wiesbaden: VS Verl. für Sozialwiss.

Fleck, Ludwik (1993): Entstehung und Entwicklung einer wissenschaftlichen Tatsache. Einführung in die Lehre vom Denkstil und Denkkollektiv. 2. Aufl. Frankfurt am Main: Suhrkamp (Suhrkamp-Taschenbuch Wissenschaft, 312).

Flügel-Martinsen, Oliver (2017): Befragungen des Politischen. Subjektkonstitution – Gesellschaftsordnung – Radikale Demokratie. Wiesbaden: Springer VS (SpringerLink Bücher).

Frickel, Scott; Gibbon, Sahra; Howard, Jeff; Kempner, Joanna; Ottinger, Gwen; Hess, David J. (2010): Undone Science: Charting Social Movement and Civil Society Challenges to Research Agenda Setting. In: Science, Technology, & Human Values 35 (4), S. 444–473.

Galison, Peter; Moss, Robb (2015): Containment. Dokumentarfilm.

Giddens, Anthony (1995): Konsequenzen der Moderne. 1. Aufl. Frankfurt am Main: Suhrkamp.

Gieryn, Thomas F. (1999): Cultural boundaries of science. Credibility on the line. Chicago, London: The University of Chicago Press.

Gieryn, Thomas F. (1995): Boundaries of Science. In: Sheila Jasanoff (Hg.): Handbook of science and technology studies. Thousand Oaks, Californien: Sage Publications, S. 393–443.

Gieryn, Thomas F. (1983): Boundary-Work and the Demarcation of Science from Non-Science: Strains and Interests in Professional Ideologies of Scientists. In: American Sociological Review 48 (6), S. 781–795.

Glaser, Barney G. (2007): Remodeling Grounded Theory. unter Mitarbeit von Judith Holton. In: Günter Mey und Katja Mruck (Hg.): Grounded Theory Reader. Köln: Zentrum für Historische Sozialforschung, S. 47–68.

Glaser, Barney G.; Strauss, Anselm L. (1967): The Discovery of Grounded Theory. Strategies for Qualitative Research. Chicago: Aldine.

Groß, Matthias (Hg.) (2011): Handbuch Umweltsoziologie. Wiesbaden: VS Verlag für Sozialwissenschaften.

Groß, Matthias (2010): Ignorance and Surprise: Science, Society, and Ecological Design. Cambridge, Mass, London: MIT Press.

Groß, Matthias (2009): Die Wissensgesellschaft und das Geheimnis um das Nichtwissen. In: Cécile Rol und Christian Papilloud (Hg.): Soziologie als Möglichkeit. 100 Jahre Georg Simmels Untersuchungen über die Formen der Vergesellschaftung. Wiesbaden: VS Verlag für Sozialwissenschaften (SpringerLink Bücher), S. 105–114.

Groß, Matthias (2007): The Unknown in Process. Dynamic Connections of Ignorance, Non-Knowledge and Related Concepts. In: Current Sociology 55 (5), S. 742–759.

Grunwald, Armin (2006): „Hilfswissenschaften" für die Technikwissenschaften – Naturwissenschaften. In: Gerhard Banse, Armin Grunwald, Wolfgang König und Günter Ropohl (Hg.): Erkennen und Gestalten. Eine Theorie der Technikwissenschaften. Unter Mitarbeit von Gerhard Banse. 1. Auflage. Baden-Baden: Nomos Verlagsgesellschaft mbH & Co. KG, S. 211–220.

Hagen, Edgar (2013): Die Reise zum sichersten Ort der Erde. Dokumentarfilm.

Hartley, Leslie P. (2011): The go-between. New York: New York Review Books (New York Review Books classics).

Hedin, Allan; Johansson, Adam Johannes; Lilja, Christina; Boman, Mats; Berastegui, Pedro; Berger, Rolf; Ottosson, Mikael (2018): Corrosion of copper in pure O2-free water? In: Corrosion Science 137, S. 1–12.

Hellmann, Gunther (Hg.) (2007): Forschung und Beratung in der Wissensgesellschaft. Das Feld der internationalen Beziehungen und der Außenpolitik. 1. Aufl. Baden-Baden: Nomos Verl.-Ges (Internationale Beziehungen, Bd. 6).

Hellmann, Kai-Uwe; Luhmann, Niklas (Hg.) (1996): Protest. Systemtheorie und soziale Bewegungen. 1. Aufl., [1. Dr.]. Frankfurt am Main: Suhrkamp (Suhrkamp-Taschenbuch Wissenschaft, 1256).

Hirschman, Albert O. (1994): Social Conflicts as Pillars of Democratic Market Society. In: Polical Theory 22 (2), S. 203–218.

Hitzler, Ronald; Pfadenhauer, Michaela (Hg.) (2005): Gegenwärtige Zukünfte. Interpretative Beiträge zur sozialwissenschaftlichen Diagnose und Prognose. Wiesbaden: VS Verlag für Sozialwissenschaften (SpringerLink Bücher).

Hocke, Peter; Kuppler, Sophie; Enderle, Stefanie (2021): Robuste Langzeit-Governance und Notwendigkeiten neuer Navigation. Zur Qualität soziotechnischer Gestaltungsprozesse. In: Bettina Brohmann, Achim Brunnengräber, Peter Hocke-Bergler und Ana María Isidoro Losada (Hg.): Robuste Langzeit-Governance bei der Endlagersuche. Soziotechnische Herausforderungen im Umgang mit hochradioaktiven Abfällen. Bielefeld: transcript (Edition Politik, Band 115), S. 363–385.

Hultquist, Gunnar (1986): Hydrogen evolution in corrosion of copper in pure water. In: Corrosion Science 26 (2), S. 173–177.

Hultquist, Gunnar (1984). In: Dagens Industri, 19.06.1984.

Hultquist, Gunnar; Szakálos, Peter; Graham, M. J.; Belonoshko, Anatoly B.; Sproule, G. I.; Gråsjö, L. et al. (2009): Water Corrodes Copper. In: Catal Lett 132 (3–4), S. 311–316.

Hultquist, Gunnar; Szakálos, Peter; Graham, M. J.; Sproule, G. I.; Wikmark, G. (Hg.) (2008): Detection of Hydrogen in Corrosion of Copper in Pure Water. International Corrosion Congress. Las Vegas.

IPFM (2011): Managing spent fuel from nuclear power reactors. Experience and lessons from around the world. Hg. v. Harold Feiveson, Zia Mian, M. V. Ramana und Frank von Hippel. International Panel on Fissile Materials, IPFM. Princeton, N.J.

Isodoro Losada, Ana M.; Themann, Dörte; Di Nucci, Maria Rosaria (2021): Rolle und Entwicklung politischer Beratungs- und Begleitgremien nach dem Konzept des Science-Policy Interfaces. Verstärkte Tendenzen zur Erzeugung sozial robusten Wissens in der bundesdeutschen Entsorgung hochradioaktiver Abfälle? In: Bettina Brohmann, Achim Brunnengräber, Peter Hocke-Bergler und Ana María Isidoro Losada (Hg.): Robuste Langzeit-Governance bei der Endlagersuche. Soziotechnische Herausforderungen im Umgang mit hochradioaktiven Abfällen. Bielefeld: transcript (Edition Politik, Band 115), S. 161–182.

Japp, Klaus P. (2002): Wie normal ist Nichtwissen? Replik zu Peter Wehling: „Jenseits des Wissens" (ZfS 6/2001). In: ZfS 31 (5), S. 435–439.

Japp, Klaus P. (1999): Die Unterscheidung von Nichtwissen. In: TA-Datenbank-Nachrichten 8 (3), S. 25–32.

Japp, Klaus P. (1997): Die Beobachtung von Nichtwissen. In: SozSys 3 (2), S. 289–312.

Jasanoff, Sheila (Hg.) (1995): Handbook of science and technology studies. Society for Social Studies of Science. Thousand Oaks, Californien: Sage Publications.

Jasanoff, Sheila (1986): Risk management and political culture. A comparative study of science in the policy context. New York: Russell Sage Foundation (Social research perspectives, 12).

Kåberger, Tomas; Swahn, Johan (2015): Model or Muddle? In: Achim Brunnengräber, Maria Rosaria Di Nucci, Ana Maria Isidoro Losada, Lutz Mez und Miranda A. Schreurs (Hg.): Nuclear Waste Governance. Wiesbaden: Springer Fachmedien Wiesbaden, S. 203–225.

Kaijser, Arne (2018): Sweden. Short Country Report. WP2. Royal Institute of Technology, KTH. Stockholm (History of Nuclear Energy and Society, HoNESt). Online verfügbar unter http://www.honest2020.eu/sites/default/files/deliverables_24/SW.pdf, zuletzt geprüft am 01.03.2022.

Kall, Ann-Sofie; Sundqvist, Göran (2014): Copper Corrosion Controversies: Containing Overflows in Swedish Nuclear Waste Management. Working paper (WP 2 – Topic: Demonstrating Safety). Euopean Commission; Euratom7 (inSOTEC Working Papers).

Karafyllis, Nicole C. (2019): Soziotechnisches System. In: Kevin Liggieri und Oliver Müller (Hg.): Mensch-Maschine-Interaktion. Handbuch zu Geschichte – Kultur – Ethik. Berlin, Heidelberg: J.B. Metzler Verlag, S. 300–303.

Kastenhofer, Karen (2009): Zur Gegenstandsbestimmung einer Soziologie des Nichtwissens bei Wehling. In: EWE 20, S. 135–138.

KBS-1 (1977): Handling of Spent Nuclear Fuel and Final Storage of Vitrified High Level Repro-cessing Waste. Kärnbränslesäkerhet. Stockholm.

KBS-2 (1978): Handling and Final Storage of Unreprocessed Spent Nuclear Fuel. Nuclear Fuel Safety Project (KBS – Kärnbränslesäkerhet). Stockholm.

KBS-3 (1983): Final storage of spent nuclear fuel. Swedish Nuclear Fuel Supply Co., Division KBS (SKBF/KBS). Stockholm (Technical Report, SKBF-KBS-83-24).

Keller, Reiner (Hg.) (2008): Handbuch sozialwissenschaftliche Diskursanalyse. 3., aktualisierte und erw. Aufl. Wiesbaden: VS Verl. für Sozialwiss.

Keller, Reiner (2005): Diskursforschung und Gesellschaftsdiagnose. In: Ronald Hitzler und Michaela Pfadenhauer (Hg.): Gegenwärtige Zukünfte. Interpretative Beiträge zur sozialwissenschaftlichen Diagnose und Prognose. Wiesbaden: VS Verlag für Sozialwissenschaften (SpringerLink Bücher), S. 169–186.

Keller, Reiner; Knoblauch, Hubert; Reichertz, Jo (Hg.) (2013): Kommunikativer Konstruktivismus. Theoretische und empirische Arbeiten zu einem neuen wissenssoziologischen Ansatz. Wiesbaden: Springer VS (Springer eBook Collection).

Kneer, Georg (2009): Jenseits von Realismus und Antirealismus. Eine Verteidigung des Sozialkonstruktivismus gegenüber seinen postkonstruktivistischen Kritikern. Beyond Realism and Anti-Realism: A Defense of Social Constructivism Against Its Post-Constructivist Critics. In: ZfS 38 (1), S. 5–25.

Knoblauch, Hubert (2013): Grundbegriffe und Aufgaben des kommunikativen Konstruktivismus. In: Reiner Keller, Hubert Knoblauch und Jo Reichertz (Hg.): Kommunikativer Konstruktivismus. Theoretische und empirische Arbeiten zu einem neuen wissenssoziologischen Ansatz. Wiesbaden: Springer VS (Springer eBook Collection), S. 25–47.

Knoblauch, Hubert (2010): Wissenssoziologie. 2. Auflage. Konstanz: UVK-Verlagsgesellschaft mbH (UTB Soziologie, 2719).

Knorr, Karin D.; Krohn, Roger; Whitley, Richard (Hg.) (1981): The Social Process of Scientific Investigation. Dordrecht: Springer (Sociology of the Sciences A Yearbook, 4).

Koselleck, Reinhart (1989): Vergangene Zukunft. Zur Semantik geschichtlicher Zeiten. 1. Auflage. Frankfurt am Main: Suhrkamp (Suhrkamp-Taschenbuch Wissenschaft).

Krohn, Wolfgang (2009): Symmetrie von Wissen und Nichtwissen? In: EWE 20 (1), S. 138–140.

Krohn, Wolfgang (Hg.) (1993): Riskante Technologien: Reflexion und Regulation. Einführung in die sozialwissenschaftliche Risikoforschung. 1. Aufl. Frankfurt am Main: Suhrkamp (Suhrkamp-Taschenbuch Wissenschaft, 1098).

Kuhn, Thomas S. (1979): Die Struktur wissenschaftlicher Revolutionen. 2., rev. u. um d. Postskriptum von 1969 erg. Aufl., 4. Aufl. Frankfurt am Main: Suhrkamp (Suhrkamp-Taschenbuch Wissenschaft, 25).

Lefort, Claude (1990): Die Frage der Demokratie. In: Ulrich Rödel (Hg.): Autonome Gesellschaft und libertäre Demokratie. Erste Auflage. Frankfurt am Main: Suhrkamp (Edition Suhrkamp, 1573 = N.F., 573), S. 281–297.

Lehtonen, Makku (2021): Das Wunder von Onkalo? Zur unerträglichen Leichtigkeit der finnischen Suche nach einem Endlager. In: APuZ 71 (21–23), S. 32–37.

Lévi-Strauss, Claude (1973): Das wilde Denken. Erste Auflage. Frankfurt am Main: Suhrkamp (Suhrkamp-Taschenbuch Wissenschaft, 14).

Lidskog, Rolf; Sundqvist, Göran (2004): On the right track? Technology, geology and society in Swedish nuclear waste management. In: Journal of Risk Research 7 (2), S. 251–268.

Liggieri, Kevin; Müller, Oliver (Hg.) (2019): Mensch-Maschine-Interaktion. Handbuch zu Geschichte – Kultur – Ethik. J.-B.-Metzlersche Verlagsbuchhandlung und Carl-Ernst-Poeschel-Verlag. Berlin, Heidelberg: J.B. Metzler Verlag.

Luhmann, Niklas (2014): Vertrauen. Ein Mechanismus der Reduktion sozialer Komplexität. UVK Verlagsgesellschaft mbH.

Luhmann, Niklas (1996): Kann die moderne Gesellschafts ich auf ökologische Gefährdungen einstellen? In: Kai-Uwe Hellmann und Niklas Luhmann (Hg.): Protest. Systemtheorie und soziale Bewegungen. 1. Aufl., [1. Dr.]. Frankfurt am Main: Suhrkamp (Suhrkamp-Taschenbuch Wissenschaft, 1256), S. 46–63.

Luhmann, Niklas (1993): Risiko und Gefahr. In: Wolfgang Krohn (Hg.): Riskante Technologien: Reflexion und Regulation. Einführung in die sozialwissenschaftliche Risikoforschung. 1. Aufl. Frankfurt am Main: Suhrkamp (Suhrkamp-Taschenbuch Wissenschaft, 1098), S. 138–185.

Luhmann, Niklas (1992): Beobachtungen der Moderne. Opladen: Westdt. Verl.

Luhmann, Niklas (1991): Soziologie des Risikos. Berlin, New York: De Gruyter.

Luhmann, Niklas (1984): Soziale Systeme. Grundriß einer allgemeinen Theorie. Frankfurt am Main: Suhrkamp.

Lundin, Kim (2007): Forskare fruktar farlig förvaring – Varnar för osäker kärnavfallshantering. In: Dagens Industri, 03.10.2007.

Maasen, Sabine; Kaiser, Mario; Reinhart, Martin; Sutter, Barbara (Hg.) (2012): Handbuch Wissenschaftssoziologie. Wiesbaden: Springer Fachmedien Wiesbaden. Online verfügbar unter http://site.ebrary.com/lib/alltitles/docDetail.action?docID=10607871.

Macfarlane, Allison M.; Ewing, Rodney C. (Hg.) (2010): Uncertainty underground. Yucca Mountain and the nation's high-level nuclear waste. Cambridge, Mass: MIT Press.

Marchart, Oliver (2013): Das unmögliche Objekt. Eine postfundamentalistische Theorie der Gesellschaft. 2nd ed. Berlin: Suhrkamp Verlag.

Mbah, Melanie (2021): Reversibilität im Kontext der Entsorgung hochradioaktiver Abfälle. Begriffsbestimmung und Entwicklung eines konzeptionellen Ansatzes von Reversibilität. In: Bettina Brohmann, Achim Brunnengräber, Peter Hocke-Bergler und Ana María Isidoro Losada (Hg.): Robuste Langzeit-Governance bei der Endlagersuche. Soziotechnische Herausforderungen im Umgang mit hochradioaktiven Abfällen. Bielefeld: transcript (Edition Politik, Band 115), S. 301–323.

McGoey, Linsey (2019): The unknowers. How strategic ignorance rules the world. London: Zed Books.

Meister, Martin (2011): Soziale Koordination durch Boundary Objects am Beispiel des heterogenen Feldes der Servicerobotik. Dissertation. Technische Universität Berlin, Berlin. Fakultät VI Planen, Bauen, Umwelt. Online verfügbar unter https://d-nb.info/101783978 6/34, zuletzt geprüft am 26.09.2021.

Merton, Robert K. (1987): Three Fragments from a Sociologist's Notebook: Establishing the Phenomenon, Specified Ignorance, and Strategic Research Materials. In: Annual Review of Sociology 13, S. 1–28.

Merton, Robert K. (1942): The sociology of science. Theoretical and empirical incvestigations. Chicago: University of Chicago Press.

Mey, Günter; Mruck, Katja (Hg.) (2007): Grounded Theory Reader. Köln: Zentrum für Historische Sozialforschung.

Meyer, Ingo (2009): Simmels „Geheimnis" als Entdeckung des sozialkonstitutiven Nichtwissens. In: Cécile Rol und Christian Papilloud (Hg.): Soziologie als Möglichkeit. 100 Jahre Georg Simmels Untersuchungen über die Formen der Vergesellschaftung. Wiesbaden: VS Verlag für Sozialwissenschaften (SpringerLink Bücher), S. 115–134.

Mittelstraß, Jürgen (1996): Nichtwissen: Preis des Wissens? In: Schweizerische Technische Zeitschrift 93 (6), S. 32–35.

MKG (2022a): PRESS RELEASE The Swedish government allows the nuclear industry to build an unsafe repository for spent nuclear fuel. Online verfügbar unter https://www. mkg.se/en/press-release-the-swedish-government-allows-the-nuclear-industry-to-build-an-unsafe-repository-for, zuletzt geprüft am 01.03.2022.

MKG (2022b): The Swedish Government disregards the opinion of the Environmental Court and approves the repository for spent nuclear fuel. Online verfügbar unter https://www. mkg.se/en/the-swedish-government-disregards-the-opinion-of-the-environmental-court-and-approves-the, zuletzt aktualisiert am 27.01.2022, zuletzt geprüft am 01.03.2022.

MKG (2021a): MKG and member organisations to the government: Say no to the spent fuel repository or continue to investigate copper corrosion. The Swedish NGO Office for Nuclear Waste Review, MKG. Online verfügbar unter https://www.mkg.se/en/mkg-and-member-organisations-to-the-government-say-no-to-the-spent-fuel-repository-or-contin ue-to, zuletzt aktualisiert am 11.06.2021, zuletzt geprüft am 26.10.2021.

MKG (2021b): Government decides on intermediate storage and continues to examine the copper canister Government decides on intermediate storage and continues to examine the copper canister. The Swedish NGO Office for Nuclear Waste Review, MKG. Online verfügbar unter https://www.mkg.se/en/swedish-government-decides-on-intermediate-storage-and-continues-to-examine-the-copper-canister, zuletzt aktualisiert am 26.08.2021, zuletzt geprüft am 01.03.2021.

MKG (2020a): MKG and its member organisations take the issue of the secret LOT retrieval to the government. The Swedish NGO Office for Nuclear Waste Review, MKG. Online verfügbar unter https://www.mkg.se/en/mkg-and-its-member-organisat ions-take-the-issue-of-the-secret-lot-retrieval-to-the-government, zuletzt aktualisiert am 27.02.2020, zuletzt geprüft am 26.10.2021.

MKG (2020b): Scientifically inferior SKB report on copper corrosion in LOT project shows that copper is not suitable as a canister material. The Swedish NGO Office for Nuclear Waste Review, MKG. Online verfügbar unter https://www.mkg.se/en/scientifically-inf erior-skb-report-on-copper-corrosion-in-lot-project-shows-that-copper-is-not,   zuletzt aktualisiert am 01.10.2020, zuletzt geprüft am 26.10.2021.

MKG (2019): SKB secretly retrieves experimental packages that can decide the future of the spent fuel repository. The Swedish NGO Office for Nuclear Waste Review, MKG. Online verfügbar unter https://www.mkg.se/en/skb-secretly-retrieves-experimental-pac kages-that-can-decide-the-future-of-the-spent-fuel, zuletzt aktualisiert am 24.10.2019, zuletzt geprüft am 01.03.2022.

MKG (2018a): Translation into English of the Swedish Environmental Court's opinion on the final repository for spent nuclear fuel – as well as some comments on the decision and the further process. The Swedish NGO Office for Nuclear Waste Review, MKG. Online verfügbar unter https://www.mkg.se/en/translation-into-english-of-the-swedish-environmental-courts-opinion-on-the-final-repository-for, zuletzt geprüft am 14.11.2021.

MKG (2018b): Summary of opinion. Opinion of the Environmental and Environmental Court. Unofficial translation by MKG. The Swedish NGO Office for Nuclear Waste Review, MKG. Online verfügbar unter https://www.mkg.se/uploads/Summary_opin ion_Swedish_Environmental_Court_regarding_proposed_final_repository_spent_nucl ear_fuel_Forsmark_Jan_23_2018_(unofficial_translation_MKG).pdf, zuletzt geprüft am 07.11.2021.

MKG (2018c): The Swedish Environmental Court's no to the final repository for spent nuclear fuel – a victory for the environmental movement and the science. The Swedish NGO Office for Nuclear Waste Review, MKG. Online verfügbar unter https://www.mkg. se/en/the-swedish-environmental-court-s-no-to-the-final-repository-for-spent-nuclear-fuel-a-triumph-for-th, zuletzt geprüft am 13.11.2021.

Moebius, Stephan; Quadflieg, Dirk (Hg.) (2011): Kultur. Theorien der Gegenwart. 2., erwei terte und aktualisierte Auflage. Wiesbaden: VS Verlag für Sozialwissenschaften (SpringerLink Bücher).

Muhle, Maria (2011): Jacques Rancière. Für eine Politik des Erscheinens. In: Stephan Moebius und Dirk Quadflieg (Hg.): Kultur. Theorien der Gegenwart. 2., erweiterte und aktualisierte Auflage. Wiesbaden: VS Verlag für Sozialwissenschaften (SpringerLink Bücher), S. 311–320.

Nordmann, Alfred; Schebek, Liselotte; Janich, Nina (2012): Nichtwissenskommunikation in den Wissenschaften. Interdisziplinäre Zugänge. Erscheinungsort nicht ermittelbar: Peter Lang International Academic Publishing Group (Wissen – Kompetenz – Text, Bd. 1).

Oreskes, Naomi; Conway, Erik M. (2010): Merchants of doubt. How a handful of scientists obscured the truth on issues from tobacco smoke to global warming. 1st U.S. ed. New York, NY: Bloomsbury Press.

Perrow, Charles (1992): Normale Katastrophen. Die unvermeidbaren Risiken der Großtech nik. 2. Aufl. Frankfurt/Main: Campus-Verl. (Reihe Campus, 1028).

Popitz, Heinrich (Hg.) (2010): Soziale Normen. Unter Mitarbeit von Friedrich Pohlmann und Wolfgang Eßbach. 2. Aufl., [Nachdr.]. Frankfurt am Main: Suhrkamp (Suhrkamp Taschenbuch Wissenschaft, 1794).

Popitz, Heinrich (2010): Über die Präventivwirkung des Nichtwissens. In: Heinrich Popitz (Hg.): Soziale Normen. Unter Mitarbeit von Friedrich Pohlmann und Wolfgang Eßbach. 2. Aufl., [Nachdr.]. Frankfurt am Main: Suhrkamp (Suhrkamp Taschenbuch Wissen schaft, 1794), S. 158–174.

Popper, Karl R. (1989): Logik der Forschung. 9., verb. Aufl. Tübingen: Mohr (Die Einheit der Gesellschaftswissenschaften, Bd. 4).

Proctor, Robert N. (1995): Cancer wars. How politics shapes what we know and don't know about cancer. New York, NY: BasicBooks.

Przyborski, Aglaja; Wohlrab-Sahr, Monika (2021): Qualitative Sozialforschung. Ein Arbeitsbuch. 5., überarbeitete und erweiterte Auflage. Berlin, Boston: De Gruyter Oldenbourg (Lehr- und Handbücher der Soziologie).

Rancière, Jacques (2006): Die Aufteilung des Sinnlichen. Die Politik der Kunst und ihre Paradoxien. Berlin: b-books.

Rancière, Jacques (2002): Das Unvernehmen. Politik und Philosophie. Frankfurt am Main: Suhrkamp.

Ravetz, Jerome (1986): Usable knowledge, usable ignorance. In: William C. Clark und Robert E. Munn (Hg.): Sustainable development of the biosphere. Cambridge: Cambridge Univ. Pr, S. 415–432.

Rödel, Ulrich (Hg.) (1990): Autonome Gesellschaft und libertäre Demokratie. Erste Auflage. Frankfurt am Main: Suhrkamp (Edition Suhrkamp, 1573 = N.F., 573).

Rol, Cécile; Papilloud, Christian (Hg.) (2009): Soziologie als Möglichkeit. 100 Jahre Georg Simmels Untersuchungen über die Formen der Vergesellschaftung. Wiesbaden: VS Verlag für Sozialwissenschaften (SpringerLink Bücher).

Salehabadi, Djahane B. (2014): Making and Unmaking E-Waste: Tracing the Global Afterlife of Discarded Digital Technologies in Berlin. Dissertation. Cornell University, Ithaca, New York. Graduate School. Online verfügbar unter https://ecommons.cornell.edu/bitstream/handle/1813/37043/dbs35.pdf?sequence=1, zuletzt geprüft am 01.03.2022.

Schneider, Louis (1962): The Role of the Category of Ignorance in Sociological Theory: An Exploratory Statement. In: American Sociological Review 27 (4), S. 492–508.

Simmel, Georg (2013): Soziologie. Untersuchungen über die Formen der Vergesellschaftung. 7. Aufl.

Simpson, James P.; Schenk, Robert K. (1987): Hydrogen evolution from corrosion of pure copper. In: Corrosion Science 27 (12), S. 1365–1370.

SKB (2021a): How Forsmark was selected. Swedish Nuclear Fuel And Waste Management Co, SKB. Online verfügbar unter https://www.skb.com/future-projects/the-spent-fuel-repository/how-forsmark-was-selected/), zuletzt aktualisiert am 15.02.2021, zuletzt geprüft am 01.03.2021.

SKB (2021b): Our generation must take care of the Swedish nuclear waste. Swedish Nuclear Fuel And Waste Management Co, SKB. Online verfügbar unter https://www.skb.com/about-skb/our-task/, zuletzt aktualisiert am 04.02.2021, zuletzt geprüft am 01.03.2022.

SKB (2021c): What things look like in the rest of the world. Swedish Nuclear Fuel And Waste Management Co, SKB. Online verfügbar unter https://www.skb.com/future-projects/international/, zuletzt aktualisiert am 19.03.2021, zuletzt geprüft am 01.03.2022.

SKB (2020): Corrosion of copper after 20 years exposure in the bentonite field tests LOT S2 and A3. Unter Mitarbeit von Adam Johannes Johansson, Daniel Svensson, Andrew Gordon, Helen Pahverk, Oskar Karlsson, Johannes Brask et al. Swedish Nuclear Fuel And Waste Management Co, SKB. Stockholm (Technical Report, TR-20-14). Online verfügbar unter https://www.skb.com/publication/2496000, zuletzt geprüft am 26.10.2021.

SKB (2019): RD&D Programme 2019. Programme for research, development and demonstration of methods for the management and disposal of nuclear waste. Swedish Nuclear Fuel And Waste Management Co, SKB. Stockholm (Technical Report, TR-19-24).

Online verfügbar unter https://www.skb.com/publication/2494395, zuletzt geprüft am 01.03.2022.

SKB (2016a): Copper in ultrapure water. Unter Mitarbeit von Mikael Ottosson, Mats Boman, Pedro Berastegui, Yvonne Andersson, Maria Hahlin, Marcus Korvela und Rolf Berger. Swedish Nuclear Fuel And Waste Management Co, SKB; Uppsala University, Department of Chemistry Ångström Laboratory. Stockholm (Technical Report, TR-16-01). Online verfügbar unter https://www.skb.com/publication/2483813/TR-16-01.pdf, zuletzt geprüft am 26.09.2021.

SKB (2016b): RD&D Programme 2016. Programme for research, development and demonstration of methods for the management and disposal of nuclear waste. Swedish Nuclear Fuel And Waste Management Co, SKB. Stockholm (Technical Report, TR-16-15). Online verfügbar unter https://www.skb.com/publication/2485289, zuletzt geprüft am 01.03.2022.

SKB (2015): Social research for the future. Swedish Nuclear Fuel And Waste Management Co, SKB. Online verfügbar unter https://www.skb.com/research-and-technology/soc ialresearch/, zuletzt aktualisiert am 05.05.2015, zuletzt geprüft am 01.03.2022.

SKB (2014): Corrosion of copper in ultrapure water. Unter Mitarbeit von Mats Boman, Mikael Ottosson, Rolf Berger, Yvonne Andersson, Maria Hahlin, Fredrik Björefors und Torbjörn Gustafsson. Swedish Nuclear Fuel And Waste Management Co, SKB; Uppsala University, Department of Chemistry Ångström Laboratory. Stockholm (Report, R-14-07). Online verfügbar unter https://www.skb.com/publication/2718444/R-14-07.pdf, zuletzt geprüft am 26.09.2021.

SKB (2013): RD&D Programme 2013. Programme for research, development and demonstration of methods for the management and disposal of nuclear waste. Swedish Nuclear Fuel And Waste Management Co, SKB. Stockholm (Technical Report, TR-13-18). Online verfügbar unter https://www.skb.com/publication/2670359, zuletzt geprüft am 01.03.2022.

SKB (2012a): SKB:s svar om kopparkorrosion. Unter Mitarbeit von Allan Hedin. Swedish Nuclear Fuel And Waste Management Co, SKB. Online verfügbar unter https://www.skb. se/nyheter/skbs-svar-om-kopparkorrosion/, zuletzt aktualisiert am 16.04.2012a, zuletzt geprüft am 26.09.2021.

SKB (2012b): Kompletterande information om kopparkorrosion. Swedish Nuclear Fuel And Waste Management Co, SKB. Stockholm. Online verfügbar unter https://skb.se/wp-con tent/uploads/2015/05/1339716.pdf, zuletzt geprüft am 26.09.2021.

SKB (2011a): Application for Licence under the Nuclear Activities Act. Swedish Nuclear Fuel And Waste Management Co, SKB. Stockholm. Online verfügbar unter https:// www.skb.com/wp-content/uploads/2017/01/1282973-KTL-ans%c3%b6kan-p%c3%a5-engelska.pdf, zuletzt geprüft am 14.11.2021.

SKB (2011b): Long-term safety for the final repository for spent nuclear fuel at Forsmark. Main report of the SR-Site project. Updated 2015-05. Swedish Nuclear Fuel And Waste Management Co, SKB. Stockholm (Technical Report, TR-11-01). Online verfügbar unter https://www.skb.com/publication/2345580, zuletzt geprüft am 14.11.2021.

SKB (2010a): Critical review of the literature on the corrosion of copper by water. Unter Mitarbeit von Fraser King. Swedish Nuclear Fuel And Waste Management Co, SKB. Stockholm (Technical Report, TR-10-69). Online verfügbar unter https://www.skb.com/ publication/2213140, zuletzt geprüft am 10.12.2021.

SKB (2010b): RD&D Programme 2010b. Programme for research, development and demonstration of methods for the management and disposal of nuclear waste. Swedish Nuclear Fuel And Waste Management Co, SKB. Stockholm (Technical Report, TR-10-63). Online verfügbar unter https://www.skb.com/publication/2204087, zuletzt geprüft am 01.03.2022.

SKB (2007): RD&D Programme 2007. Programme for research, development and demonstration of methods for the management and disposal of nuclear waste. Swedish Nuclear Fuel And Waste Management Co, SKB. Stockholm (Technical Report, TR-07-12). Online verfügbar unter https://www.skb.com/publication/1578457, zuletzt geprüft am 01.03.2022.

SKB (1992): SKB 91. Final disposal of spent nuclear fuel. Importance of the bedrock for safety. Swedish Nuclear Fuel And Waste Management Co, SKB. Stockholm (Technical Report, TR-92-20). Online verfügbar unter https://www.skb.com/publication/7715/TR92-20.pdf, zuletzt geprüft am 26.09.2021.

SKB (1988): On the corrosion of copper in pure water. Unter Mitarbeit von T. E. Eriksen, P. Ndalamba und I. Grenthe. Swedish Nuclear Fuel And Waste Management Co, SKB. Stockholm (Technical Report, TR-88-17). Online verfügbar unter https://www.skb.com/publication/3292/TR88-17webb.pdf, zuletzt geprüft am 26.09.2021.

SKI (2008): Review Statement and Evaluation of the Swedish Nuclear Fuel and Waste Management Co's (SKB) RD&D Programme 2007. Swedish Nuclear Power Inspectorate, SKI. Stockholm (Report, 2008:48 E). Online verfügbar unter https://www.stralsakerhetsmyndigheten.se/contentassets/4c2ac10ace144dc088ddbee314388c89/200848e-review-statement-and-evaluation-of-the-swedish-nuclear-fuel-and-waste-management-cos-skb-rdd-programme-2007, zuletzt geprüft am 01.03.2022.

SKI (1996): Mineral Formation on Metallic Copper in a "Future Repository Site Environment". Unter Mitarbeit von Örjan Amcoff und Katalin Holényi. Swedish Nuclear Power Inspectorate, SKI; University of Uppsala, Institute of Earth Sciences, Mineralogy-Petrology. Stockholm (Report, 96:38). Online verfügbar unter https://www.osti.gov/etdeweb/servlets/purl/252859, zuletzt geprüft am 14.11.2021.

SKI (1995): Kopparkorrosion i rent syrefritt vatten. Unter Mitarbeit von Kenneth Möller. Swedish Nuclear Power Inspectorate, SKI (Report, 95:72). Online verfügbar unter https://inis.iaea.org/collection/NCLCollectionStore/_Public/27/028/27028111.pdf?r=1, zuletzt geprüft am 14.11.2021.

Smithson, Michael (1985): Toward a Social Theory of Ignorance. In: J Theory of Social Behaviour 15 (2), S. 151–172.

SNC (2020): Nuclear Waste State-of-the-Art Report 2020. Step by step. Where are we now? Where are we going? Swedish National Council for Nuclear Waste, SNC. Stockholm (SOU – Statens offentliga utredningar, SOU 2020:9). Online verfügbar unter https://www.karnavfallsradet.se/en/nuclear-waste-state-of-the-art-report-2020-step-by-step-where-are-we-now-where-are-we-going, zuletzt geprüft am 01.03.2022.

SNC (2018): Nuclear Waste State-of-the-Art Report 2018. Decision-making in the face of uncertainty. Swedish National Council for Nuclear Waste, SNC. Stockholm (SOU – Statens offentliga utredningar, SOU 2018:8). Online verfügbar unter https://www.karnavfallsradet.se/en/nuclear-waste-state-of-the-art-report-2018-decision-making-in-the-face-of-uncertainty, zuletzt geprüft am 01.03.2022.

SNC (2017): Nuclear Waste State-of-the-Art Report 2017. Nuclear waste – an ever-changing issue. Swedish National Council for Nuclear Waste, SNC. Stockholm (SOU – Statens offentliga utredningar, SOU 2017:8). Online verfügbar unter https://www.karnavfallsr adet.se/en/nuclear-waste-state-of-the-art-report-2017-nuclear-waste-an-ever-changing-issue, zuletzt geprüft am 01.03.2022.

SNC (2016): Nuclear Waste State-of-the-Art Report 2016. Risks, uncertainties and future challenges. Swedish National Council for Nuclear Waste, SNC. Stockholm (SOU – Statens offentliga utredningar, SOU 2016:16). Online verfügbar unter https://www.kar navfallsradet.se/en/sou-201616-nuclear-waste-state-of-the-art-report-2016-risks-uncert ainties-and-future-challenges, zuletzt geprüft am 01.03.2022.

SNC (2015): Nuclear Waste State-of-the-Art Report 2015. Safeguards, record-keeping and financing for increased safety. Swedish National Council for Nuclear Waste, SNC. Stockholm (SOU – Statens offentliga utredningar, SOU 2015:11). Online verfügbar unter   https://www.karnavfallsradet.se/en/sou-201511-nuclear-waste-state-of-the-art-rep ort-2015-safeguards-record-keeping-and-financing-for, zuletzt geprüft am 01.03.2022.

SNC (2014): Nuclear Waste State-of-the-Art Report 2014. Research debate, alternatives and decision-making. Swedish National Council for Nuclear Waste, SNC. Stockholm (SOU – Statens offentliga utredningar, SOU 2014:11). Online verfügbar unter https:// www.karnavfallsradet.se/en/sou-201411-nuclear-waste-state-of-the-art-report-2014-res earch-debate-alternatives-and-decision, zuletzt geprüft am 01.03.2022.

SNC (2013): Nuclear Waste State-of-the-Art Report 2013. Final repository application under review: supplementary information and alternative futures. Swedish National Coun-cil for Nuclear Waste, SNC. Stockholm (SOU – Statens offentliga utredningar, SOU 2013:11). Online verfügbar unter https://www.karnavfallsradet.se/en/sou-201311-nuc lear-waste-state-of-the-art-report-2013-final-repository-application-under-review, zuletzt geprüft am 01.03.2022.

SNC (2012): Nuclear Waste State-of-the-Art Report 2012. – long-term safety, accidents and global survey. Swedish National Council for Nuclear Waste, SNC. Stockholm (SOU – Statens offentliga utredningar, SOU 2012:7). Online verfügbar unter https://www.karnav fallsradet.se/en/sou-20127-nuclear-waste-state-of-the-art-report-2012-long-term-safety-accidents-and-global-survey, zuletzt geprüft am 01.03.2022.

SNC (2011): Nuclear Waste State of the Art Report 2011. – geology, barriers, alternatives. Swedish National Council for Nuclear Waste, SNC. Stockholm (SOU – Statens offent-liga utredningar, SOU 2011:14). Online verfügbar unter https://www.karnavfallsradet.se/ en/sou-201114-nuclear-waste-state-of-the-art-report-2011-geology-barriers-alternatives, zuletzt geprüft am 01.03.2022.

SNC (2010): Nuclear Waste State of the Art Report 2010. – challenges for the final repo-sitory programme. Swedish National Council for Nuclear Waste, SNC. Stockholm (SOU – Statens offentliga utredningar, SOU 2010:6). Online verfügbar unter https:// www.karnavfallsradet.se/en/sou-20106-nuclear-waste-state-of-the-art-report-2010-cha llenges-for-the-final-repository-programme, zuletzt geprüft am 01.03.2022.

SNC (2009): Mechanisms of Copper Corrosion in Aqueous Environments. A report from the Swedish National Council for Nuclear Waste's scientific workshop, on November 16, 2009. Swedish National Council for Nuclear Waste, SNC; Swedish Government Inquiries (Report from the Swedish National Council for Nuclear Waste, 2009:4e).

SNC (2007): Nuclear Waste State-of-the- Art Report 2007. – responsibility of current generation, freedom of future generations. Swedish National Council for Nuclear Waste, SNC. Stockholm (SOU – Statens offentliga utredningar, SOU 2007:38). Online verfügbar unter https://www.karnavfallsradet.se/en/sou-200738-nuclear-waste-state-of-the-art-rep ort-2007-responsibility-of-current-generation-freedom, zuletzt geprüft am 01.03.2022.

Soentgen, Jens (2015): Argumentieren mit Nichtwissen: Die Risikodiskurse über Mobilfunk und Grüne Gentechnik. In: Peter Wehling und Stefan Böschen (Hg.): Nichtwissenskulturen und Nichtwissensdiskurse. Über den Umgang mit Nichtwissen in Wissenschaft und Öffentlichkeit. 1. Aufl. Baden-Baden: Nomos, S. 123–160.

Soentgen, Jens (Hg.) (2006): Tagungsbericht. Zeit der Zukunft – Über den Umgang mit Nichtwissen. Tagung vom 28. bis 30. April in Tutzing, zuletzt geprüft am 01.03.2022.

SOU (1976a): Använt kärnbränsle och radioaktivt avfall. Del I. Betänkande från Aka-utredningen. Hg. v. Swedish Government Committee of Investigation. Industridepar-tementet. Stockholm (SOU – Statens offentliga utredningar, 1976:30). Online verfüg-bar unter https://lagen.nu/sou/1976:31?attachment=index.pdf&repo=soukb&dir=downlo aded.

SOU (1976b): Använt kärnbränsle och radioaktivt avfall. Del II. Betänkande från Aka-utredningen. Hg. v. Swedish Government Committee of Investigation. Industrideparte-mentet. Stockholm (SOU – Statens offentliga utredningar, 1976:31). Online verfügbar unter https://data.kb.se/datasets/2015/02/sou/1976/1976_30(librisid_14681080).pdf.

SSM (2022): Final repository for radioactive waste and spent nuclear fuel. Swedish Radia-tion Safety Authority, SSM. Online verfügbar unter https://www.stralsakerhetsmyndigh eten.se/en/areas/radioactive-waste/final-repository-for-radioactive-waste-and-spent-nuc lear-fuel/, zuletzt aktualisiert am 04.02.2022, zuletzt geprüft am 01.03.2022.

SSM (2018): Pronouncement on licence applications for permission to develop facilities for final management of spent nuclear fuel. Statement of the Swedish Radiation Safety Authority. Statement of SSM's views. Swedish Radiation Safety Authority, SSM. Stock-holm. Online verfügbar unter https://www.stralsakerhetsmyndigheten.se/contentassets/ 078506f952ae4357467628edcc1785a4/pronouncement-on-licence-applications-for-per mission-to-develop-facilities-for-final-management-of-spent-nuclear-fuel-statement-of-the-swedish-radiation-safety-authority, zuletzt geprüft am 26.09.2018.

SSM (2015): Quality Assurance in SKB's Copper Corrosion Experiments. Technical Note. Swedish Radiation Safety Authority, SSM. Stockholm (Technical Note, 2015:29). Online verfügbar unter https://www.stralsakerhetsmyndigheten.se/publikationer/rappor ter/avfall--transport--fysiskt-skydd/2015/201529/, zuletzt geprüft am 26.09.2021.

SSM (2012a): Begäran om komplettering av ansökan om slutförvaring av använt kärnbränsle och kärnavfall. Begäran om komplettering. Swedish Radiation Safety Authority, SSM. Stockholm. Online verfügbar unter https://skb.se/wp-content/uploads/2017/01/2012-02-14.pdf, zuletzt geprüft am 26.09.2021.

SSM (2012b): Issues in the corrosion of copper in a Swedish high level nuclear waste reposi-tory. Unter Mitarbeit von Digby D. Macdonald, Samin Sharifi-Asl, George R. Engelhardt und Mirna Urquidi-Macdonald. Swedish Radiation Safety Authority, SSM. Stockholm (Research Report, 2012:11). Online verfügbar unter https://www.stralsakerhetsmynd igheten.se/publikationer/rapporter/avfall--transport--fysiskt-skydd/2012/201211/, zuletzt geprüft am 26.09.2021.

SSM (2011a): Review and evaluation of the Swedish Nuclear Fuel and Waste Management Company's RD&D Programme 2010. Statement to the Government and summary of the review report. Swedish Radiation Safety Authority, SSM. Stockholm (Statement, 2011:10e). Online verfügbar unter https://www.stralsakerhetsmyndigheten.se/en/publications/reports/waste-shipments-physical-protection/2011/201110e/, zuletzt geprüft am 01.03.2022.

SSM (2011b): Is Copper Immune to Corrosion When in Contact With Water and Aqueous Solutions? Research. Unter Mitarbeit von Digby D. Macdonald und Samin Sharifi-Asl. Swedish Radiation Safety Authority, SSM. Stockholm (Research Report, 2011:09). Online verfügbar unter https://www.stralsakerhetsmyndigheten.se/publikationer/rapporter/avfall--transport--fysiskt-skydd/2011/201109/, zuletzt geprüft am 26.09.2021.

SSM (2010): Quality Assurance Review of SKB's Copper Corrosion Experiments. Swedish Radiation Safety Authority, SSM. Stockholm (Research Report, 2010:17). Online verfügbar unter https://www.stralsakerhetsmyndigheten.se/publikationer/rapporter/avfall--transport--fysiskt-skydd/2010/201017/, zuletzt geprüft am 26.09.2021.

SSM (2009): A Review of Evidence for Corrosion of Copper by water. Unter Mitarbeit von Michael J. Apted, David G. Bennett und Timo Saario. Swedish Radiation Safety Authority, SSM. Stockholm (Research Report, 2009:30). Online verfügbar unter https://www.stralsakerhetsmyndigheten.se/publikationer/rapporter/avfall--transport--fysiskt-skydd/2009/200930/, zuletzt geprüft am 26.09.2021.

Star, Susan Leigh (2017): Grenzobjekte und Medienforschung. Hg. v. Sebastian Gießmann und Nadine Taha. Bielefeld: transcript (Locating Media / Situierte Medien, 10).

Star, Susan Leigh; Griesemer, James R. (2017): Institutionelle Ökologie, ‚Übersetzungen' und Grenzobjekte. Amateure und Professionelle im Museum of Ver tebrate Zoology in Berkeley, 1907–39 (1989). In: Susan Leigh Star: Grenzobjekte und Medienforschung. Hg. v. Sebastian Gießmann und Nadine Taha. Bielefeld: transcript (Locating Media / Situierte Medien, 10), S. 81–115.

Stehr, Nico (2013): Wissen und der Mythos vom Nichtwissen. In: APuZ 63 (18–20), S. 48–54.

Stehr, Nico (2003): Wissenspolitik. Die Überwachung des Wissens. Orig.-Ausg., 1. Aufl. Frankfurt am Main: Suhrkamp (Suhrkamp-Taschenbuch Wissenschaft, 1615).

Steiger, Hartmut (2000): Gesellschaft: Helga Nowotny, Professorin an der ETH Zürich. „Die Wissenschaft ist gefährdet". In: VDI nachrichten 54 (23), S. 12.

Stocking, S. Holly; Holstein, Lisa W. (1993): Constructing and Reconstructing Scientific Ignorance. Ignorance Claims in Science and Journalism. In: Knowledge: Creation, Diffusion, Utilization 15 (2), S. 186–210.

Strauss, Anselm L. (1991): Grundlagen qualitativer Sozialforschung. Datenanalyse und Theoriebildung in der empirischen soziologischen Forschung. München: Fink (Übergänge, 10).

Strauss, Anselm L.; Corbin, Juliet M. (1996): Grounded theory: Grundlagen qualitativer Sozialforschung. Weinheim: Beltz.

Sundqvist, Göran (2002): The bedrock of opinion. Science, technology and society in the siting of high-level nuclear waste. Dordrecht, London: Kluwer Academic (Environment & policy).

Swahn, Johann (2011): Sweden and Finland. In: Harold Feiveson, Zia Mian, M. V. Ramana und Frank von Hippel (Hg.): Managing spent fuel from nuclear power reactors. Experience and lessons from around the world. International Panel on Fissile Materials, IPFM. Princeton, N.J., S. 78–91.

Szakálos, Peter; Hultquist, Gunnar; Wikmark, G. (2007): Corrosion of Copper by Water. In: Electrochem. Solid-State Lett. 10 (11), C63–C67.

Themann, Dörte; Brunnengräber, Achim (2021): Soziotechnische Analoga als Erfahrungshintergrund für ein Endlager. Windkraft, Fracking, Carbon Dioxide Capture and Storage (CCS) und das Endlager für hochradioaktive Abfälle im Vergleich. In: Bettina Brohmann, Achim Brunnengräber, Peter Hocke-Bergler und Ana María Isidoro Losada (Hg.): Robuste Langzeit-Governance bei der Endlagersuche. Soziotechnische Herausforderungen im Umgang mit hochradioaktiven Abfällen. Bielefeld: transcript (Edition Politik, Band 115), S. 107–133.

van Heerikhuize, Matthijs (2009): Sweden poised to bury nuclear waste for 100,000 years. In: The Local se, 02.06.2009. Online verfügbar unter https://www.thelocal.se/20090602/19824, zuletzt geprüft am 13.11.2021.

Viehöver, Willy (2012): Öffentliche Erzählungen und der globale Wandel des Klimas. In: Markus Arnold, Gert Dressel und Willy Viehöver (Hg.): Erzählungen im Öffentlichen. Über die Wirkung narrativer Diskurse. 1st ed. (Theorie und Praxis der Diskursforschung), S. 173–215.

Viehöver, Willy (2011): Die Politisierung des globalen Klimawandels und die Konstitution des transnationalen Klimaregimes. In: Matthias Groß (Hg.): Handbuch Umweltsoziologie. Wiesbaden: VS Verlag für Sozialwissenschaften, S. 671–691.

Viehöver, Willy (2008): Die Wissenschaft und die Wiederverzauberung des sublunaren Raumes. Der Klimadiskurs im Licht der narrativen Diskursanalyse. In: Reiner Keller (Hg.): Handbuch sozialwissenschaftliche Diskursanalyse. 3., aktualisierte und erw. Aufl. Wiesbaden: VS Verl. für Sozialwiss, S. 233–270.

Wagner, Thomas (2014): Die Mitmachfalle: Bürgerbeteiligung als Herrschaftsinstrument. 2., unveränderte Aufl. Köln: PapyRossa-Verl. (Neue kleine Bibliothek, 193).

Wärnbäck, Antoinette; Soneryd, Linda; Hilding-Rydevik, Tuija (2013): Shared Practice and Converging Views in Nuclear Waste Management: Long-Term Relations between Implementer and Regulator in Sweden. In: Environ Plan A 45 (9), S. 2212–2226.

Wärnbäck, Antoinette (2012): EIA Practice. Examples of Cumulative Effects and Final Disposal of Spent Nuclear Fuel. Dissertation. Swedish University of Agricultural Sciences, Uppsala. Faculty of Natural Resources and Agricultural Sciences, Department of Urban and Rural Development. Online verfügbar unter https://pub.epsilon.slu.se/8899/2/warnback_a_120522.pdf, zuletzt geprüft am 26.09.2021.

Weber, Christian (2010): Ein Hoch-Risiko-Gefühl. Gemischte Gefühle: Vertrauen. In: Süddeutsche Zeitung, 25.10.2010. Online verfügbar unter https://www.sueddeutsche.de/wissen/gemischte-gefuehle-vertrauen-riskante-erfindung-der-moderne-1.1015100-0, zuletzt geprüft am 01.03.2022.

Weber, Heike (2014): Einleitung. „Entschaffen": Reste und das Ausrangieren, Zerlegen und Beseitigen des Gemachten. In: TG 81 (1), S. 3–32.

Wehling, Peter (2015): Nichtwissenskulturen – Theoretische Konturen eines neuen Konzepts der Wissenschaftsforschung. In: Peter Wehling und Stefan Böschen (Hg.): Nichtwissenskulturen und Nichtwissensdiskurse. Über den Umgang mit Nichtwissen in Wissenschaft und Öffentlichkeit. 1. Aufl. Baden-Baden: Nomos, S. 23–66.

Wehling, Peter (2009a): Nichtwissen – Bestimmungen, Abgrenzungen, Bewertungen. In: EWE 20 (1), S. 95–106.

Wehling, Peter (2009b): Wie halten wir es mit dem Nichtwissen? Eine ebenso kontroverse wie notwendige Debatte. Replik. In: EWE 20 (1), S. 163–175.

Wehling, Peter (2006a): Im Schatten des Wissens? Perspektiven der Soziologie des Nichtwissens. Konstanz: UVK-Verl.-Ges (Theorie und Methode Sozialwissenschaften).

Wehling, Peter (2006b): The Situated Materiality of Scientific Practices. Science, Technology & Innovation Studies.

Wehling, Peter (2004): Weshalb weiß die Wissenschaft nicht, was sie nicht weiß? Umrisse einer Soziologie des wissenschaftlichen Nichtwissens. In: Stefan Böschen und Peter Wehling (Hg.): Wissenschaft Zwischen Folgenverantwortung und Nichtwissen. Aktuelle Perspektiven der Wissenschaftsforschung. Unter Mitarbeit von Peter Wehling. Wiesbaden: VS Verlag fur Sozialwissenschaften GmbH, S. 35–105.

Wehling, Peter (2001): Jenseits des Wissens? Wissenschaftliches Nichtwissen aus soziologischer Perspektive. Beyond Knowledge? Scientific Ignorance from a Sociological Point of View. In: ZfS 30 (6), S. 465–484.

Wehling, Peter; Böschen, Stefan (Hg.) (2015): Nichtwissenskulturen und Nichtwissensdiskurse. Über den Umgang mit Nichtwissen in Wissenschaft und Öffentlichkeit. 1. Aufl. Baden-Baden: Nomos.

Wengenroth, Ulrich (Hg.) (2012): Grenzen des Wissens – Wissen um Grenzen. 1. Aufl. Weilerswist: Velbrück Wissenschaft.

Wengenroth, Ulrich (2012): „Von der unsicheren Sicherheit zur sicheren Unsicherheit". Die reflexive Modernisierung in den Technikwissenschaften. In: Ulrich Wengenroth (Hg.): Grenzen des Wissens – Wissen um Grenzen. 1. Aufl. Weilerswist: Velbrück Wissenschaft, S. 193–213.

Wolff, Reinhard (2018): Rückschlag für Atomindustrie. Endlagerkonzept in Schweden. In: taz.de, 25.01.2018. Online verfügbar unter http://www.taz.de/!5477720/, zuletzt geprüft am 26.10.2021.

Zhang, Fan; Örnek, Cem; Liu, Min; Müller, Timo; Lienert, Ulrich; Ratia-Hanby, Vilma et al. (2021): Corrosion-induced microstructure degradation of copper in sulfide-containing simulated anoxic groundwater studied by synchrotron high-energy X-ray diffraction and ab-initio density functional theory calculation. In: Corrosion Science 184.

The manufacturer's authorised representative in the EU is Springer
Nature Customer Service Centre GmbH, Europaplatz 3, 69115 Heidelberg,
Germany. If you have any concerns regarding our products, please
contact ProductSafety@springernature.com

Printed and bound by CPI Group (UK) Ltd, Croydon, CR0 4YY
24/04/2026
02096345-0002